电气工程师
自学速成 入门篇

段荣霞 濮 霞 董盼盼◎编著

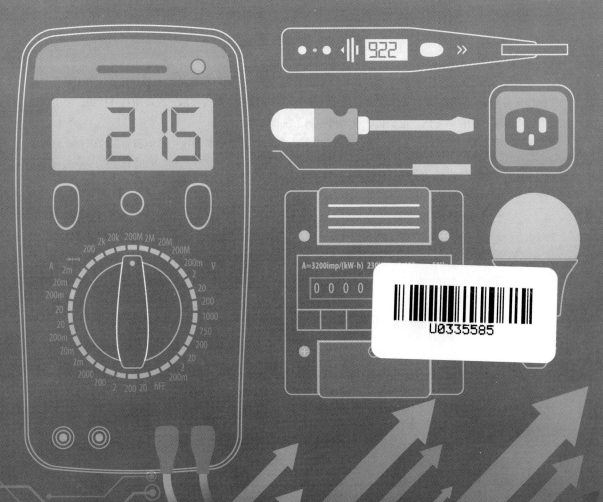

人民邮电出版社
北京

图书在版编目（CIP）数据

电气工程师自学速成. 入门篇 / 段荣霞，濮霞，董盼盼编著. -- 北京：人民邮电出版社，2021.5
ISBN 978-7-115-55888-6

Ⅰ. ①电… Ⅱ. ①段… ②濮… ③董… Ⅲ. ①电气工程－资格考试－自学参考资料 Ⅳ. ①TM

中国版本图书馆CIP数据核字(2020)第273256号

内 容 提 要

本书深入浅出地介绍了电气工程师应该掌握的基础知识。主要内容包括电工基础知识、电工计算、电工操作安全知识、常用测量仪表和工具、电工材料、印制电路板、焊接技术、原理图符号标识、常用低压电器、电器部件的检测方法、电动机、电动机控制系统设计等。

本书内容丰富，讲解通俗易懂，适合作为广大电气工程师及希望掌握电工技能和知识的读者学习和参考用书。

◆ 编　著　段荣霞　濮　霞　董盼盼
责任编辑　黄汉兵
责任印制　陈　犇
◆ 人民邮电出版社出版发行　　北京市丰台区成寿寺路 11 号
邮编　100164　　电子邮件　315@ptpress.com.cn
网址　https://www.ptpress.com.cn
三河市祥达印刷包装有限公司印刷
◆ 开本：787×1092　1/16
印张：16.75　　　　　　　　2021 年 5 月第 1 版
字数：420 千字　　　　　　2021 年 5 月河北第 1 次印刷

定价：79.80 元

读者服务热线：**(010)81055493**　印装质量热线：**(010)81055316**
反盗版热线：**(010)81055315**
广告经营许可证：京东市监广登字 20170147 号

随着社会的不断进步与发展，电气工程师在越来越多的领域发挥着其重要作用。从生活用电到工业用电，从电工基本操作到电气规划设计，电气工程师正在逐渐成为社会发展必不可缺的关键人才。为更好地培养出更多优秀的电气工程师，本书从入门开始讲解，并逐步深化内容的专业性和层次性，除注重电气工程师传统的基本技术能力训练外，还突出新技术的学习和训练，力求实现理论与现代先进技术相结合，与时俱进，不断适应和满足电气工程师的需求。

从事电气工程专业人员不仅需要具备丰富的理论知识，还要有熟练的动手能力，才能在出现问题的时候最快速、最安全地解决问题，并将损失降到最低。为此，本书不仅对理论知识进行了系统的讲解，而且还将技能培养与操作要点以图文并茂的形式展现在读者面前，将知识性、实践性系统结合，对电气工程师及从事相关技术工作的读者起到良好的指导作用。

图书市场上的电工类书很多，读者要挑选一本自己中意的书反而很困难，真是"乱花渐欲迷人眼"。那么，本书为什么能够让读者在"众里寻他千百度"之际，于"灯火阑珊"处"蓦然回首"呢，那是因为本书有以下四大特色。

作者专业

本书作者是高校任教的一线教师，她们总结多年的设计经验以及教学的心得体会，历时多年精心编著，力求全面细致地展现出电工应用领域的各种基础知识和基本技能。

提升技能

本书从全面提升电气工程师实践操作能力的角度出发，结合大量的图例来讲解如何理解基本的电气理论知识并进行简单的电工操作，真正让读者懂得电气工程师应该具备哪些基本能力。

内容全面

本书内容丰富，讲解通俗易懂，适合作为广大电气工程师及爱好电工技能的读者学习和参考用书，包含内容如下。

电工操作入门基础知识全方位讲解，主要内容包括：电工基础知识、电工计算、电工操作安全知识、常用测量仪表和工具、电工材料、印制电路、焊接技术。

低压电器与识图入门，主要内容包括：原理图符号标识、常用低压电器、电器部件的检测方法。

电动机相关知识，主要内容包括：电动机、电动机控制系统设计。

知行合一

本书结合大量的图例详细讲解了电工知识的基本要点，让读者在学习的过程中潜移默化地掌握电气基本理论和电工操作基本技巧，提升工程应用实践能力。

本书由陆军工程大学石家庄校区的段荣霞老师和濮霞老师及河北交通职业技术学院董盼盼编著，第1章到第5章由段荣霞负责编写；第6章到第10章由濮霞负责编写；第11章和第12章由董盼盼编写。在此对所有参编人员表示衷心的感谢。

由于编者能力有限，本书在编写过程中难免会有些许不足，还请各位读者批评指正，以便于我们今后修改提高。联系邮箱714491436@qq.com。

编者

2020.9

Contents

第1章

电工基础知识

本章从最基础的电工知识入手，遵循由浅入深、循序渐进的认知规律，比较系统地介绍了直流电路、电磁、正弦交流电路、三相交流电路等电工技术中最常用的知识。本章的讲解是从学习电路开始的，也是电工必须掌握的基础。

1.1 直流电路

直流电路是指直流电所通过的电路。在直流电路中，电流的方向是不变的，但电流大小是可以改变的。比如，我们用干电池通过开关与灯泡串联起来，就构成一个直流电路，如图 1-1 所示。一般来说，把干电池或蓄电池作为电源的电路就可以看作是直流电路。市电经过变压、整流桥后变成直流电而组成的电路也是直流电路。

在图 1-1（a）所示的实物电路图中，开关闭合后，电路中就有电流流过，电能是由干电池将化学能转换而来的，灯泡作为负载将电池中通过导线传输过来的电能转换成热能消耗掉，这个过程实现了电能与热能的转换。当开关断开后电路便切断，电流无法流通，灯泡失去了电能就不能发光了。图 1-1（b）是为了设计和分析而把电路中实物的简化后用符号表示的电路图。

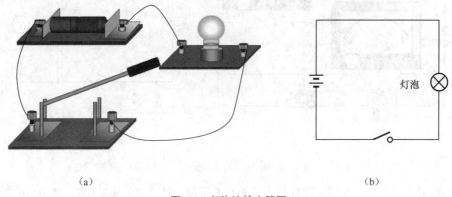

(a)   (b)

图 1-1　灯泡连接电路图

从上面的简单电路图中可以看出，直流电路主要由以下 3 个部分组成。

（1）电源：它是电路中输出电能必不可少的装置，没有它电路无法工作。电源通常指电池、锂电池、太阳能电池、发电机等，在工作时它们分别能将化学能、光能、机械能等能量转换成电能。

（2）负载：负载也是电路必不可少的基本组成部分，通常称为用电设备，比如电灯、电动机、电水壶、电视机等，它们能将电能转换成光能、机械能、热能等。

（3）连接导线：用来传输和分配电能，没有它就无法构成电路，开关也归为导线。

在实际运用中，电路常常还有很多附属设备，比如各类控制（如通过可变电阻控制音量的大小）、保护（如短路自动跳闸）、测量（比如电流表）等设备。

在比较简单的直流电路中，电源电动势、电阻、电流以及任意两点电压之间的关系可根据欧姆定律及电动势的定义得出。复杂的直流电路可根据基尔霍夫定律、叠加定理、戴维南定理等求解。

1.1.1 欧姆定律

欧姆定律是 1826 年英国科学家欧姆通过反复实验推导出的定律。欧姆定律的发现，在电学史上是具有里程碑的意义，它给电学的计算带来了很大的方便。

欧姆定律的内容：在一段电路中，流过该段电路的电流与该段电路的电压成正比，与电阻成反比。它是分析电路的基本定律之一。欧姆定律可用下式表示

$$I = \frac{U}{R} \qquad (1-1)$$

式中，R 即为该段电路的电阻。注意，公式中物理量的单位：I（电流）的单位是安培（A），U（电压）的单位是伏特（V），R（电阻）的单位是欧姆（Ω）。在国际单位制中，电阻的单位是欧姆（Ω）。当电路两端的电压为 1V，通过的电流为 1A 时，则该段电路的电阻为 1Ω。计量高电阻时，则以千欧（kΩ）或兆欧（MΩ）为单位。

图 1-2（a）所示为验证欧姆定律的实物连接图，图 1-2（b）所示为电路原理图。通过改变电阻 R 的值，测量电阻两端的电压值和流过电阻的电流值，可以验证欧姆定律。由式 1-1 可知，当所加电压 U 一定时，电阻 R 越大，则电流 I 越小。显然，电阻具有对电流起阻碍作用的物理性质。式 1-1 用于电阻所在支路的电路分析，不考虑电源内电路，所以又称为部分电路欧姆定律。

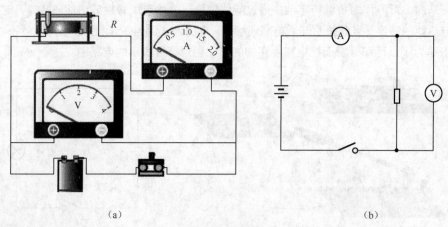

（a） （b）

图 1-2 欧姆定律

当考虑电源内电路时，欧姆定律称为全电路欧姆定律，计算公式见式 1-2。其中，E 为电源电动势，单位为伏特（V）；R 是负载电阻，r 是电源内阻，单位均为欧姆（Ω）；I 的单位是安培（A）。

$$I = \frac{E}{R + r} \qquad (1-2)$$

式 1-2 表示：在全电路中，电流强度与电源的电动势成正比，与整个电路的内、外电阻之和成反比。

由式 1-2 可得：

$$E = IR + Ir = U_外 + U_内 \qquad (1-3)$$

式 1-3 中，$U_外$是电源对外电路输出的电压，也称电源的端电压；$U_内$是电源内阻上的电压降。因此，全电路欧姆定律可表述为：电源电动势在数值上等于闭合电路中内外电路电压降之和。

注意，欧姆定律只适用于纯电阻电路。金属导电和电解液导电，在气体导电和半导体元件等中欧姆定律将不适用。因为欧姆定律能够在宏观层次表达电压与电流之间的关系，即电路元件两端的电压与通过的电流之间的关系，因此广泛用于电机工程学和电子工程学。

1.1.2　基尔霍夫定律

分析与计算电路的基本定律，除了欧姆定律外，还有基尔霍夫定律。基尔霍夫定律是进行电路分析的重要定律，是电路理论的基石。

在介绍基尔霍夫定律之前，先介绍电路分析时常用的几个名词术语。

（1）支路

电路中每一条不分岔的局部路径，称为支路。图 1-3 所示的电路中有 5 条支路：支路 ab、支路 ac、支路 cb、支路 ad 和支路 db。如果电压源和电阻的串联组合作为一条支路，该电路有 3 条支路：支路 abc、支路 abd 和支路 dcb。

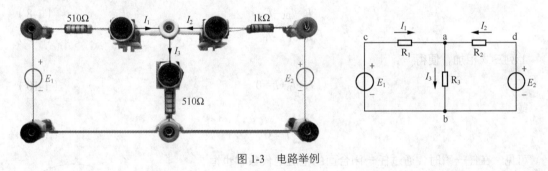

图 1-3　电路举例

（2）节点

电路中有 3 条或 3 条以上的支路的连接点，称为节点。图 1-3 所示的电路中有 2 个节点：节点 a 和节点 b。

（3）回路

电路中由多条支路构成的闭合路径，称为回路。图 1-3 所示的电路中有 3 个回路：回路 acba、回路 adba 和回路 adbca。

（4）网孔

平面电路（指电路画在一个平面上没有任何支路的交叉）中不含有支路的回路，称为网孔。图 1-3 所示的电路中共有 2 个网孔：网孔 acba 和网孔 adba。网孔属于回路，但回路并非都是网孔。

基尔霍夫定律分为：基尔霍夫电流定律（KCL），适用于电路中的节点，说明电路中各电流之间的约束关系；基尔霍夫电压定律（KVL），适用于电路中的回路，说明电路中各部分电压之间的约束关系。基尔霍夫定律是电路中的一个普遍适用的定律，既适用于线性电路，也适用于非线性电路，还适用于连接各种元器件的电路支路。

1. 基尔霍夫电流定理

基尔霍夫电流定律：在任一瞬时，流入某一节点的电流之和等于由该节点流出的电流之和。

在图 1-4 所示的电路中，对节点 a 可以写出

$$I_1 + I_2 = I_3 \qquad\qquad (1\text{-}4)$$

或将上式改写成

$$I_1 + I_2 - I_3 = 0 \qquad\qquad (1\text{-}5)$$

即

$$\sum I = 0 \qquad\qquad (1\text{-}6)$$

就是在任一瞬时，一个节点上的电流的代数和恒等于零。如果要规定参考方向，与节点方向一致的电流取正号，与节点方向相反的就取负号。

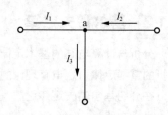

根据计算的结果可知，有些支路的电流可能是负值，这是由于所选定的电流的参考方向与实际方向相反所致。

基尔霍夫电流定律通常应用于节点，也可以把它推广应用于包围部分电路的任一假设的闭合面。例如，图 1-5 所示的闭合面包围的是一个三角形电路，它有三个节点。应用电流定律可列出

图 1-4　基尔霍夫电流定律示意图

$$I_A = I_{AB} - I_{CA} \qquad\qquad (1\text{-}7)$$

$$I_B = I_{BC} - I_{AB} \qquad\qquad (1\text{-}8)$$

$$I_C = I_{CA} - I_{BC} \qquad\qquad (1\text{-}9)$$

上列三式相加，便得

$$I_A + I_B + I_C = 0 \qquad\qquad (1\text{-}10)$$

或

$$\sum I = 0 \qquad\qquad (1\text{-}11)$$

可见，在任一瞬时，通过任一闭合面的电流的代数和也恒等于零。

2. 基尔霍夫电压定律

基尔霍夫电压定律是用来确定回路中各段电压之间关系的。

以图 1-6 所示的回路（图 1-3 所示电路中的一个回路）为例，图中电源电动势、电流和各段电压的参考方向均已标出。按照虚线所示方向循行一周，根据电压的参考方向可列出

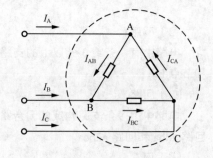

图 1-5　基尔霍夫电流定律的推广应用

$$U_1 + U_4 = U_2 + U_3 \qquad\qquad (1\text{-}12)$$

或将上式改为

$$U_1 - U_2 - U_3 + U_4 = 0 \qquad\qquad (1\text{-}13)$$

即

$$\sum U = 0 \qquad\qquad (1\text{-}14)$$

在任一瞬时，沿任一回路绕行方向（顺时针方向或逆时针方向），回路中各段电压的代数和恒等于零。如果规定电位降取正号，则电位升就取负号。

图 1-6 所示的回路是由电源电动势和电阻构成的，上式可改写为

$$E_1 - E_2 - R_1 I_1 + R_2 I_2 = 0 \qquad (1\text{-}15)$$

或

$$E_1 - E_2 = R_1 I_1 - R_2 I_2 \qquad (1\text{-}16)$$

即

$$\sum E = \sum (RI) \qquad (1\text{-}17)$$

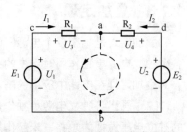

图 1-6　基尔霍夫电压定律示例

式 1-17 为基尔霍夫电压定律在电阻电路中的另一种表达式，即在任一回路绕行方向上，回路中电动势的代数和等于电阻上电压降的代数和。在这里，凡是电动势的参考方向与所选回路绕行方向相反者，则取正号，一致者则取负号。凡是电流的参考方向与回路绕行方向相反者，则该电流在电阻上所产生的电压降取正号，一致者则取负号。

基尔霍夫电压定律不仅应用于闭合回路，也可以把它推广应用于回路的部分电路。下面以图 1-7 所示的两个电路为例，根据基尔霍夫电压定律计算各支路的电压。

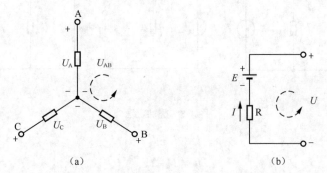

（a）　　　　　　　　　　　　　（b）

图 1-7　基尔霍夫电压定律的推广应用

根据图 1-7（a）所示的电路（各支路的元件是任意的）可列出

$$\sum U = U_A - U_B - U_{AB} = 0 \qquad (1\text{-}18)$$

或

$$U_{AB} = U_A - U_B \qquad (1\text{-}19)$$

根据图 1-7（b）所示的电路（各支路的元件是任意的）可列出

$$E - U - RI = 0 \qquad (1\text{-}20)$$

或

$$U = E - RI \qquad (1\text{-}21)$$

这就是一段有源电路的欧姆定律的表达式。

应该指出，图 1-3 所示为直流电路，但是基尔霍夫两个定律具有普遍性，它们适用于由各种不同元件所构成的电路，也适用于任一瞬时变化的电流和电压。列方程时，不论是应用基尔霍夫定律或欧姆定律，都要先在电路图上标出电流、电压或电动势的参考方向，因为所列方程中各项前的正负号是由它们的参考方向决定的，如果参考方向选得相反，则会相差一个负号。

1.1.3 叠加定理

叠加定理是指在多个电源同时作用的线性电路中，任一支路的电流或任意两点间的电压，都是各个独立电源单独作用时产生的结果的代数和。

叠加定理在电路中应用的基本思路是分解法，步骤如下：

（1）画出各独立电源单独作用时的分电路图，标出各支路电流（电压）的参考方向。未起作用的独立电压源视为短路，未起作用的独立电流源视为开路；

（2）分别求出各分电路图中的各支路电流（电压）；

（3）对各分电路图中同一支路电流（电压）进行叠加求代数和，参考方向与原图中参考方向相同的为正，反之为负。

如图 1-8（a）为两个电压源共同作用，图 1-8（b）为 E_1 电压源单独作用，图 1-8（c）为电压源 E_2 单独作用。根据叠加定理有

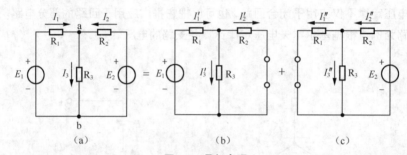

图 1-8　叠加定理

$$I_1 = I_1' - I_1'' \qquad (1-22)$$

$$I_2 = I_2'' - I_2' \qquad (1-23)$$

$$I_3 = I_3' + I_3'' \qquad (1-24)$$

注意：叠加时应为代数相加。若单个电源单独作用时，电压或电流参考方向与多个电源共同作用时电压或电流参考方向相同为正，反之为负。

1.1.4 戴维南定理

戴维南定理指出：任何一个有源二端线性网络 N 都可以用一个理想电压源和内阻 R_o 串联的电源来等效代替（见图 1-9）。等效电源的电动势就是有源二端网络的开路电压 U_{oc}，即将负载断开后 a、b 两端之间的电压；等效电源的内阻 R_o 等于有源二端网络中全部独立源为零值时（即将各个理想电压源短路，即其电动势为零；将各个理想电流源开路，即其电流为零）所得到的无源网络 a、b 两端之间的等效电阻。

图 1-9（b）所示的等效电路是一个比较简单的电路，其中电流可由下式计算。

$$U_o = U_{oc} + IR_o \qquad (1-25)$$

戴维南定理应用的注意事项：

（1）戴维南定理只对外电路等效，对内电路不等效。也就是说，不可应用该定理求出等效电源电动势和内阻之后，又返回来求原电路（即有源二端网

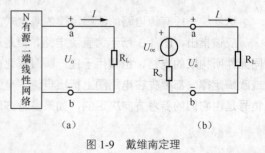

图 1-9　戴维南定理

络内部电路）的电流和功率。

（2）应用戴维南定理进行分析和计算时，如果待求支路后的有源二端线性网络仍为复杂电路，可再次运用戴维南定理，直至成为简单电路。

（3）戴维南定理只适用于线性的有源二端线性网络。如果有源二端网络中含有非线性元件，则不能应用戴维南定理求解。

1.1.5 诺顿定理

诺顿定理指出：任何一个有源二端线性网络 N 都可以用一个理想电流源和内阻 R_o 并联的电源来等效代替（见图 1-10）。电流源的电流等于单口网络从外部短路时的端口电流 I_{SC}；等效电源的内阻 R_o 等于网络内全部独立源为零值时所得网络 N0 的等效电阻。

图 1-10（b）所示的电路是一个最简单的等效电路，在端口电压电流采用关联参考方向时，二端网络的 VCR 方程可表示为：

$$I = \frac{U_o}{R_o} + I_{SC} \qquad\qquad （1-26）$$

诺顿定理与戴维南定理是互为对偶的定理，它们是最常用的电路简化方法。由于戴维南定理和诺顿定理都是将有源二端线性网络等效为电源支路，所以统称为等效电源定理。戴维南定理应用的注意事项如下。

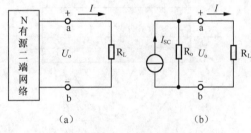

（1）诺顿定理只对外电路等效，对内电路不等效。也就是说，不可应用该定理求出等效电源电动势和内阻之后，又返回来求原电路（即有源二端网络内部电路）的电流和功率。

图 1-10 诺顿定理

（2）应用诺顿定理进行分析和计算时，如果待求支路后的有源二端线性网络仍为复杂电路，可再次运用诺顿定理，直至成为简单电路。

（3）诺顿定理只适用于线性的有源二端网络。如果有源二端网络中含有非线性元件，则不能应用诺顿定理求解。

1.2 磁场

1.2.1 磁场基本知识

在很多电工设备（如变压器、电机、电磁铁等）中，不仅有电路的问题，还有磁路的问题，本节我们学习磁的相关知识。

磁场是存在于磁体、电流和运动电荷周围空间的一种特殊形态的物质。磁极和磁极之间的相互作用是通过磁场发生的。电流在周围空间产生磁场，小磁针在该磁场中会受到力的作用。磁极和电流之间，电流和电流之间的相互作用也是通过磁场产生的。

1. 磁场与磁感应线

与电场相仿，磁场是在一定空间区域内连续分布的向量场，描述磁场的基本物理量是磁感应强度（B），也可以用磁感应线形象地表示。然而，作为一个矢量场，磁场的性质与电场颇为不同。

磁铁和电流周围都存在磁场。磁场具有力和能的特征。磁感应线能形象地描述磁场，如图 1-11 所示。它们是互不交叉的闭合曲线，在磁体外部由 N 极指向 S 极，在磁体内部由 S 极指向 N 极，磁感应线上某点的切线方向表示该点的磁场方向，其疏密程度表示磁场的强弱。

2. 磁感应强度

在磁场中垂直于磁场方向的通电直导线所受的磁场力 F 与电流 I 和导线长度 L 乘积的比值叫作通电导线处的磁感应强度，即：

$$B = F/IL \tag{1-27}$$

磁感应强度的单位为特斯拉（T），$1T=1N/(A{\cdot}m)$。

磁感应强度是矢量，其方向就是对应处磁场方向。磁感应强度是反映磁场本身力学性质的物理量，与检验通电直导线的电流强度的大小、导线的长短等因素无关。磁感应强度的大小可用磁感线的疏密程度来表示，磁感应强度的大小和方向处处相等的磁场叫匀强磁场，匀强磁场的磁感线是均匀且平行的一组直线。如图 1-12 所示，磁感线越密，磁感应强度越强。

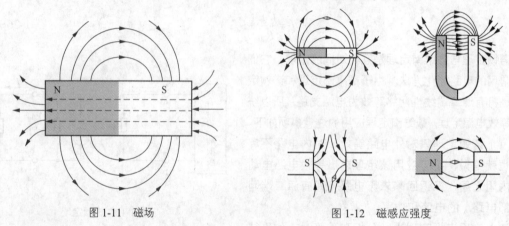

图 1-11　磁场　　　　　　　　　　　图 1-12　磁感应强度

3. 磁通量

磁通量是表示磁场分布情况的物理量。穿过某一面积的磁感应线的条数，叫作穿过这个面积的磁通量，用符号 Φ 表示。则有

$$\Phi =BS\cos\theta\quad(\theta \text{ 为 } B \text{ 与 } S \text{ 之间的夹角}) \tag{1-28}$$

当平面 S 与磁场方向平行时，$\Phi=0$。

在匀强磁场中，垂直于磁场方向的面积 S 上的磁通量 $\Phi=BS$。

在国际单位制中，磁通量的单位是韦伯，是以德国物理学家威廉·韦伯的名字命名的，符号是 Wb，$1Wb=1T{\cdot}m^2=1V{\cdot}S$，韦伯是标量，但有正负，正负仅代表磁感应线穿过磁场面积的方向。

1.2.2　电磁感应

电磁感应是指放在变化磁通量中的导体会产生电动势。此电动势称为感应电动势或感生电动势，若将此导体闭合成一回路，则该电动势会驱使电子流动，形成感应电流（感生电流）。

电磁感应是指因为磁通量变化产生感应电动势的现象。电磁感应现象的发现，是电磁学领域中最伟大的成就之一。它不仅揭示了电与磁之间的内在联系，而且为电与磁之间的相互转化奠定了实验基础，为人类获取巨大而廉价的电能开辟了道路，在实际应用中有重大意义。

电磁感应研究的是其他形式的能量转化为电能的特点和规律，其核心是法拉第电磁感应定律和楞次定律。

1. 法拉第电磁感应定律

不论用什么方法，只要穿过闭合电路的磁通量发生变化，闭合电路中就有电流产生。这种现象称为电磁感应现象，所产生的电流称为感应电流。电磁感应现象的产生条件有两点：一是必须为闭合电路，二是穿过闭合电路的磁通量必须发生变化。让磁通量发生变化的方法有两种：一种方法是让闭合电路中的导体在磁场中做切割磁感线的运动；另一种方法是让磁场在导体内运动，如图 1-13 所示。

电路中感应电动势的大小与穿过这一电路的磁通变化率成正比，即

$$\varepsilon = n\Delta\Phi/\Delta t \qquad\qquad (1\text{-}29)$$

式中，ε 为感应电动势（V），n 为感应线圈匝数，$\Delta\Phi/\Delta t$ 为磁通量的变化率。这就是法拉第电磁感应定律。

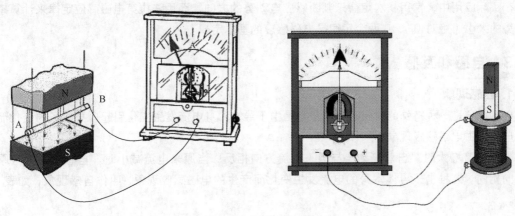

图 1-13　电磁感应现象

法拉第定律可用于发电机、变压器、电磁流量计等应用中。法拉第电磁感应定律因电路及磁场的相对运动所造成的电动势，是发电机背后的根本现象；法拉第定律所预测的电动势也是变压器的运作原理；其还可被用于电磁流量计，量度导电液体或等离子体状物的流动。

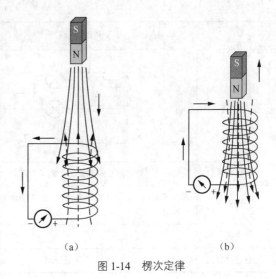

2. 楞次定律

楞次定律可以用来判断由电磁感应产生的电动势的方向，即感应电流的磁场总要阻碍引起感应电流的磁通量的变化。如图 1-14 所示，图中实线表示磁铁的磁感线，虚线表示感应电流的磁感线。图 1-14（a）中，当磁铁下降时，线圈中的磁通量增加，感应电流就要产生一个磁通阻碍它的增加，电流表的指针则向右偏转；图 1-14（b）中，当磁

（a）　　　　　　　　　（b）

图 1-14　楞次定律

铁上升时，线圈中的磁通量减少，感应电流产生一个磁通阻碍它的减少，电流表的指针则向左偏转；当磁铁不动时，线圈中的磁通量不变，则感应电流为零，电流表的指针在中间位置不动。

这里感应电流的"效果"是在回路中产生了磁通，而产生感应电流的原因则是"原磁通的变化"。可以用十二个字来形象记忆"增反减同，来阻去留，增缩减扩"。如果感应电流是由组成回路的导体

做切割磁感线运动而产生的，那么楞次定律可具体表述为"运动导体上的感应电流受的磁场力（安培力）总是反抗（或阻碍）导体的运动"。由电磁感应而产生的电动势计算如下：

$$E = vBL \tag{1-30}$$

其中，v 为杆在磁场中移动的速度。

楞次定律是能量转化和守恒定律在电磁运动中的体现，符合能量守恒定律。感应电流的磁场阻碍引起感应电流的原磁场磁通量的变化，因此，为了维持原磁场磁通量的变化，就必须有动力作用，这种动力克服感应电流的磁场的阻碍作用做功，将其他形式的能转变为感应电流的电能，所以"楞次定律"中的阻碍过程，实质上就是能量转化的过程。楞次定律是能量守恒定律在电磁感应现象中的具体体现。楞次定律的任何表述，都与能量守恒定律一致。"感应电流的效果总是反抗产生感应电流的原因"，其实质就是产生感应电流的过程必须遵守能量守恒定律。

在实际应用中，常用楞次定律来判断感应电动势的方向，而用法拉第电磁感应定律来计算感应电动势的大小（绝对值）。这两个定律是电磁感应的基本定律。

1.2.3　自感和互感

1. 自感现象

自感现象是一种特殊的电磁感应现象，是由于导体本身电流发生变化引起自身磁场的变化而导致其自身产生电磁感应现象。

当原电流增大时，自感电动势与原来电流方向相反；当原来电流减小时，自感电动势与原电流方向相同。这种由于导体本身的电流发生变化而产生的电磁感应现象，叫作自感现象，如表 1-1 所示。

表 1-1　自感现象

	通电自感	断电自感
电路图		
器材要求	电灯泡 1、电灯泡 2 同规格，$R=R_1$，L 较大	L 很大（有铁芯）
现象	在 S 闭合瞬间，灯 2 立即亮起来，灯 1 逐渐变亮，最终两者一样亮	在开关 S 断开时，灯 A 渐渐熄灭（$r \geqslant R$）或闪亮一下再熄灭（$r < R$）
原因	法拉第电磁感应定律	
能量转换情况	电能转化为磁场能	磁场能转化为电能

自感对人们来说既有利也有弊。例如，日光灯是利用镇流器的自感电动势来点亮灯管的，同时也利用它来限制灯管的电流。但是在含有大电感元件的电路被切断的瞬间，因电感两端的自感电动势很高，在开关处会产生电弧，容易烧坏开关或损坏设备的元器件，这要尽量避免。通常在含有大电感的电路中都有灭弧装置。最简单的办法是在开关或电感两端并联一个适当的电阻或电容，或将电阻和电容串联后并联到电感两端，让自感电流有一条能量释放的通路。

2. 互感现象

互感现象是指两个相邻线圈中，一个线圈的电流随时间变化时导致穿过另一线圈的磁通量发生变化，而在该线圈中出现感应电动势的现象。互感现象产生的感应电动势称为互感电动势。

如图 1-15 所示，我们将仅由回路 1 中电流 I_1 的变化而引起的感应电动势称为自感电动势，用符号 εL_1 表示，而把仅由回路 2 中电流 I_2 的变化而引起的感应电动势称为互感电动势，用符号 εL_2 表示。即由于回路中有电流变化，在该回路自身中引起的感应电动势是自感电动势；在两个邻近回路中，由于其中一个回路有电流的变化，而在另一回路引起的感应电动势则为互感电动势。

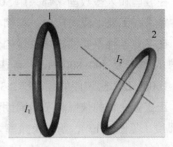

图 1-15 互感现象

和自感一样，互感有利也有弊。在工农业生产中具有广泛用途的各种变压器、电动机都是利用互感原理工作的。但在电子电路中，若线圈的位置安放不当，各线圈产生的磁场会互相干扰，严重时会使整个电路无法工作。为此，人们常把互不相干的线圈的间距拉大或把两个线圈的位置垂直布置，在某些场合下还须用铁磁材料把线圈或其他元件封闭起来进行磁屏蔽。

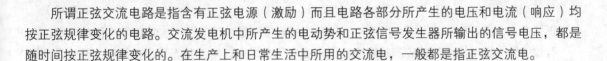

1.3　正弦交流电路

所谓正弦交流电路是指含有正弦电源（激励）而且电路各部分所产生的电压和电流（响应）均按正弦规律变化的电路。交流发电机中所产生的电动势和正弦信号发生器所输出的信号电压，都是随时间按正弦规律变化的。在生产上和日常生活中所用的交流电，一般都是指正弦交流电。

1.3.1　正弦信号的表示方法

前面我们分析的是直流电路，电流和电压的大小与方向（或电压的极性）是不随时间而变化的。正弦电压和电流是按照正弦规律周期性变化的，其波形如图 1-16 所示。由于正弦电压和电流的方向是周期性变化的，在电路图上所标的方向是指它们的参考方向，即代表正半周时的方向。在负半周时，由于所标的参考方向与实际方向相反，则其值为负。图中的虚线箭头代表电流的实际方向；"+""–"代表电压的实际方向（极性）。

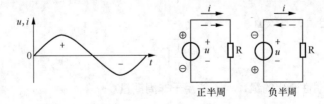

图 1-16 正弦电压和电流

电路中按正弦规律变化的电压或电流，统称为正弦量。正弦量的特征表现在变化的快慢、大小及初始值三个方面，而它们分别由频率（或周期）、幅值（或有效值）和初相位来确定。所以频率、幅值和初相位就称为确定正弦量的三要素。

1. 频率与周期

正弦量变化一次所需的时间（秒）称为周期 T。每秒内变化的次数称为频率，它的单位是赫[兹]（Hz）。

频率是周期的倒数，即

$$f = \frac{1}{T} \tag{1-31}$$

在我国和大多数国家都采用 50Hz 作为电力标准频率，有些国家（如美国、日本等）采用 60Hz。这种频率在工业上应用广泛，习惯上也称为工频。

在其他各种不同的技术领域内使用着各种不同的频率。例如，高频炉的频率是 200~300kHz，中频炉的频率是 500~8000Hz，高速电动机的频率是 150~2000Hz，通常收音机中波段的频率是 530~1600kHz，短波段的频率是 2.3~23MHz。

正弦量变化的快慢除了用周期和频率表示外，还可用角频率 ω 来表示。因为一个周期内经历了 2π 弧度（见图 1-17），所以角频率为

$$\omega = \frac{2\pi}{T} = 2\pi f \tag{1-32}$$

它的单位是弧度/秒（rad/s）。

2. 幅值与有效值

正弦量在任一瞬间的值称为瞬时值，用小写字母来表示，如 i、u、e 分别表示电流、电压及电动势的瞬时值。瞬时值中最大的值称为幅值或最大值，用大写字母带下标 m 来表示，如 I_m、U_m、E_m 分别表示电流、电压及电动势的幅值。

图 1-17 是正弦电流的波形，它的数学表达式为

$$i = I_m \sin\omega t \tag{1-33}$$

正弦电流、电压和电动势的大小往往不用它们的幅值计量，而常用有效值（均方根值）来计量。

有效值是根据电流的热效应来规定的，因为在电工技术中，电流常表现出热效应。不论是周期性变化的交流电流还是直流电流，只要它们在相等的时间内通过同一电阻而两者的热效应相等，就把它们的电流值看作是相等的。就是说，某一个周期电流 i 通过电阻 R（如电阻炉）在一个周期内产生的热量，和另一个直流 I 通过同样大小的电阻在相等的时间内产生的热量相等，那么这个周期性变化的电流 i 的有效值在数值上就等于这个电流 I。

根据上述，可得

$$\int_0^T Ri^2 \mathrm{d}t = RI^2 T \tag{1-34}$$

由此可得出周期电流的有效值

$$I = \sqrt{\frac{1}{T}\int_0^T i^2 \mathrm{d}t} \tag{1-35}$$

式 1-35 适用于周期性变化的量，但不能用于非周期量。

正弦量的有效值与其最大值之间是 $\sqrt{2}$ 倍关系，但是与正弦量的频率和初相位无关。一般所说的正弦电压或电流的大小，例如交流电压 380V 或 220V，都是指它的有效值。一般交流电流表和电压表的刻度也是根据有效值来定的。

3. 初相位

正弦量是随时间变化而变化的，要确定一个正弦量还须从计时起点（$t=0$）上看。所取的计时起点不同，正弦量的初始值（$t=0$ 时的值）就不同，到达幅值或某一特定位置所需的时间也就不同。

正弦量可用下式表示为

$$i=I_\mathrm{m}\sin\omega t \tag{1-36}$$

其波形如图 1-17 所示。它的初相位为零。

正弦量也可用下式表示为

$$i=I_\mathrm{m}\sin(\omega t+\varphi) \tag{1-37}$$

其波形如图 1-18 所示。在这种情况下，初始值 $i_0=I_\mathrm{m}\sin\varphi$，不等于零。

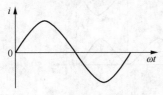
图 1-17　初相位为零的正弦波形

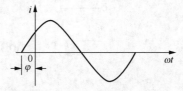
图 1-18　初相位不为零的正弦波形

式 1-36 和式 1-37 中的角度 ωt 和 $(\omega t+\varphi)$ 称为正弦量的相位角或相位，反映出正弦量变化的进程。当相位角随时间连续变化时，正弦量的瞬时值随之连续变化。

$t=0$ 时的相位角称为初相位角或初相位。在式 1-36 中初相位为零，在式 1-37 中初相位为 φ，因此，所取计时起点不同，正弦量的初相位不同，其初始值也就不同。

4. 正弦量的向量表示方法

一个正弦量具有幅值、频率及初相位 3 个特征。而这些特征可以用一些方法表示出来。正弦量的表示方法是分析与计算正弦交流电路的必备工具。

一种是用三角函数式来表示，如 $i=I_\mathrm{m}\sin\omega t$，这是正弦量的基本表示法；另一种是用正弦波形来表示，如图 1-17 所示。

此外，正弦量还可以用向量来表示。向量表示法的基础是复数，就是用复数表示正弦量。

设复平面中有一个复数 A，其模为 r，辐角为 φ（见图 1-19），它可用下列 3 种式子表示

$$A=a+\mathrm{j}b=r\cos\varphi+\mathrm{j}r(\sin\varphi) \tag{1-38}$$

$$A=r\mathrm{e}^{\mathrm{j}\varphi} \tag{1-39}$$

或简写为

$$A=r\angle\varphi \tag{1-40}$$

因此，一个复数可用上述几个复数式来表示。式 1-38 称为复数的直角坐标式，式 1-39 称为指数式，式 1-40 则称为极坐标式。三者可以互相转换。复数的加减运算可用直角坐标式，复数的乘除运算可用指数式或极坐标式。

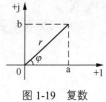
图 1-19　复数

至此，我们学习了表示正弦量的几种不同的方法，它们的形式虽然不同，但都是用来表示一个正弦量的，只要知道一种表示形式，便可求出其他几种表示形式。

1.3.2　单一参数的交流电路

分析各种正弦交流电路时，要确定电路中电压与电流之间的关系（大小和相位），并讨论电路中能量的转换和功率问题。分析各种交流电路时，我们必须首先掌握单一参数（电阻、电感、电容）元件电路中电压与电流之间的关系，因为其他电路是一些单一参数元件的组合。

1. 电阻元件的正弦交流电路

图 1-20（a）是一个线性电阻元件的交流电路。电压和电流的参考方向如图 1-20（b）所示。两者的关系由欧姆定律确定，即

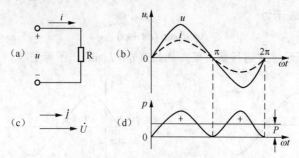

图 1-20　电阻元件的交流电路

$$u=Ri \tag{1-41}$$

为分析方便，选择电流经过零值并将向正值增加的瞬间作为计时起点（$t=0$），即设

$$i=I_m\sin\omega t \tag{1-42}$$

为参考正弦量，则

$$u=Ri=RI_m\sin\omega t=U_m\sin\omega t \tag{1-43}$$

电压和电流是一个同频率的正弦量。

比较式 1-42 和式 1-43 即可看出，在电阻元件的交流电流中，电流和电压是同相的（相位差 $\varphi=0$）。表示电压和电流的正弦波形如图 1-20（b）所示。

在式 1-43 中，

$$U_m=RI_m \tag{1-44}$$

或

$$\frac{U_m}{I_m}=\frac{U}{I}=R \tag{1-45}$$

由此可知，在电阻元件电路中，电压的幅值（或有效值）与电流的幅值（或有效值）之比值，就是 R。

如用向量表示电压和电流的关系，则为

$$\dot{U}=Ue^{j0°}\qquad \dot{I}=Ie^{j0°} \tag{1-46}$$

$$\frac{\dot{U}}{\dot{I}}=\frac{U}{I}e^{j0°}=R \tag{1-47}$$

或

$$\dot{U}=R\dot{I} \tag{1-48}$$

这就是欧姆定律的向量表示式。电压和电流的向量图如图 1-20（c）所示。

知道了电压与电流的变化规律和相互关系后，便可计算出该电路的功率。在任意瞬间，电压的瞬时值 u 与电流瞬时值 i 的乘积，称为瞬时功率，用小写字母 p 代表，即

$$p=p_R=ui=U_mI_m\sin^2\omega t=\frac{U_mI_m}{2}\left(1-\cos^2\omega t\right)=UI\left(1-\cos^2\omega t\right) \tag{1-49}$$

由式 1-49 可见，p 是由两部分组成的，第一部分是恒定量，第二部分为正弦量，其频率是电压或电流频率的两倍。p 随时间变化而变化的波形如图 1-20（d）所示。

由于在电阻元件的交流电路中 u 与 i 同相，它们同时为正，同时为负，所以瞬时功率总是正值，即 $p \geq 0$，瞬时功率为正表示外电路从电源取得能量，在这里就是电阻元件从电源取用电能而转换为热能，这是一种不可逆的能量转换过程。在一个周期内，转换的热能为

$$W = \int_0^T p \mathrm{d}t \qquad (1\text{-}50)$$

即相当于图中被功率波形与横轴所包围的面积。

通常用下式计算电能

$$W = Pt \qquad (1\text{-}51)$$

式中，P 是一个周期内电路消耗电能的平均速率，即瞬时功率的平均值，称为平均功率。在电阻元件电路中，平均功率为

$$P = \frac{1}{T}\int_0^T p\mathrm{d}t = \frac{1}{T}\int_0^T UI\left(1-\cos 2\omega t\right)\mathrm{d}t = UI = RI^2 = \frac{U^2}{R} \qquad (1\text{-}52)$$

平均功率又称有功功率，是指瞬时功率在一个周期内的平均值。它代表负载实际消耗的功率，不仅与电压和电流有效值的乘积有关，且与它们之间的相位差有关。

2. 电感元件的交流电路

非铁芯线圈（线性电感元件）与正弦电源连接的电路如图 1-21 所示。假定这个线圈只具有电感 L，而电阻 R 极小，可以忽略不计。

当电感线圈中通过交流 i 时，其中产生自感电动势 e_L，设电流 i、电动势 e_L 和电压 u 的参考方向如图 1-21 所示。

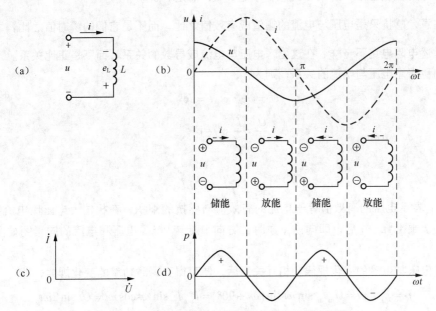

图 1-21　线性电感元件与正弦电源连接的电路及波形

根据基尔霍夫电压定律得出

$$U = -e_\mathrm{L} = L\frac{\mathrm{d}i}{\mathrm{d}t} \qquad (1\text{-}53)$$

设电流为参考正弦量，即

$$i = I_m \sin\omega t \tag{1-54}$$

则

$$u = L\frac{\mathrm{d}(I_m \sin\omega t)}{\mathrm{d}t} = \omega L I_m \cos\omega t = \omega L I_m \sin(\omega t + 90°) = U_m \sin(\omega t + 90°) \tag{1-55}$$

电压也是一个与电流同频率的正弦量。

比较式 1-54 和式 1-55 可知，在电感元件电路中，在相位上电流比电压滞后 90°（相位差 $\varphi = +90°$）。表示电压 u 和电流 i 的正弦波形如图 1-21（b）所示。

在式 1-55 中

$$U_m = \omega L I_m \tag{1-56}$$

或

$$\frac{U_m}{I_m} = \frac{U}{I} = \omega L \tag{1-57}$$

由此可知，在电感元件电路中，电压的幅值（或有效值）与电流的幅值（或有效值）的比值为 ωL。显然，它的单位为欧姆。当电压 U 一定时，ωL 越大，则电流 I 越小。可见它具有对交流电流起阻碍作用的物理性质，所以称为感抗，用 X_L 代表，即

$$X_L = \omega L = 2\pi f L \tag{1-58}$$

感抗 X_L 与电感 L、频率 f 成正比。因此，电感线圈对高频电流的阻碍作用很大，而对直流则可视作短路，即对直流信号，$X_L = 0$（注意，不是 $L = 0$，而是 $f = 0$）。

应该注意，感抗只是电压与电流的幅值或有效值之比，而不是它们的瞬时值之比，即 $\frac{u}{i} \neq X_L$。因为这与上述电阻电路不一样。在这里，电压与电流成导数的关系，而不是正比关系。

如用向量表示电压与电流的关系，则为

$$\dot{U} = Ue^{j0°} \qquad \dot{I} = Ie^{j0°} \tag{1-59}$$

$$\frac{\dot{U}}{\dot{I}} = \frac{U}{I}e^{j0°} = jX_L \tag{1-60}$$

或

$$\dot{U} = jX_L \dot{I} = j\omega L \dot{I} \tag{1-61}$$

式 1-61 表示电压的有效值等于电流的有效值与感抗的乘积，在相位上电压比电流超前 90°。因电流向量 $\dot{I}$ 乘上算子 j 后，即向前（逆时针方向）旋转 90°。电压和电流的向量图如图 1-21（c）所示。

知道了电压与电流的变化规律和相互关系后，便可得到瞬时功率的变化规律，即

$$p = p_L = ui = U_m I_m \sin\omega t \sin(\omega t + 90°) = U_m I_m \sin\omega t \cos\omega t = UI \sin 2\omega t \tag{1-62}$$

由式 1-62 可知，p 是一个幅值为 UI，并以 2ω 的角频率随时间变化而变化的交变量，其变化波形如图 1-21（d）所示。

在电感元件电路中，平均功率

$$P = \frac{1}{T}\int_0^T p\mathrm{d}t = \frac{1}{T}\int_0^T UI\sin 2\omega t\mathrm{d}t = 0 \tag{1-63}$$

从图 1-21（d）的功率波形也容易得出 p 的平均值为零。可见，在电感元件交流电路中，没有能量消耗，只有电源与电感的能量互换。这种能量互换的规模可用无功功率来衡量。

$$Q = UI = X_\mathrm{L}I^2 \tag{1-64}$$

3. 电容元件的交流电路

图 1-22（a）是一个线性电容元件与正弦电源连接的电路，电路中的电流和电容器两端的电压 u 的参考方向如图 1-22（b）所示。

当电压发生变化时，电容器极板上的电荷量也要随着发生变化，在电路中就引起电流

$$i = \frac{\mathrm{d}q}{\mathrm{d}t} = C\frac{\mathrm{d}u}{\mathrm{d}t} \tag{1-65}$$

如果在电容器的两端加一正弦电压

$$u = U_\mathrm{m}\sin\omega t \tag{1-66}$$

则

$$i = C\frac{\mathrm{d}(U\sin\omega t)}{\mathrm{d}t} = \omega CU_\mathrm{m}\cos\omega t = \omega CU_\mathrm{m}\sin(\omega t + 90°) = I_\mathrm{m}\sin(\omega t + 90°) \tag{1-67}$$

电流也是一个与电位同频率的正弦量。

比较式 1-66 和式 1-67 可知，在电容元件电路中，在相位上电流比电压超前 90°（相位差 $\varphi = -90°$）。我们规定：当电流比电压滞后时，其相位差 φ 为正；当电流比电压超前时，其相位差 φ 为负。这样的规定是为了便于说明电路是电感性的还是电容性的。

表示电压 u 和电流 i 的正弦波形如图 1-22（b）所示。

根据式 1-67 可以得出

$$I_\mathrm{m} = \omega CU_\mathrm{m} \tag{1-68}$$

或

$$\frac{U_\mathrm{m}}{I_\mathrm{m}} = \frac{U}{I} = \frac{1}{\omega C} \tag{1-69}$$

由此可知，在电容元件电路中，电压的幅值（或有效值）与电流的幅值（或有效值）之比值为 $\frac{1}{\omega C}$。它的单位为欧姆。当电压 U 一定时，$\frac{1}{\omega C}$ 越大，则电流 I 越小。可见它具有对电流起阻碍作用的物理性质，所以称为容抗，用 X_C 代表，即

$$X_\mathrm{C} = \frac{1}{\omega C} = \frac{1}{2\pi f C} \tag{1-70}$$

容抗 X_C 与电容 C、频率 f 成反比。这是因为电容越大时，在同样电压下，电容器所容纳的电荷量就越大，因而电流越大。当频率越高时，电容器的充电与放电的速度就越快，在同样电压下，单位时间内电荷移动量就越多，因而电流越大。所以电容元件对高频电流所呈现的容抗很小，而对直流（$f = 0$）所呈现的容抗 X_C 可视作开路。因此，电容元件具有隔断直流的作用。

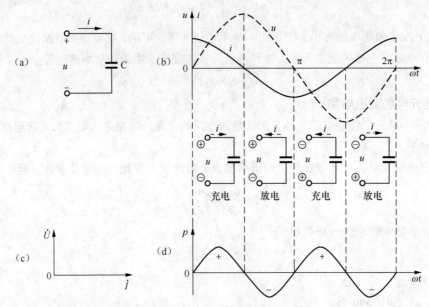

图 1-22　线性电容元件与正弦电源连接的电路及波形

用向量表示电压与电流的关系，则为

$$\dot{U} = Ue^{j0°} \qquad \dot{I} = Ie^{j0°} \qquad (1-71)$$

$$\frac{\dot{U}}{\dot{I}} = \frac{U}{I}e^{j0°} = -jX_C \qquad (1-72)$$

或

$$\dot{U} = -jX_C\dot{I} = -j\frac{\dot{I}}{\omega C} = \frac{\dot{I}}{j\omega C} \qquad (1-73)$$

式 1-73 表示电压的有效值等于电流的有效值与容抗的乘积，而在相位上电压比电流滞后 90°。因此，电流向量 $\dot{I}$ 乘上算子（−j）后，即向后（顺时针方向）旋转 90°。电压和电流的向量图如图 1-22（c）所示。

了解电压与电流的变化规律和相互关系后，便可得到瞬时功率的变化规律，即

$$p = p_C = ui = U_m I_m \sin \omega t \sin(\omega t + 90°) = U_m I_m \sin \omega t \cos \omega t = \frac{2U_m I_m}{2}\sin 2\omega t = UI \sin 2\omega t \qquad (1-74)$$

由式 1-74 可知，p 是一个幅值为 UI，并以 2ω 的角频率随时间变化而变化的交变量，其变化波形如图 1-22（d）所示。

在电容元件电路中，平均功率

$$P = \frac{1}{T}\int_0^T p\mathrm{d}t = \frac{1}{T}\int_0^T UI \sin 2\omega t \mathrm{d}t = 0 \qquad (1-75)$$

这说明电容元件是不消耗能量的，在电源与电容元件之间只发生能量的互换。能量互换的规模可用无功功率（Q）来衡量，它等于瞬时功率 P_C 的幅值。即

$$Q = -UI = -X_C I^2 \qquad (1-76)$$

1.3.3　复杂参数的交流电路

复杂参数的交流电路是一些单一参数元件的组合，和分析复杂的直流电路一样，也要应用支路电流法、节点电压法、叠加定理和戴维南定理等方法来分析与计算。所不同的是，电压和电流应以向量表示，电阻、电感和电容及其组成的电路应以阻抗或导纳来表示。下面举例说明。

【例 1.1】在图 1-23 所示的电路中，已知 $\dot{U}_1 = 230\angle 0°V$，$\dot{U}_2 = 227\angle 0°V$，$Z_1 = 0.1 + j0.5\Omega$，$Z_2 = 0.1 + j0.5\Omega$，$Z_3 = 5 + j5\Omega$。试用支路电流法求电流 $\dot{I}_3$。

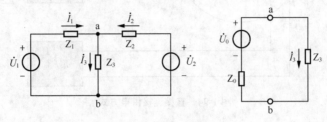

图 1-23　例 1 电路

【解】应用基尔霍夫定律列出下列向量表示方程

$$\begin{cases} \dot{I}_1 + \dot{I}_2 - \dot{I}_3 = 0 \\ Z_1\dot{I}_1 + Z_3\dot{I}_3 = \dot{U}_1 \\ Z_2\dot{I}_2 + Z_3\dot{I}_3 = \dot{U}_2 \end{cases}$$

将已知数据代入，即得

$$\begin{cases} \dot{I}_1 + \dot{I}_2 - \dot{I}_3 = 0 \\ (0.1 + j0.5)\dot{I}_1 + (5 + j5)\dot{I}_3 = 230\angle 0° \\ (0.1 + j0.5)\dot{I}_2 + (5 + j5)\dot{I}_3 = 227\angle 0° \end{cases}$$

解之，得

$$\dot{I}_3 = 31.3\angle -46.1°A$$

1.4　三相交流电

1.4.1　三相交流供电方式

我们应用到的电能绝大多数是由三相发电机产生的。三相交流发电机能产生三相交流电压，然后将这三相交流电压以三种方式提供给用户使用。

1. 直接连接供电方式

直接连接供电方式（见图 1-24）是将发电机三组线圈输出的每相交流电压分别用两根导线向用户供电。这种供电方式共需要用到六根供电导线，假如供电的距离比较长的话，则不宜用这种方式，因为这样供电成本非常高。

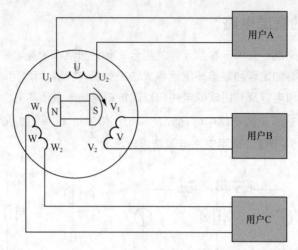

图 1-24   直接连接供电方式

2. 星形连接供电方式

星形连接供电方式（见图 1-25）就是将发电机的三组线圈末端全部连接在一起，并接出一根线，我们把它称为中性线（N），三组线圈的首端各引出一根线，我们把它称为相线。

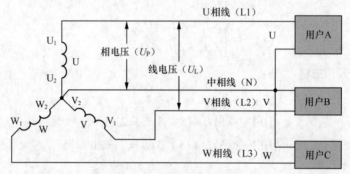

图 1-25   星形连接供电方式

这三根相线分别是（U 相线、V 相线和 W 相线）。三根相线分别连接到单独的用户（组），而中性线则在用户端一分为三，可以同时连接 3 个用户（组）。这样，发电机三组线圈上的电压就分别提供给各自的用户。在这种供电方式中，发电机三组线圈连接成星形，并且采用 4 根线来传送三相电压，所以我们把它叫作三相四线制星形连接供电方式。

3. 三角形连接供电方式

三角形连接供电方式（见图 1-26）是将发电机的三组线圈首末端依次连接在一起，连接方式呈三角形，在三个连接点各接出一根线（U 相线、V 相线、W 相线），将这三根线按图 1-26 所示的方式与用户连接，三组线圈上的电压就分别提供给各自的用户。在这种供电方式中，发电机三组线圈连接成三角形，并且采用 3 根线传送三相电压，所以我们把它叫作三相三线制三角形连接供电方式。

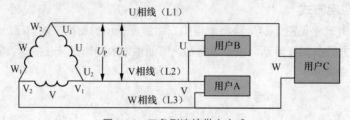

图 1-26   三角形连接供电方式

1.4.2　三相负载的连接方式

三相电路中负载的连接方式有两种：星形连接和三角形连接。

1. 三相负载的星形连接

三相负载分别接在三相电源的一根相线和中线之间的接法称为三相负载的星形连接（常用"Y"标记），如图 1-27 所示。

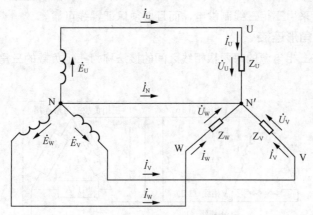

图 1-27　星形连接的三相四线制电路

三相负载两端的电压称为负载的相电压。在忽略输电线上的电压降时，负载的相电压就等于电源的相电压，电源的线电压为负载相电压的 $\sqrt{3}$ 倍。

流过每相负载的电流称为相电流。流过每根相线的电流称为线电流。线电流和相电流的大小关系为

$$I_{\text{线Y}} = I_{\text{相Y}} \tag{1-77}$$

负载星形连接时，中线电流为各相电流的向量和。在三相对称电路中，由于各相负载对称，所以流过的三相电流也对称，其向量和为零，即

$$\dot{I}_{\text{N}} = \dot{I}_{\text{U}} + \dot{I}_{\text{V}} + \dot{I}_{\text{W}} = 0 \tag{1-78}$$

三相对称负载星形连接时中线电流为零，因此取消中线也不会影响三相负载的正常工作，三相四线制实际变成了三相三线制，如图 1-28 所示。

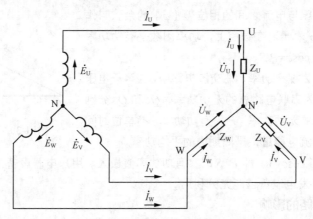

图 1-28　星形连接的三相三线制电路

通常在低压供电系统中，由于三相负载经常要变动，各相负载不同，各相电流的大小也不一定

相等，相位差不一定为 120°，中线电流也不为零，则 $U_{N'N} \neq 0$，即 N' 点和 N 点电位不相同了。当 N' 点和 N 点电位相差很大时，可能使负载的工作不正常；另一方面，如果负载变动时，由于各相的工作相互关联，因此彼此都相互影响。当有中线时，尽管负载是不对称的，中线可使各相保持独立性，各相的工作互不影响，因而各相可以分别独立计算，这就克服了无中线时的缺点。因此，在负载不对称的情况下，中线的存在是非常重要的。为了确保零线在运行中不断开，其上不允许接保险丝也不允许接刀闸，且中线常用钢丝制成，以免断开引起事故。比如，照明电路中各相负载不能保证完全对称，所以绝对不能采用三相三线制供电，而且必须保证零线可靠。

2. 三相负载的三角形连接

三相负载分别接在三相电源的每两根相线之间的接法称为三相负载的三角形连接（常用"△"标记），如图 1-29 所示。

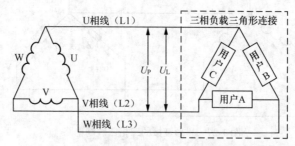

图 1-29　三相负载的三角形连接电路

在三角形连接中，负载的相电压和电源的线电压大小相等，即

$$U_{\text{相}\triangle} = U_{\text{线}\triangle} \qquad (1\text{-}79)$$

三相负载对称时，线电流和相电流的关系为

$$I_{\text{线}\triangle} = \sqrt{3}I_{\text{线}\triangle} \qquad (1\text{-}80)$$

三相对称负载三角形连接时的相电压是星形连接时的相电压的 $\sqrt{3}$ 倍。

三相负载接到电源中，是三角形还是星形连接，要根据负载的额定电压而定。

1.4.3　功率因数及其提高

1. 功率因数

在交流电路中，电压与电流之间的相位差（φ）的余弦叫作功率因数，用符号 $\cos\varphi$ 表示。在数值上，功率因数是有功功率和视在功率的比值，即 $\cos\varphi=P/S$。

如图 1-30 所示，S 为视在功率，在交流电路中，S 等于电压 U 和电流 I 的乘积；Q 为串联电路总的无功功率，Q_L 和 Q_C 分别为电感元件和电容件上的无功功率；P 为有功功率，指单位时间内实际发出或消耗的交流电能量，是周期内的平均功率。

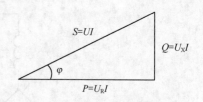

图 1-30　功率三角形概述图

由图 1-30 可知，当 $\cos\varphi=1$，即 $P=S$ 时，有功功率值最大。用户电器设备在一定电压和功率下，$\cos\varphi$ 值越高效益越好，发电设备越能充分利用。

2. 功率因数对电路的影响

在交流供电线路上的负载，其功率因数取决于负载的参数。生产活动中大量使用的异步电动机，其额定功率因数为 0.7 ~ 0.9；机械加工机床上的电动机，运行时的平均功率因数为 0.5 ~ 0.6。功率因数低会引起以下不良后果。

（1）发电设备的容量不能得到充分利用。

发电设备输出的有功功率

$$P = U_{\mathrm{N}} I_{\mathrm{N}} \cos \varphi = S_{\mathrm{N}} \cos \varphi \qquad （1\text{-}81）$$

显然，$\cos \varphi$ 越小，有功功率越小，无功功率越大，即负载与发电设备之间的能量互换规模越大。即使发电设备的电流已达满载电流，设备的利用率还是不充分。

以容量为 1000kV·A 的变压器为例。如果 $\cos \varphi = 1$，能够输出 1000kW 的有功功率，而在 $\cos \varphi = 0.65$ 时，只能输出 650kW 的功率，变压器的利用率为 65%。

（2）功率因数低，将使发电机绕组和输电线路的损耗增加。

设发电机绕组和输电线路的电阻和为 r，则其功率损耗为

$$\Delta P = I^2 r \qquad （1\text{-}82）$$

式中，$I = \dfrac{P}{U \cos \varphi}$，即发电机或输电线上的电流。

则

$$\Delta P = \left(\frac{P}{U \cos \varphi} \right)^2 r \qquad （1\text{-}83）$$

由此可见，当发电机的输出电压和输出功率 P 一定时，功率损耗 ΔP 和功率因数 $\cos \varphi$ 的平方成反比，这就说明功率因数越低，线路电流越大，往返于负载和电源之间的无功功率越大，因此消耗功率 ΔP 就越大，发电机绕组和线路上的电压降越大。

因此，提高电网的功率因数对国民经济有着极为重要的意义。电力部门规定：由高压供电的工业企业，其平均功率因数不低于 0.90，其他单位不低于 0.85。

3. 功率因数的提高

提高功率因数可分为提高自然功率因数和采用人工补偿两种方法。

（1）提高自然功率因数的方法。

自然功率因数是在没有任何补偿情况下，用电设备的功率因数。

① 合理选择电动机容量，减少电动机无功消耗，防止"大马拉小车"。

② 对平均负荷小于其额定容量 40% 左右的轻载电动机，可将线圈改为三角形接法（或自动转换）。

③ 避免电动机或设备空载运行。

④ 合理配置变压器，恰当地选择其容量。

⑤ 调整生产班次，均衡用电负荷，提高用电负荷率。

⑥ 改善配电线路布局，避免曲折迂回等。

（2）人工补偿法。

人工补偿法在实际应用中一般多采用电力电容器补偿无功，即在感性负载上并联电容器，利用电容器的无功功率来补偿感性负载的无功功率，从而减少甚至消除感性负载与电源之间原有的能量交换。

在交流电路中，纯电阻电路负载中的电流与电压同相位，纯电感负载中的电流滞后于电压 90°，而纯电容的电流则超前于电压 90°，电容中的电流与电感中的电流相差 180°，能相互抵消。电力系统中的负载大部分是感性的，因此总电流将滞后电压一个角度，将电容器与负载并联，则电容器的电流将抵消一部分电感电流，从而使总电流减小，功率因数将提高。

并联电容器的补偿方法又可分为以下 3 种。

① 个别补偿。即在用电设备附近按其本身无功功率的需要量装设电容器组，与用电设备同时投入运行和断开，也就是将电容器直接接在用电设备附近。该方法适用于低压网络，优点是补偿效果好，缺点是电容器利用率低。

② 分组补偿。即将电容器组分组安装在车间配电室或变电所各分路出线上，它可与工厂部分负荷的变动同时投入或切除，也就是将电容器分别安装在各车间配电盘的母线上。优点是电容器利用率较高且补偿效果也较理想（比较折中）。

③ 集中补偿。即把电容器组集中安装在变电所的一次或二次侧的母线上。在实际应用中会将电容器接在变电所的高压或低压母线上，电容器组的容量按配电所的总无功负荷来选择。

第 2 章

电工计算

本章立足于解决实际工作中的问题，按照实用和够用的原则，选取电工应知应会的部分电工计算公式进行讲解，主要包括电路中阻抗的计算、基本物理量的计算、典型单元电路的计算以及变压器与电动机的计算等内容。

2.1 电路阻抗的计算

能够正确计算电路的阻抗对电路的分析非常重要，本节介绍由电阻、电容和电感串并联组成电路的等效阻抗的计算方法。

2.1.1 电阻电路的计算

电路由若干个电阻串联、并联或者复联（既有串联又有并联）时，整个电路的总电阻计算公式如表 2-1 所示。

表 2-1 电阻电路的计算

项目	公式	电路图
电阻串联	$R = R_1 + R_2 + R_3$	
电阻并联	$\dfrac{1}{R} = \dfrac{1}{R_1} + \dfrac{1}{R_2} + \dfrac{1}{R_3}$	

项目	公式	电路图
电阻复联	$R = R_1 + \dfrac{R_2 R_3}{R_2 + R_3}$	

2.1.2　电容电路的计算

当电路由若干个电容串联、并联或者复联（既有串联又有并联）时，整个电路的总电容计算公式如表 2-2 所示。

表 2-2　电容电路的计算

项目	公式	电路图
电容串联	$\dfrac{1}{C} = \dfrac{1}{C_1} + \dfrac{1}{C_2} + \dfrac{1}{C_3}$ 当 n 个相同的电容 C_0 串联时， $C = \dfrac{1}{n} C_0$	
电容并联	$C = C_1 + C_2 + C_3$ 当 n 个相同的电容 C_0 并联时， $C = n C_0$	
电容复联	$\dfrac{1}{C} = \dfrac{1}{C_1} + \dfrac{1}{C_2 + C_3}$	

2.1.3　电感电路的计算

电路由若干个电感串联构成时如图 2-1 所示。

电感串联电路的等效电感计算如下：

$$L=L_1+L_2+L_3$$

电路由若干个电感并联构成时如图 2-2 所示。

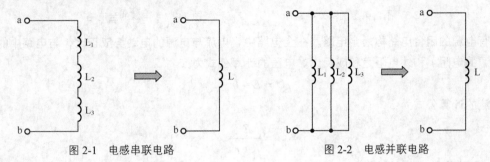

图 2-1　电感串联电路　　　　　图 2-2　电感并联电路

电感并联电路的等效电感计算如下：

$$\frac{1}{L}=\frac{1}{L_1}+\frac{1}{L_2}+\frac{1}{L_3}$$

2.2　基本物理量的计算

电路中的基本物理量有电流、电压、电位、电动势、电功率、电能等，它们的计算对电路的分析非常重要。这些物理量在直流电路和交流电路中的计算方法不同，下面分别进行阐述。

2.2.1　直流电路基本物理量的计算

1. 电压与电流的计算

在直流电路中，电压与电流多采用欧姆定律计算，根据电路的构成形式不同，计算电压和电流时欧姆定律有两种形式，即部分电路中的欧姆定律和全电路中的欧姆定律，详细内容参照本书第 1 章的相关内容。

（1）部分电路中的欧姆定律。

图 2-3 所示为不含电源的部分电路。

当在电阻两端加上电压时，电阻中就有电流通过。电压的计算公式为：

$$U = IR$$

电流的计算公式表示为：

$$I = \frac{U}{R}$$

（2）全电路中的欧姆定律。

图 2-4 所示为含电源的全电路。开关 K 闭合后，电路导通，回路有电流（I）流过。

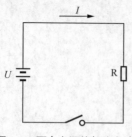

图 2-3 不含电源的部分电路

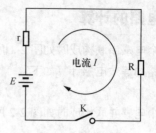

图 2-4 含电源的全电路

含有电源的闭合电路称为全电路。在全电路中，电流与电源的电动势成正比，与电路中的内电阻（电源的电阻）和外电阻之和成反比。电压的计算公式为：

$$U = E - Ir$$

电流的计算公式为：

$$I = \frac{E}{R + r}$$

2. 电功率和电能的计算

电功率为电流在单位时间内所做的功，用字母"P"表示，即：

$$P = A/t = UIt/t = UI$$

式中，U 的单位为 V，I 的单位为 A，P 的单位为 W（瓦）。图 2-5 所示为测量小灯泡电功率的连线图，通过测量灯泡两端的电压和流过的电流，就能够计算出电功率。

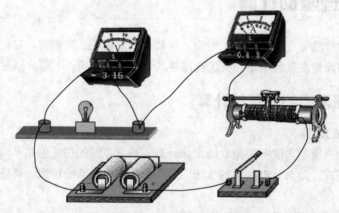

图 2-5 测量小灯泡电功率的连接图

在直流电路中，当已知设备的功率为 P 时，其 t 时间内消耗或产生的电能为：

$$W = Pt$$

在国际单位制中，电能的单位为焦耳（J），在日常用电中，常用千瓦·时（kW·h）表示，生活中常说的 1 度电即为 1kW·h。结合欧姆定律，电能计算公式还可表示为：

$$W = Pt = UIt = I^2Rt = \frac{U^2}{R}t$$

2.2.2 交流电路基本物理量的计算

1. 正弦交流电周期、频率和角频率的计算

周期：交流电完成一次周期性变化所需的时间称为交流电的周期，用符号"T"表示，单位为 s、

ms、μs 等，图 2-6 所示为交流电的波形。

频率：交流电在单位时间内周期性变化的次数称为交流电的频率，用符号"f"表示，单位为赫兹，简称赫，用"Hz"表示。

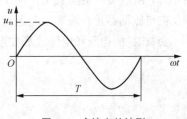

图 2-6　交流电的波形

频率是周期的倒数，即：$f = \dfrac{1}{T}$

在我国的电力系统中，国家规定动力和照明用电的频率为 50Hz，该频率称为"工频"，周期为 0.02s。

角频率：正弦交流电在每秒内所变化的电角度称为角频率，用符号"ω"表示，单位是弧度/秒（rad/s）。

周期、频率和角频率的关系为：$\omega = \dfrac{2\pi}{T} = 2\pi f$

2. 有效值的计算

交流电的有效值是根据交流电做功的能力来衡量的，把直流电流和交流电流分别通过同一电阻，如果电阻在相同的时间内产生相同的热量，我们就把这个直流电流的数值称为这一交流电的有效值。

正弦交流电流和正弦交流电压的有效值分别用大写字母 I、U 表示，最大值用 I_m、U_m 表示。交流电电流、电压最大值和有效值的关系为：

$$I = \frac{1}{\sqrt{2}} I_m = 0.707 I_m$$

$$U = \frac{1}{\sqrt{2}} U_m = 0.707 U_m$$

2.3　单元电路的计算

2.3.1　整流电路的计算

将交流电变为直流电的过程称为整流，具有整流功能的电路称为整流电路。按被整流交流电的相数，整流电路可分为单相整流电路和三相整流电路；按电路的构成，整流电路可分为零式整流电路和桥式整流电路。零式整流电路是指带零点或中性点的电路，又称半波电路，它的特点所有整流元件的阴极（或阳极）都接到一个公共接点，向直流负载供电，负载的另一根线接到交流电源的零点。桥式整流电路由两个半波电路串联而成，故又称全波电路。

常见的整流电路主要有单相半波整流电路、单相全波整流电路、单相桥式整流电路和三相桥式整流电路等。

1. 单相半波整流电路

图 2-7 所示为单相半波整流电路。它是最简单的整流电路，由整流变压器 Tr、整流元件 VD（半导体二极管）及负载电阻 R_L 组成。设整流变压器副边的交流电压为 $u = \sqrt{2}U\sin\omega t$，其波形如图 2-8（a）所示。

因二极管 VD 具有单向导电性，所以只有当它的阳极电位高于阴极电位时才能导通。在变压器副边电压 u 的正半周时，其极性为上正下负（见图 2-7），即 a 点的电位高于 b 点，二极管因承受正向电压而导通，电流通过负载电阻。因为二极管的正向电阻很小，二极管的正向压降也很小，可忽略不计，所以负载电阻 R_L 上的电压 $u_o=u$。在电压 u 的负半周时，a 点的电位低于 b 点，二极管因承受反向电压而截止，没有电流通过负载，输出电压 $u_o=0$。

负载 R_L 的电压和电流波形如图 2-8（b）所示。

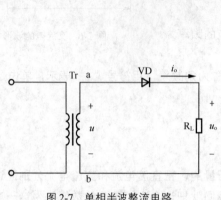

图 2-7　单相半波整流电路　　　图 2-8　单相半波整流电路的电压和电流波形

因此，在负载电阻 R_L 上得到的是半波整流电压 u_o，其大小是变化的，而且极性一定，即所谓单向脉动电压，这种脉动直流电压的大小常用一个周期的平均值来表示。

（1）单相半波整流电压的平均值为：

$$U_o = \frac{1}{2\pi}\int_0^\pi \sqrt{2}U \sin \omega t \mathrm{d}(\omega t) = \frac{\sqrt{2}}{\pi}U = 0.45U$$

式中，U 为变压器副边电压的有效值。

（2）整流电流的平均值为：

$$I_o = \frac{U_o}{R_L} = 0.45\frac{U}{R_L}$$

在整流电路中，整流二极管的正向电流和反向电压是选择整流二极管的依据。半波整流电路中，二极管与负载 R_L 串联，因此流过二极管的平均电流等于负载电流的平均值，即

$$I_D = I_o = \frac{U_o}{R_L} = 0.45\frac{U}{R_L}$$

当二极管不导通时，承受的最高反向电压就是变压器副边交流电压 u 的最大值 U_m，即

$$U_{RM} = U_m = \sqrt{2}U$$

这样，根据 U_o、I_o 和 U_{RM} 就可以选择合适的整流电路元件。

2. 单相全波整流电路

图 2-9 所示为单相全波整流电路。它是利用具有中心抽头的变压器与两个二极管配合，使 VD_1 和 VD_2 在正半周和负半周内轮流导通，而且二者流过 R_L 的电流保持同一方向，从而使负载在正、负半周内均有电压。

设整流变压器副边的交流电压为 $u = \sqrt{2}U \sin \omega t$，其波形如图 2-10（a）所示。在变压器副边电压 u 的正半周时，其极性为上正下负，即 a 点的电位高于 b 点，二极管 VD_1 因承受正向电压而导通，电流通过负载电阻。因为二极管的正向电阻很小，二极管的正向压降也很小，可忽略不计，所以负

载电阻 R_L 上的电压 u_o=u。在电压 u 的负半周时，a 点的电位低于 b 点，二极管 VD_1 因承受反向电压而截止，二极管 VD_2 因承受正向电压而导通，负载电阻 R_L 上的电压 u_o=u。VD_1 和 VD_2 在正半周和负半周内轮流导通，其波形如图 2-10（b）所示。

负载上得到的电流、电压的脉动频率为电源频率的两倍，其直流成分也是半波整流时直流成分的两倍。

$$U_o = 0.9U$$

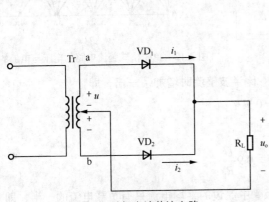

图 2-9　单相全波整流电路

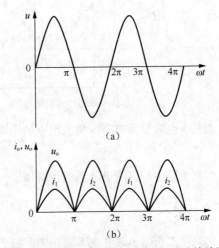

图 2-10　单相全波整流电路的电压和电流波形

在全波整流电路中，加在二极管上的反向峰值电压增加了一倍。这是因为：在正半周时 VD_1 导通，VD_2 截止，此时变压器次级两个绕组的电压全部加到二极管 VD_2 的两端，因此二极管承受的反峰电压值为：

$$U_{RM} = 2\sqrt{2}U$$

3. 单相桥式整流电路

单相半波整流的缺点是只利用了电源的半个周期，同时整流电压的脉动较大；单相全波整流克服了这一缺点，但是二极管的反向峰值电压却增加了一倍。为了同时克服这两个缺点，常采用桥式整流电路。

图 2-11 所示为单相桥式整流电路。它由电源变压器 Tr、整流二极管 VD（共 4 个）和负载电阻 R_L 组成。因 4 个整流二极管接成一个电桥的形式，故称为桥式整流电路。

下面我们来分析桥式整流电路的工作过程。为了分析方便，假设电源变压器和整流二极管为理想器件，即忽略变压器绕组阻抗上的电压降、二极管的正向电压和反向电流。

在变压器副边电压 u 的正半周，其极性为上正下负，见图 2-12（a），即 a 点的电位高于 b 点，二极管 VD_1 和 VD_3 导通，VD_2 和 VD_4 截止，电流 i_1 的通路为 a→VD_1→R_L→VD_3→b。这时负载电阻 R_L 上得到一个半波电压，如图 2-12（b）中所示的 0~π 段，u_o=u。

在电压 u 的负半周，变压器副边的极性为上负下正，即 b 点的电位高于 a 点。因此，VD_1 和 VD_3 截止，VD_2 和 VD_4 导通，电流 i_2 的通路为 b→VD_2→R_L→VD_4→a，同样在 R_L 上得到另一个半波电压，如图 2-12（b）中所示的 π~2π 段，u_o=$-u$，并且在两个半周内流经 R_L 的电流方向一致。

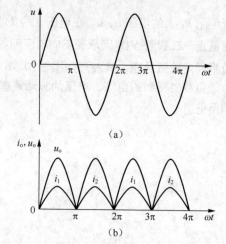

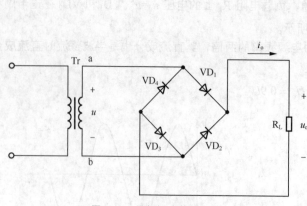

图 2-11   单相桥式整流电路

图 2-12   单相桥式整流电路的电压与电流的波形

显然，全波整流电路的整流电压的平均值 U_o 比半波整流时增加了一倍，即

$$U_o = 0.9U$$

负载电阻中的直流电流当然也增加了一倍，即

$$I_o = \frac{U_o}{R_L} = 0.9\frac{U}{R_L}$$

每两个二极管串联导电半周，因此每个二极管中流过的平均电流只有负载电流的一半，即

$$I_D = \frac{1}{2}I_o = 0.45\frac{U}{R_L}$$

至于二极管截止时所承受的最高反向电压，从图 2-11 可以看出，当 VD$_1$ 和 VD$_3$ 导通时，如果忽略二极管的正向压降，截止管 VD$_2$ 和 VD$_4$ 的阴极电位就等于 a 点的电位，阳极电位就等于 b 点的电位。因此，截止管所承受的最高反向电压就是电源电压的最大值，即二极管反向峰值电压是全波整流电路的一半，即

$$U_{RM} = \sqrt{2}U$$

4. 三相桥式整流电路

三相桥式整流电路如图 2-13 所示。三相变压器原绕组结成三角形，副绕组结成星形。桥式整流回路由两组二极管构成，分别是共阴极组和共阳极组。在每一瞬间根据优先导通的原则，共阴极组中阳极电位最高的二极管导通，共阳极组中阴极电位最低的二极管导通。

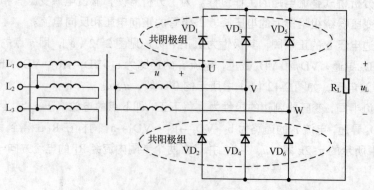

图 2-13   三相桥式整流电路

如图 2-14 所示，在 $t_1 \sim t_2$ 期间，共阴极组中的 U 点电位最高，VD_1 导通，共阳极组中的 V 点的电位最低，VD_4 导通，负载两端的电压为线电压 u_{UV}；在 $t_2 \sim t_3$ 期间，共阴极组中的 U 点电位最高，VD_1 导通，共阳极组中的 W 点的电位最低，VD_6 导通，负载两端的电压为线电压 u_{UW}；在 $t_3 \sim t_4$ 期间，共阴极组中的 V 点电位最高，VD_3 导通，共阳极组中的 W 点的电位最低，VD_6 导通，负载两端的电压为线电压 u_{VW}，依此类推，得到桥式整流电路的输出电压波形。

在一个周期中，每个二极管只有 1/3 的时间导通，负载两端的电压为线电压。该电路中每一相整流的输出与单相桥式整流电路的工作状态相同。三相整流的效果为三相整流合成的效果。

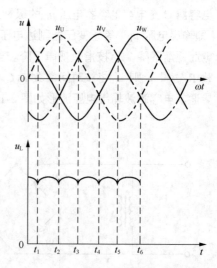

图 2-14　三相桥式整流电路的电压波形

（1）计算负载 R_L 的电压与电流。

对于三相桥式整流电路，其负载 R_L 上的脉动直流电压 U_L 与桥式电路的输入电压 U_i（变压器的副边电压 U）有以下关系：

$$U_L = 2.34 U_i$$

负载 R_L 流过的电流为：

$$I_L = \frac{U_L}{R_L} = 2.34 \frac{U_i}{R_L}$$

（2）整流二极管承受的最大反向电压及通过的平均电流。

对于三相桥式整流电路，每只整流二极管承受的最大反向电压 U_{RM} 如下：

$$U_{RM} = \sqrt{2} \times \sqrt{3} U_i \approx 2.45 U_i$$

每只整流二极管在一个周期内导通 1/3 周期，故流过每只整流二极管的平均电流为：

$$I_F = \frac{1}{3} I_L \approx 0.78 \frac{U_i}{R_L}$$

2.3.2　滤波电路的计算

整流后的单向脉动直流电压除了含有直流分量，还含有纹波即交流分量。因此通常都要采取一定措施，尽量降低输出电压的交流成分，同时尽量保留其直流成分，得到比较平滑的直流电压波形，即滤波。

滤波电路通常采用的滤波元件有电容和电感。由于电容和电感对不同频率正弦信号的阻抗不同，因此可以把电容与负载并联、电感与负载串联构成不同形式的滤波电路。或者从另一个角度看，电容和电感是储能元件，它们在二极管导通时储存一部分能量，然后再逐渐释放出来，从而得到比较平滑的输出波形。

1. 电容滤波电路的计算

将整流电路的输出端与负载并联一个容量足够大的电容器 C，就组成一个简单的电容滤波电路。图 2-15 所示为采用电容滤波的单相桥式整流电路。它是依靠电容器充、放电来降低输出电压和电流的脉动。

并联电容器后，在 u 的正半周，且 $u > u_C$ 时，VD_1 和 VD_3 导通，一方面供电给负载 R_L，同时对

电容器 C 充电。电容器电压 u_C 的极性上正下负。如果忽略二极管正向压降，则在二极管导通时，u_C（即输出电压 u_o）等于变压器副边电压 u。当 u 达到最大值后开始下降，电容器电压 u_C 也将由于放电而逐渐下降，u_C 按指数规律下降。当 $u < u_C$ 时，VD_1 和 VD_3 承受反向电压而截止，电容器 C 向负载 R_L 放电，则 u_C 将按时间常数 $R_L C$ 的指数规律下降，直到下一个半周，当 $|u| > u_C$ 时，VD_2 和 VD_4 导通。电容滤波输出电压波形如图 2-16 所示。

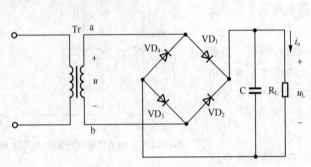

图 2-15　采用电容滤波的单相桥式整流电路　　　　图 2-16　电容滤波输出电压波形

通过以上分析可以看到，加了滤波电容以后，输出电压的直流成分提高了，脉动成分降低了，而且电容时间常数 $\tau = R_L C$ 越大，放电过程越慢，滤波效果越好。为了得到较好的滤波效果又不至于使所用电容数值过大，通常选取：

$$R_L C = (3 \sim 5)\frac{T}{2}$$

式中，T 为电源交流电压的周期。而滤波电容的电容值满足上式时，桥式整流电容滤波电路负载上的电压近似为：

$$U_L = U_o = 1.2U$$

2. 电感滤波电路的计算

为了减小输出电压的脉动程度，在滤波电容之前串联一个铁芯电感线圈 L，这样就组成了电感电容滤波器，如图 2-17 所示。

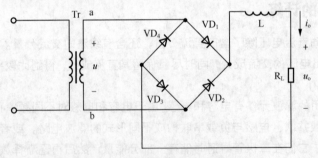

图 2-17　电感滤波单相桥式整流电路

由于通过电感线圈的电流发生变化时，线圈中要产生自感电动势阻碍电流的变化，因而使负载电流和负载电压的脉动大幅减小。频率越高，电感越大，滤波效果越好。

电感线圈之所以能滤波可以这样理解：因为电感线圈对整流电流的交流分量具有阻抗，谐波频率越高，阻抗越大，所以它可以减弱整流电压中的交流分量，ωL 比 R_L 大得越多，则滤波效果越好，而后又经过电容滤波器滤波，再一次滤掉交流分量。这样便可以得到甚为平直的直流输出电压。

单相桥式整流电感滤波电路的输出直流电压、电流为：

$$U_\mathrm{o} = 0.9U_2, \ I_\mathrm{o} = \frac{U_\mathrm{o}}{R_\mathrm{L}}$$

2.3.3 谐振电路的计算

在电阻、电感及电容所组成的电路中，如果调节电路元件的参数或电源频率，使电路两端的电压与其中电流相位相同，整个电路呈现为纯电阻性，把电路的这种状态称之为谐振。谐振电路在电子或者电力工程中应用比较多，常见的有串联谐振电路和并联谐振电路。谐振变压器就是利用串联谐振或并联谐振的原理，产生大电流和高电压。利用负载和设备的并联谐振可以用较小的激励电流取得较大的负载电流，利用负载和设备的串联谐振可以用较低的激励电压在负载上取得高电压。

1. 串联谐振电路的计算

图 2-18 所示为 RLC 串联谐振电路图。RLC 串联电路由电阻器、电感器和电容器与交流电源串联连接构成。

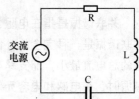

图 2-18　RLC 串联谐振电路

在 RLC 串联电路中，流经各部分的电流都相等，电阻器上的电压降与电流相位相同，电感器上的电压降超前于电流 90°，电容器上的电压降滞后于电流 90°。在该串联电路中，电阻器、电感器和电容器上的电压降取决于电路电流以及 R、X_L 和 X_C：

$$U_\mathrm{R} = IR \qquad U_\mathrm{L} = IX_\mathrm{L} \qquad U_\mathrm{C} = LX_\mathrm{C}$$

电路的总阻抗为：

$$Z = R + j(\omega L - \frac{1}{\omega C})$$

当调节信号源的频率为 L 或 C 的值，使得 $\omega L = 1/\omega C$ 时（$\omega = 2\pi f$），电路呈现纯阻性，发生串联谐振，谐振频率为：

$$f_0 = \frac{1}{2\pi\sqrt{LC}}$$

串联谐振的特点：

（1）电路呈现纯电阻态，电压与电流同相位；

（2）复阻抗模为最小值，即 R，电路电流达到最大值；

（3）电感与电容上电压有效值相等且相位相反；

（4）串联谐振电路品质因数 $Q = \omega_0 L/R = 1/\omega_0 CR$，$L$、$C$ 的值一定的情况下，品质因数的大小取决于 R 的值。

串联谐振电路发生谐振时，电流与电压同相位，电流达到最大值，电容器和电感器上的电压分别等于外加电压的 Q 倍，所以串联谐振又称电压谐振。

电子工程中，常利用高品质因数的串联谐振电路来放大电压信号。例如，在无线电接收设备中用来选择接收信号。电路对非谐振频率的信号衰减作用大，广播电台以不同频率的电磁波向空间发射自己的信号，调节收音机中谐振电路的可变电容可将不同频率的各个电台分别接收。还可以用来获取高频高压，如回旋加速器的加速极，电路的 R 设计很小，用 L 的电阻（即电感线圈导线内阻）代替，谐振时电感和电容上的电压很高，电路 Q 值很高，就是利用其谐振电压对粒子进行加速。

对于一般实用的串联谐振电路,电力工程中则需要避免发生高品质因数的串联谐振,以免因电压过高损坏电气设备。

2. 并联谐振电路的计算

图 2-19 所示为 RLC 并联谐振电路。RLC 并联电路包含并联连接的电阻器、电容器和电感器。

RLC 并联电路中各种元器件两端电压相等并且同相,而电流不同。电阻上的电流与电压同相,电感中的电流滞后于电压 90°,电容中的电流超前于电压 90°。RLC 并联电路的谐振频率与串联谐振电路相同,谐振频率为:

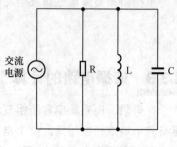

图 2-19 RLC 并联谐振电路

$$f_0 = \frac{1}{2\pi\sqrt{LC}}$$

并联谐振是指在电阻、电容、电感并联电路中,出现电路端电压和总电流同相位的现象。特点:并联谐振是一种完全的补偿,电源无须提供无功功率,只提供电阻所需要的有功功率,谐振时,电路的总电流最小,而支路电流往往大于电路的总电流,因此,并联谐振也叫作电流谐振。发生并联谐振时,在电感和电容元件中流过很大的电流,因此会造成电路的熔断器熔断或烧毁电气设备的事故,但在无线电工程中往往用来选择信号和消除干扰。

2.3.4 放大电路的计算

常用的放大电路有分立元器件组成的放大电路和集成放大电路。分立元器件组成的放大电路有共发射极放大电路、共基极放大电路、共集电极放大电路,而共发射极放大电路应用比较广泛。集成放大电路常用集成运算放大器构成的放大电路。

(1)固定偏置放大电路。

图 2-20 所示为固定偏置式共发射极放大电路。三极管是电路的核心元件,利用其电流放大的作用,在集电极支路得到了放大了的电流,这个电流受在输入信号的控制下通过三极管将直流电源的能量转换为输出信号的能量。

电源的作用一是为输出信号提供能量,二是保证三极管的发射结处于正向偏置,集电结处于反向偏置,使三极管起到放大的作用。基极电阻和基极电源共同作用使三极管发射结处于正向偏置,并提供大小适当的基极电流。偏置电阻 R_B 阻值一般为几十千欧到几百千欧。集电极电阻 R_C 的作用是将集电极电流的变化转化为电压的变化,以实现电压放大,R_C 阻值一般为几千欧到几十千欧。

电容 C_1、C_2 称为隔直电容或耦合电容,它们在电路中起到两方面的作用:一方面是隔离直流,C_1 用来隔断放大电路与信号源之间的直流通路,C_2 用来隔离放大电路与负载之间的直流通路,这样信号源、放大电路和负载三者之间无直流联系,互不影响;另一方面的作用是交流耦合,即保证交流信号畅通无阻地经过放大电路,沟通信号源、放大电路和负载三者之间的交流通路。

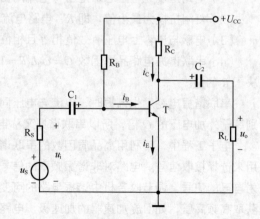

图 2-20 固定偏置共发射极放大电路

通常放大电路中都含有电容和电感等元件，因它们对交、直流信号的作用不同，故交、直流分量所走的通路是不同的。由于放大电路总是处于交、直流共存的状态，既不同于直流电路分析，又不同于交流电路分析，这使放大电路分析的难度增大。所以为了简化问题，常将直流电源对电路的作用与交流电源对电路的作用进行区分处理，即将放大电路划分为直流通路和交流通路。信号的分量可以在不同的通路中分析，直流通路适用于静态分析，交流通路适用于动态分析。在分析放大电路时，应遵循先静态，后动态的分析原则。

对于直流通路：电容视为开路；电感视为短路；信号源为电压源时视为短路，信号源为电流源时视为开路，但电源内阻保留。

对于交流通路：电容视为短路；电感视为开路；直流电源视为短路。

图 2-20 所示固定偏置式放大电路的直流通路和交流通路如图 2-21 和图 2-22 所示。

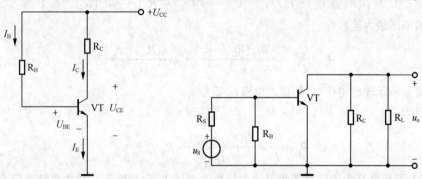

图 2-21 固定偏置式放大电路的直流通路　　图 2-22 固定偏置式放大电路的交流通路

1）直流参数计算。

根据直流通路可确定和计算放大电路的静态值。

$$U_{CC} = I_B R_B + U_{BE}$$

$$I_B = \frac{U_{CC} - U_{BE}}{R_B} \approx \frac{U_{CC}}{R_B}$$

（硅管 U_{BE}=0.6~0.7V，锗管 U_{BE}=0.2~03V，相对于电源数值很小，近似计算时可以忽略）

由 I_B 可得出静态时的集电极电流：

$$I_C = \overline{\beta} I_B + I_{CEO} \approx \overline{\beta} I_B \approx \beta I_B$$

$\overline{\beta}$ 和 β 的含义不同，但在输出特性曲线趋于平行等距且 I_{CEO} 较小的情况下，两者数值非常接近，在估算时，常用 $\overline{\beta} \approx \beta$ 这个近似关系。

静态时的集-射极电压为：

$$U_{CE} = U_{CC} - I_C R_C$$

集电极电流为：

$$I_C = -\frac{1}{R_C} U_{CE} + \frac{U_{CC}}{R_C} = \frac{U_{CC} - U_{CE}}{R_C}$$

可见，若已知 U_{CC}、R_B、R_C、β 即可求出各静态值。

2）交流参数计算。

将三极管用微变等效电路来代替，即可得到放大电路的微变等效电路，如图 2-23 所示。

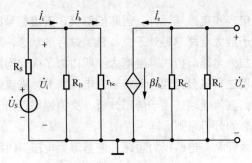

图 2-23　放大电路的微变等效电路

由图 2-23 所示电路的电压、电流参考方向可知：

$$\dot{U}_i = \dot{I}_i(R_B /\!/ r_{be}) = r_{be}\dot{I}_b, \qquad \dot{U}_o = -\dot{I}_c(R_C /\!/ R_L) = -\beta\dot{I}_b(R_C /\!/ R_L)$$

则电路的电压放大倍数为：

$$A_u = \frac{\dot{U}_o}{\dot{U}_i} = \frac{-\beta\dot{I}_b(R_C /\!/ R_L)}{r_{be}\dot{I}_b} = -\frac{\beta(R_C /\!/ R_L)}{r_{be}}$$

上式中负号表示输出电压 $\dot{U}_o$ 和输入电压 $\dot{U}_i$ 反相。

输入电阻为：

$$R_i = \frac{\dot{U}_i}{\dot{I}_i} = \frac{\dot{I}_i(R_B /\!/ r_{be})}{\dot{I}_i} = R_B /\!/ r_{be}$$

将图 2-23 所示电路中的信号源短路（去掉输入电压）、负载断开，放大电路输出端上加上一个已知电压 $\dot{U}_o$，产生一个电流 $\dot{I}_o$，则电压 $\dot{U}_o$ 与电流 $\dot{I}_o$ 之比称为放大电路输出端口的等效电阻 R_o。由于 $\dot{U}_i = 0$ 时，$\dot{I}_b = 0$，因此受控源 $\beta\dot{I}_b$ 视为开路，可得放大电路的输出电阻为：

$$R_o\big|_{R_L=\infty, U_s=0} = R_C$$

（2）分压偏置放大电路。

图 2-24 所示为分压偏置式共发射极放大电路。

1）直流参数计算。

根据图 2-25 所示的分压偏置式共发射极放大电路的直流通路可确定和计算放大电路的静态值（静态工作点 Q）。

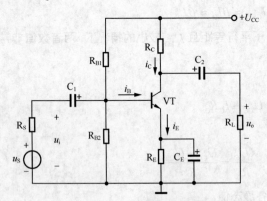
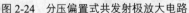
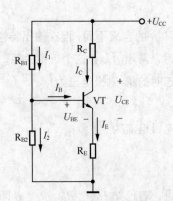

图 2-24　分压偏置式共发射极放大电路　　　图 2-25　分压偏置式共发射极放大电路的直流通路

$$U_{BQ} = \frac{R_{B2} /\!/ (1+\beta)R_E}{R_{B1} + R_{B2} /\!/ (1+\beta)R_E} U_{CC}$$

如果 $(1+\beta) R_{\mathrm{E}} > 10 R_{\mathrm{B2}}$，则 $I_2 > 10 I_{\mathrm{B}}$，我们可以近似得到

$$U_{\mathrm{BQ}} \approx \frac{R_{\mathrm{B2}}}{R_{\mathrm{B1}} + R_{\mathrm{B2}}} U_{\mathrm{CC}}$$

那么

$$I_{\mathrm{EQ}} = \frac{U_{\mathrm{EQ}}}{R_{\mathrm{E}}} = \frac{U_{\mathrm{BQ}} - U_{\mathrm{BEQ}}}{R_{\mathrm{E}}}$$

$$I_{\mathrm{BQ}} = \frac{I_{\mathrm{E}}}{(1+\beta)}$$

$$I_{\mathrm{CQ}} = \frac{\beta I_{\mathrm{E}}}{(1+\beta)}$$

根据基尔霍夫电压定律可得：

$$U_{\mathrm{CEQ}} = U_{\mathrm{CC}} - I_{\mathrm{CQ}} R_{\mathrm{C}} - I_{\mathrm{EQ}} R_{\mathrm{E}}$$

该电路的特点是 U_{BQ} 基本固定，与温度变化无关，当环境温度升高时，该电路能够稳定静态工作点。

2）交流参数计算。

图 2-24 所示的分压偏置式共发射极放大电路的交流通路如图 2-26 所示，由此可得该放大电路的微变等效电路如图 2-27 所示。

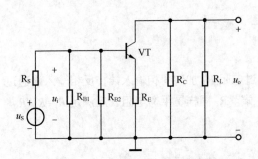 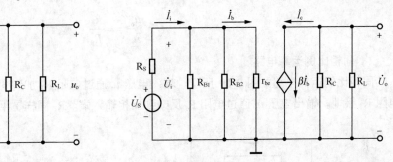

图 2-26　分压偏置式共发射极放大电路的交流通路　　图 2-27　分压偏置式共发射极放大电路的微变等效电路

$$\dot{U}_{\mathrm{i}} = r_{\mathrm{be}} \dot{I}_{\mathrm{b}}, \quad \dot{U}_{\mathrm{o}} = -\dot{I}_{\mathrm{c}} \left(R_{\mathrm{C}} \mathbin{/\mkern-5mu/} R_{\mathrm{L}} \right) = -\beta \dot{I}_{\mathrm{b}} \left(R_{\mathrm{C}} \mathbin{/\mkern-5mu/} R_{\mathrm{L}} \right)$$

$$A_{\mathrm{u}} = \frac{\dot{U}_{\mathrm{o}}}{\dot{U}_{\mathrm{i}}} = \frac{-\beta \dot{I}_{\mathrm{b}} \left(R_{\mathrm{C}} \mathbin{/\mkern-5mu/} R_{\mathrm{L}} \right)}{r_{\mathrm{be}} \dot{I}_{\mathrm{b}}} = -\frac{\beta \left(R_{\mathrm{C}} \mathbin{/\mkern-5mu/} R_{\mathrm{L}} \right)}{r_{\mathrm{be}}}$$

$$R_{\mathrm{i}} = \frac{\dot{U}_{\mathrm{i}}}{\dot{I}_{\mathrm{i}}} = R_{\mathrm{B1}} \mathbin{/\mkern-5mu/} R_{\mathrm{B2}} \mathbin{/\mkern-5mu/} r_{\mathrm{be}}$$

$$R_{\mathrm{o}} \big|_{R_{\mathrm{L}} = \infty, U_{\mathrm{s}} = 0} = R_{\mathrm{C}}$$

（3）集成运算放大电路。

集成运算放大器的应用基本上可以分为线性应用和非线性应用两大类。在集成运放加入深度负反馈后，可以使其工作在线性区。这种状态下集成运放与外部电阻、电容、晶体管等构成闭环电路后，能对各种模拟信号进行比例、加法、减法、微分、积分等运算。下面介绍几种典型的运算电路的计算。

1）反相比例运算电路。

反相比例运算电路如图 2-28 所示，输入电压 u_i 通过电阻 R_1 加到反相输入端，同相输入端通过 R_P 接地。R_P 是平衡电阻，其作用是保证同相输入端和反相输入端的外接电阻相等，即保证输入信号为零时，输出电压也为零，其大小 $R_P = R_1 // R_f$。输出电压 u_o 通过电阻 R_f 反馈到反相输入端。

根据集成运算放大器的特点可知：

$$u_+ = u_- \qquad i_+ = i_- = 0$$

同相输入端通过电阻 R_P 接地，导致

$$u_+ = u_- = 0$$

根据基尔霍夫电流定律可知：

$$i_1 = i_- + i_f = i_f$$

根据欧姆定律可知：

$$i_1 = \frac{u_i - u_-}{R_1} = \frac{u_i - 0}{R_1} \qquad i_f = \frac{u_- - u_o}{R_f} = \frac{0 - u_o}{R_f}$$

计算可得：

$$u_o = -\frac{R_f}{R_1} u_i$$

可见，输出电压和输入电压成比例运算关系且相位相反，故称此电路为反相比例运算电路。电路的电压放大倍数 A_u 为：

$$A_u = \frac{u_o}{u_i} = -\frac{R_f}{R_1}$$

2）同相比例运算电路。

同相比例运算电路如图 2-29 所示，输入电压 u_i 通过电阻 R_P 加到同相输入端，反相输入端通过电阻 R_1 接地，输出电压 u_o 通过电阻 R_f 反馈到反相输入端。R_P 同样是平衡电阻，应满足 $R_P = R_1 // R_f$。

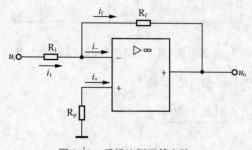

图 2-28　反相比例运算电路

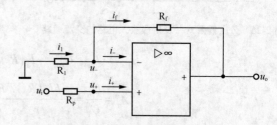

图 2-29　同相比例运算电路

根据虚短和虚断的概念可知：

$$u_+ = u_- \qquad i_+ = i_- = 0$$

因 $i_+ = 0$ 则有：

$$u_+ = u_- = u_i$$

根据基尔霍夫电流定律可知：

$$i_1 = i_- + i_f = i_f$$

根据欧姆定律可知：

$$i_1 = \frac{0 - u_-}{R_1} = \frac{-u_i}{R_1} \qquad i_f = \frac{u_- - u_o}{R_f} = \frac{u_i - u_o}{R_f}$$

计算可得：

$$u_o = (1 + \frac{R_f}{R_1})u_i$$

可见，输出电压和输入电压同相且成比例关系，故称此电路为同相比例运算电路。电路的电压放大倍数 A_u 为：

$$A_u = \frac{u_o}{u_i} = 1 + \frac{R_f}{R_1}$$

2.4 变压器与电动机的计算

2.4.1 变压器的计算

变压器是实现电压变化的设备。数据计算包括电压变换、负荷率和效率计算等。

1. 电压变换计算

电压变换是电源变压器的主要功能特点。变压器电压变换模型如图 2-30 所示。空载时，输出电压与输入电压之比等于次级线圈的匝数 N_2 与初级线圈的匝数 N_1 比，即：

$$K = U_1 / U_2 = N_1 / N_2$$

式中，U_1 为初级交变电压的有效值；U_2 为次级交变电压的有效值；N_1 为初级绕组的匝数，N_2 为次级绕组的匝数，K 为初级、次级的电压比，或称匝数比，简称变比。

上式表明，当 $K > 1$ 时，$U_1 > U_2$，$N_1 > N_2$，这种变压器称为降压变压器；当 $K < 1$ 时，$U_1 < U_2$，$N_1 < N_2$，这种变压器称为升压变压器。当变压器的初次级绕组采用不同的匝数比时，就可以达到升高或降低电压的目的。

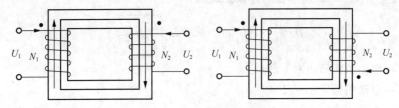

图 2-30 变压器电压变换模型

变压器的输出电流与输出电压成反比（$I_2 / I_1 = N_1 / N_2$），通常降压变压器输出的电压降低但输出的电流增强了，具有输出强电流的能力。

2. 负荷率、效率计算

（1）变压器负荷率计算公式。

$$\beta = \frac{S}{S_e} = \frac{I_2}{I_{2e}} = \frac{P_2}{S_e \cos\varphi_2}$$

式中　S——变压器的计算容量（V·A 或 kV·A）；

S_e——变压器的额定容量（V·A 或 kV·A）；

单相变压器：$S_e = U_{2e}I_{2e}$；

三相变压器：$S_e = \sqrt{3}U_{2e}I_{2e}$；

U_{2e}——变压器二次侧额定电压（kV）；

I_{2e}——变压器二次侧额定电流（A）；

I_2——实测变压器二次侧电流（A）；

P_2——变压器输出有功功率（kW）。

当测量 I_2 有困难时，也可近似用 I_1/I_{1e}（变压器一次侧测量电流和一次侧额定电流之比）计算变压器的负荷率。

（2）变压器效率计算公式。

$$\eta = \frac{P_2}{P_1} \times 100\%$$

当忽略变压器中阻抗电压的影响时：

$$\eta = \frac{\beta S_e \cos\varphi_2}{\beta P S_e \cos\varphi_2 + P_0 + \beta^2 P_d} \times 100\% = \frac{\sqrt{3}U_2 I_2 \cos\varphi_2}{\sqrt{3}U_2 I_2 \cos\varphi_2 + P_0 + \beta^2 P_d} \times 100\%$$

式中　P_2——变压器输出有功功率（kW）；

P_1——变压器输入有功功率（kW）；

P_0——变压器空载损耗，即铁耗（kW）；

P_d——变压器短路损耗，即铜耗（kW）。

大型变压器的效率一般在 99% 以上，中小型变压器的效率一般在 95%~98%。

2.4.2　电动机的计算

电动机在应用中要考虑所带负荷的负荷率、效率和功率因数、输入/输出功率等参数，因此需要掌握这些参数的计算方法。

1. 电动机负荷率

电动机在任意负荷下，负荷率 β 的计算公式如下：

$$\beta = \frac{P}{P_e} \times 100\% ; \qquad \beta = \sqrt{\frac{I_1^2 - I_0^2}{I_e^2 - I_0^2}}$$

式中　P——电动机实际功率（kW）；

P_e——电动机额定功率（kW）；

I_1——电动机定子电流（A）；

I_e——电动机额定电流（A）；

I_0——电动机空载电流（A）。

2. 电动机效率

电动机效率（η）的计算公式如下：

$$\eta = \frac{P_2}{P_1} \times 100\% = \frac{P_2}{P_2 + \sum \Delta P} = \frac{\beta P_e}{\beta P_e + \left[\left(\frac{1}{\eta_e}-1\right)P_e - P_0\right]\beta^2 + P_0} \times 100\%$$

式中　P_1——P_2 分别为电动机输入功率和输出功率（kW）；

$\sum \Delta P$——电动机所有损耗之和（kW）；

P_0——电动机空载损耗（kW）；

η_e——电动机额定效率，为 80%~90%。

3. 电动机功率因数

$$\cos\varphi = \frac{P_2}{\sqrt{3}U_1 I_1 \eta} \times 10^3 = \frac{\beta P_e}{\sqrt{3}U_1 I_1 \eta} \times 10^3$$

式中　U_1——电动机定子电压（V）；

I_1——电动机定子电流（A）；

P_2——电动机输出功率（kW）；

P_e——电动机额定功率（kW）；

η——电动机效率；

β——电动机负荷率。

4. 电动机输入/输出功率计算公式

输入功率：$P_1 = \sqrt{3}UI\cos\varphi \times 10^{-3}$

输出功率：$P_2 = \sqrt{3}UI\eta\cos\varphi \times 10^{-3}$

$$P_2 = \beta P_e = \sqrt{\frac{I_1^2 - I_0^2}{I_e^2 - I_0^2}} P_e$$

式中　U——加在电动机接线端子上的线电压（V）；

I——负荷电流（A）。

其他参数见前文。

5. 三相异步电动机定子线电流

额定电流：$I_e = \dfrac{P_e \times 10^3}{\sqrt{3}U_e \eta_e \cos\varphi_e}$

实际工作电流：$I = \dfrac{P_2 \times 10^3}{\sqrt{3}U\eta\cos\varphi}$

式中　$\cos\varphi_e$——电动机额定功率因数，一般为 0.82~0.88。

其他参数见前文。

6. 三相异步电动机空载电流计算公式

公式 1：$I_0 = K\left[(1-\cos\varphi_e)\sqrt{1-3\cos^2\varphi_e}\right]I_e$

公式 2：$I_0 = kI_e$

公式 3：$I_0 = I_e\cos\varphi_e(2.26 - \zeta\cos\varphi_e)$

式中　K、k——系数（K、k 根据电动机极数不同值不同，具体需要核查电动机具体型号参数表）；

ζ——系数（当 $\cos\varphi_e \leqslant 0.85$ 时，取 2.1；当 $\cos\varphi_e \geqslant 0.85$ 时，取 2.15）。

第3章

电工操作安全知识

电气设备在各行各业的运用相当普遍。电气工作人员如果缺乏必要的电工安全知识，不仅会造成电能浪费，而且会发生事故，危及人身安全，给国家和人民带来重大损失。事实上，在机械、化工、冶金等工矿企业中存在大量电器不安全现象，电器事故已成为引起人身伤亡、爆炸、火灾事故的重要原因。因此，电器安全已日益得到人们的关注和重视。

3.1 电流对人体的作用及基本安全知识

3.1.1 用电安全常识

1. 安全用电标志

明确统一的标志就是保证用电安全的一个重要措施。统计表明，不少电器事故完全是由于标志不统一而造成的。例如，由于导线的颜色不统一，误将相线接设备的机壳而导致机壳带电，酿成触电伤亡事故。

标志分为颜色标志和图形标志。颜色标志常用来区分各种不同性质、不同用途的导线，或用来表示某处安全程度。图形标志一般用来告诫人们不要去接近有危险的场所。为保证安全用电，必须严格按有关标准使用颜色标志和图形标志。我国安全色标采用的标准与国际标准草案（ISD）基本相同。一般采用的安全色有以下几种。

（1）红色：用来标志禁止、停止和消防，如信号灯、信号旗、机器上的紧急停机按钮等都是用红色来表示"禁止"的信息（见图 3-1）。

（2）黄色：用来标志注意危险。如"当心触电"（见图 3-2）、"注意安全"等。

（3）绿色：用来标志安全无事。如"在此工作""已接地"（见图 3-3）等。

（4）蓝色：用来标志强制执行，如"进入车间请佩戴安全帽"（见图 3-4）、"必须系安全带"等。

图 3-1 "禁止"标志

图 3-2 "当心触电"标志

图 3-3 "已接地"标志　　图 3-4 "进入车间请佩戴安全帽"标志

　　为便于识别，防止误操作，确保运行和检修人员的安全，按照规定，采用不同颜色来区别设备特征。如电气母线 A 相为黄色，B 相为绿色，C 相为红色，接地线（N）为黑色，如图 3-5 所示。

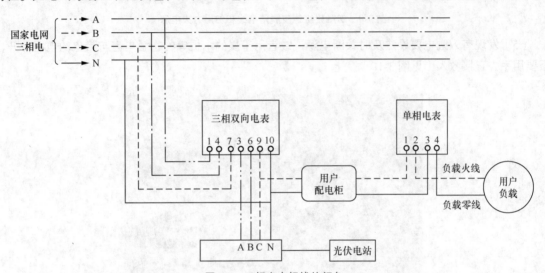

图 3-5 三相电中相线的颜色

2. 安全用电的注意事项

　　随着生活水平的不断提高，生活中用电的地方越来越多了，我们有必要掌握以下基本的安全用电常识。

　　（1）认识了解电源总开关（见图 3-6），学会在紧急情况下关断总电源。

　　（2）不用手或导电物（如铁丝、钉子、别针等金属制品）去接触、探试电源插座内部（见图 3-7）。

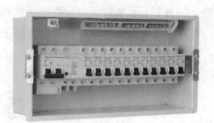

图 3-6 电源总开关

　　（3）不用湿手触摸电器（见图 3-8），不用湿布擦拭电器。

图 3-7 勿触碰电源插座内部图

图 3-8 勿用湿手触碰电器

（4）电器使用完毕后应拔掉电源插头；插拔电源插头时不要用力拉拽电线，以防止电线的绝缘层受损造成触电；电线的绝缘皮剥落，要及时更换新线或者用绝缘胶布包好（见图3-9）。

图3-9　勿触碰绝缘皮脱落电线和勿用力拔电源

（5）发现有人触电要设法及时关断电源，或者用干燥的木棍等物将触电者与带电的电器分开，不要用手去直接救人（见图3-10）。

图3-10　施救触电者

（6）不随意拆卸、安装电源线路、插座、插头等。哪怕安装和拆卸灯泡（见图3-11）等简单的事情，也要先关断电源，并在做好安全防护的前提下进行。

图3-11　拆卸灯泡图

3.1.2 电流对人体的伤害

电流对人体的伤害是电流的能量直接作用于人体或转换成其他形式的能量作用于人体造成的伤害。电流可能对人体构成多种伤害。例如，电流通过人体，人体直接接受电流能量将遭到电击；电能转换为热能作用于人体，致使人体受到烧伤或灼伤；人在电磁场辐射下，吸收电磁场的能量也会受到伤害等。

电流对人体的伤害程度与以下因素有关。

（1）通过人体电流的大小：电流越大伤害越严重。

（2）通电时间：通电时间越长伤害越严重。

（3）通过人体电流的种类：交流电流比直流电流危险性更大。

（4）通过人体电流的途径：流过心脏的电流分量越大越危险。

（5）与人的生理和心理因素有关。

从本质上讲，触电是电流对人体的危害，如图 3-12 所示。当电流流经人体时，人体对电流的生理反应程度（承受能力）与电流的大小、电流流经人体的途径、电流的持续时间、电流的频率以及人体健康状况等因素有关。统计资料表明，电流对人体的伤害作用有一个由量变到质变的过程。电流对人体的伤害作用特征见表 3-1。

图 3-12　触电对人身体的伤害

表 3-1　电流对人体的伤害作用特征

电流（mA）	伤害作用特征	
	50~60Hz 交流电	直流电
0.6~1.5	开始感到手指麻刺	没有感觉
2~3	手指强烈麻刺	没有感觉
5~7	手的肌肉痉挛	刺痛，感到灼热
8~10	手已难以摆脱带电体，但终能摆脱	灼热感增加
20~25	手迅速麻痹，不能摆脱带电体，剧痛，呼吸困难	灼热更甚，产生不强烈的肌肉痉挛
50~80	呼吸麻痹，持续3s 或更长时间，心脏停搏，并停止跳动	呼吸麻痹

电压对人体的危害分两种情况。一种是电压加于人体会产生持续电流。在这种情况下，当电阻一定时，人体触及带电体的电压越高，通过人体的电流就越大，通电时间越长，对人体危害就越大。另一种是只有电压，没有电流流经人体，那就不会造成什么危害。这样的事例在现实中有很多。鸟站在高压线上安然无恙（见图 3-13），人穿等电位衣在高压线上工作安然无事等。又如在干燥的冬天，人拉门的金属把手时，静电电压高到数千伏，人仅突然感到手麻一下而已，这就是只有电压，而人触及带电体时产生的电流却极微小，时间也极短，所以不足以对人体造成伤害。

图 3-13　鸟站在高压线上

3.1.3　安全电压

安全电压是指不使人直接致死或致残的电压，行业规定安全电压为不高于 36V，持续接触安全电压是 24V，安全电流为 10mA。电击对人体的危害程度，主要取决于通过人体电流的大小和通电时间。电流强度越大，致命危险越大；持续时间越长，死亡的可能性越大，如图 3-14 所示。

能引起人感觉到的最小电流称为感知电流，交流感知电流为 1mA，直流感知电流为 5mA。人触电后能自己摆脱的最大电流称为摆脱电流，交流感知电流为 10mA，直流感知电流为 50mA。在较短时间内危及生命的电流称为致命电流，如 50mA 的电流通过人体 1s，可足以使人致命，因此致命电流为 50mA。在有防止触电保护装置的情况下，人体允许通过的电流一般为 30mA。

图 3-14　人触电的安全电压

3.1.4　安全距离

为了防止人体触及或接近危险物体或危险状态造成的危害，在两者之间必须保持的一定空间距离，比如人体要与高压线保持一定的距离，如图 3-15 所示。

（1）对于直流电压的最小安全距离。

±50kV—1.5m；

±500kV—6.8m；

±660kV—9.0m；

±800kV—10.1m。

（2）对于交流电压的最小安全距离。

10kV 及以下—0.70m；

20、35kV—1.00m；

63(66)110kV—1.50m；

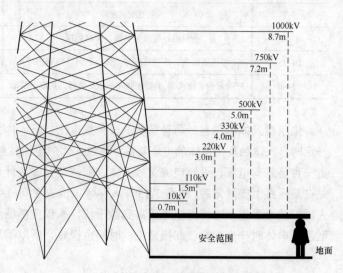

图 3-15　人体要与高压线保持一定的安全距离

220kV—3.00m；

330kV—4.00m；

500kV—5.00m；

750kV—7.2m；

1000kV—8.7m。

3.1.5 安全用具

电工安全用具是指在电气作业中，为了保证作业人员的安全，防止触电、坠落、灼伤等工伤事故所必须使用的各种电工专用工具或用具。

电工安全用具可分为绝缘安全用具和非绝缘安全用具两大类。绝缘安全用具（见图 3-16）是防止作业人员直接接触带电体用的，又可分为基本安全用具和辅助安全用具两种；非绝缘安全用具是保证电气维修安全用的，一般不具备绝缘性能，所以不能直接与带电体接触。

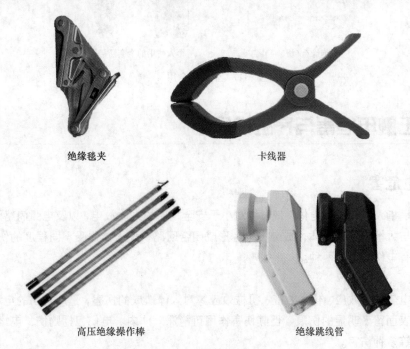

绝缘毯夹　　　　　　　　　　　　　卡线器

高压绝缘操作棒　　　　　　　　　　绝缘跳线管

图 3-16　绝缘安全用具

凡是可以直接接触带电部分，能够长时间可靠地承受设备工作电压的绝缘安全用具，都称为基本安全用具。基本安全用具主要用来操作隔离开关、更换高压熔断器和装拆携带型接地线等。使用基本安全用具时，其耐压等级必须与所接触的电气设备的电压等级相符合，因此这些用具都必须经过耐压试验。

辅助安全用具是用来进一步加强基本安全用具作用的工具。辅助安全用具一般须与基本安全用具配合使用。如果仅仅使用辅助安全用具直接在高压带电设备上进行工作或操作，由于其绝缘强度较低，不能保证安全。但配合基本安全用具使用，就能防止工作人员遭受接触电压或跨步电压的伤害。辅助安全用具应用于低压设备，一般可以保证安全。有些辅助安全工具，如绝缘手套，在低压设备上可以作为基本安全用具使用，绝缘靴可作为防护跨步电压的基本安全用具。

辅助安全用具主要有绝缘手套、绝缘靴、绝缘垫、绝缘台（板）和个人使用的全套防护用具等，如图 3-17 所示。

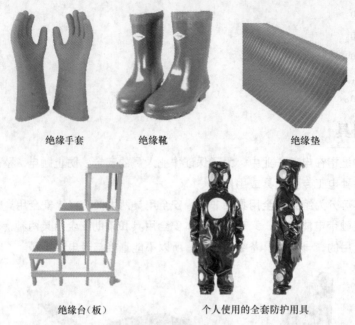

绝缘手套　　　　绝缘靴　　　　　　　　　绝缘垫

绝缘台（板）　　　　　　个人使用的全套防护用具

图 3-17　辅助安全用具

3.2 电工触电危害与产生的原因

3.2.1 触电危害

所谓触电是指人体触及带电体，带电体对小于安全距离的人体放电，以及电弧闪络波及人体时，电流通过人体与大地或其他导体，或分布电容形成闭合回路，使人体遭受不同程度的伤害。触电对人体危害主要有电伤和电击两种。

1. 电伤

电伤是由电流的热效应、化学效应、机械效应等对人体造成的伤害，造成电伤的电流都比较大。电伤会在机体表面留下明显的伤痕，但其伤害作用可能深入体内。电伤包括灼伤、电烙伤、皮肤金属化、电光眼等多种伤害。

（1）灼伤。

由于电的热效应而灼伤人体皮肤、皮下组织、肌肉甚至神经。灼伤可能引起皮肤发红、起泡、烧焦或坏死。电流越大、通电时间越长、电流途径的电阻越小，则电流灼伤越严重。由于人体与带电体接触的面积一般都不大，加之皮肤电阻又比较高，使得皮肤与带电体的接触部位产生较多的热量，受到严重的灼伤。当电流较大时，可能灼伤皮下组织。

电流灼伤一般发生在低压电气设备上，往往数百毫安的电流即可导致灼伤，数安的电流将造成严重的灼伤。

（2）电烙伤。

电烙伤是由电流的机械和化学效应造成人体触电部位的外部伤痕，通常会在皮肤表面形成肿块。

（3）皮肤金属化。

皮肤金属化是一种化学效应，是由于金属带电体通过触电点蒸发使金属微粒渗入皮肤造成的，受伤部位变得粗糙而紧绷，局部皮肤呈现相应金属的特殊颜色。皮肤金属化多在弧光放电时发生，而且一般都伤在人体的裸露部位。当发生弧光放电时，与电弧烧伤相比，皮肤金属化不是主要伤害。

（4）电光眼。

电光眼表现为角膜和结膜发炎。在弧光放电时，红外线、可见光、紫外线都可能损伤眼睛。对于短暂的照射，紫外线是引起电光眼的主要原因。

2. 电击

电击是指电流流过人体，严重影响人体的生物电流，造成肌肉痉挛（抽筋）、神经紊乱，导致呼吸停止、心脏室性纤颤，严重危害生命的触电事故。电伤对人体造成的危害一般是非致命的，真正危害人体生命的是电击。

如果通过人体的电流只有 20~25mA，一般不会直接引起心室颤动或心脏停止跳动，但如时间较长，可能由于呼吸中止导致心脏停止跳动。50mA（有效值）以上的工频交流电流通过人体，既可能引起心室颤动或心脏停止跳动，也可能导致呼吸中止。但当通过人体的电流超过数安时，由于刺激强烈，也可能先使呼吸中止。数安的电流流过人体，还可能导致严重烧伤甚至死亡。

电击还可能引起电休克。电休克是机体受到电流的刺激，发生强烈的神经系统反射，使血液循环、呼吸及其他新陈代谢都发生障碍，以致神经系统受到抑制，出现血压急剧下降、脉搏减弱、呼吸衰竭、神志昏迷的现象。电休克状态可以延续数十分钟到数天。

3.2.2 影响触电危害程度的因素

影响触电危害程度的因素如下。

1. 电流的大小

人体内存在生物电流，一定限度的电流不会对人造成损伤。一些电疗仪器就是利用电流刺激达到治疗的目的。但若流过人体的电流大到一定程度，就有可能危及生命。

2. 电流种类

不同种类电流对人体损伤也有所不同。直流电一般只会引起电伤，而交流电则会导致电伤与电击同时发生，特别是 40~100Hz 交流电对人体最危险。而人们日常使用的工频市电（50Hz）正位于这个危险的频段。当交流电频率达到 20kHz 时对人体危害很小，用于理疗的一些仪器采用的就是这个频段。

3. 电流作用时间

电流对人体的伤害与作用时间密切相关。通过人体的工频电流超过 50mA 时，心脏就会停止跳动，发生昏迷并出现致命的电灼伤。若不及时脱离电源并及时抢救，则人很快就会死亡。可以用电流与时间的乘积（又称电击强度）来表示电流对人体的危害。触电保护器的一个主要指标就是额定断开时间与电流乘积<30mA·s。实际产品可以达到<3mA·s，故可有效防止触电事故。

4. 电流途径

如果触电电流不经过人体的脑、心、肺等重要部位，除了电击强度较大时可造成内部烧伤外，一般不会危及生命。但如果触电电流流经上述部位，就会造成严重后果。这是由于电击会使神经系统麻痹而造成心脏停搏，呼吸停止。例如，电流从一只手流到另一只手或由手流到脚，就是这种情况。

5. 人体电阻

人体触电，当接触电压一定时，流经人体的电流大小由人体的电阻值决定。人体电阻主要包括人体内部电阻和皮肤电阻，人体内部电阻基本是固定不变的，为 500Ω 左右；皮肤电阻一般是指手和脚的表面电阻，它与皮肤的厚薄、干湿程度、有无损伤或是否带有导电性粉尘等因素有关，不同类型的人，皮肤电阻差异很大。一般认为人体电阻可按 1～2kΩ 考虑。人体的电阻越小，流过人体的电流越大，也就越危险。人体是一个阻值不确定的电阻并且人体还是一个非线性电阻，随着电压升高，电阻值减小。

以对人有致命危险的工频电流 0.05A 和人体最小电阻 800～1000Ω 来计算，可知对人有致命危险的电压为：

$$U=0.05A×（800～1000）Ω=（40～50）V$$

根据环境条件的不同，我国规定的安全电压为：在没有高度危险的建筑物内为 65V，在有高度危险的建筑物内为 36V，在特别危险的建筑物内为 12V。一般认为安全电压为 36V。

我们平常所说的安全电压 36V，是对人体皮肤干燥时而言的。倘若用湿手接触 36V 电压，同样会受到电击。

3.2.3　触电事故的分类

造成触电事故的可能情况是多种多样的（见图 3-18），常见的有以下几种。

图 3-18　触电事故

1. 人体直接触及相线

这类触电事故又可以分为单相触电和两相触电。

（1）单相触电是指人站在地面或其他与地连接的导体上，人体触及一根相线（火线）所造成的触电事故。单相触电是最常见的触电方式，如图 3-19 所示。

由于电源插座安装错误以及电源导线绝缘损伤而导致金属芯线外露时，极易引起单相接触触电。图 3-20 所示是在实验室用调压器取得低电压做试验而发生触电的示例。分析电路原理图可以看出，触电原因是错误地将端点 2 接到了电源相线 L 上，而端点 1 接到零线 N 上，从而导致 3、4 端电压只有十几伏，但 4 端对地的电压却有 220V 的高电压，一旦碰到与 4 端相连的元器件或印制导线，在绝缘不良的情况下就免不了触电。

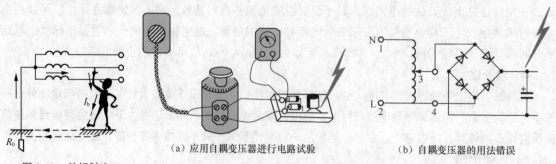

（a）应用自耦变压器进行电路试验　　　　　（b）自耦变压器的用法错误

图 3-19　单相触电　　　　　　图 3-20　错误使用自耦变压器而引起触电

（2）两相触电是指人体两处同时触及两相带电体所造成的触电事故，如图 3-21 所示。在检修三相动力电源上的电气设备及线路时，容易发生此类触电事故。由于两相间的电压（即线电压）是相电压的 $\sqrt{3}$ 倍，所以触电的危险性较大。两相触电事故较单相触电事故少得多。

设线电压为 380V，两相触电后人体电阻为 1400Ω，则人体内部流过的电流 $I = 380V/1400\Omega = 270mA$，这样大的电流只要经过极短的时间就会致人死亡，因此两相触电的危险性比单相触电要严重得多。

2. 人体触摸意外的带电体（见图 3-22）

产生意外的带电体有以下几种情况：正常情况下不应带电的电气设备的金属外壳、构架，因绝缘损坏或碰壳短路而带电；因导线破损、漏电、受潮或雨淋而使自来水管、建筑物的钢筋、水渠等带电。人体触及这些意外的带电体，就会造成触电。触电情况和直接触及相线类似。

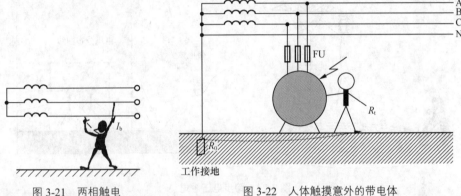

图 3-21　两相触电　　　　　　图 3-22　人体触摸意外的带电体

3. 放电及电弧闪烁引起的触电

当人体过分接近带电体，其间的空气间隙小于最小安全距离时，空气间隙的绝缘被击穿，造成带电体对人体电弧放电，使人遭受损伤。电弧引起触电如图 3-23 所示。

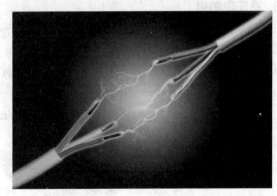

图 3-23　电弧引起触电

清洁干燥空气的击穿电压约为 600kV/m，10kV 带电体的空气击穿距离约为 2cm。如果空气比较潮湿、空气中混有大量灰尘等，将使空气的击穿电压大大降低。

这类触电事故多发生在检修电气设备时违章作业的场合，例如误拉（隔离开关）、合闸、带负荷拉隔离开关、人体过分接近带电体等。

电弧闪烁到人体会使人体灼伤和触电，同时有可能使受害者倒向带电体而造成危险。这类事故在农村和工厂中比较突出，需要引起重视。

4. 静电引起的触电

（1）因摩擦而产生的静电，当积累电荷电压过高时，可引起放电、打火，这类静电虽对人体伤害较小，但在易燃易爆场所，会引起火灾或爆炸。所以应采取措施防止静电的积累，通常采用接地将静电导引到大地。

（2）高压大容量电容器充电后可存储电荷，当人体触碰时会放电，由于电压高、电流大，也会对人造成伤害。在检修这类电气设备时，应先对电容放电。

5. 跨步电压触电

当发生带电体接地、导线断落在地面或雷击避雷针在接地极附近时，会有接地电流或雷击放电流流入地下，电流在地中呈半球面向外散开。当人走进这一区域时，便有可能遭到电击，这种触电方式称为跨步电压触电，如图 3-24 所示。

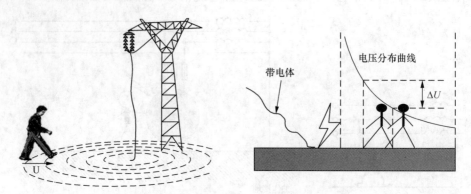

图 3-24　跨步电压触电

人受到跨步电压作用时，电流从一只脚经过腿、胯部流到另一只脚而使人遭到电击，进而人体可能倒卧在地，使人体与地面接触的部位发生改变，有可能使电流通过人体的重要器官而造成严重后果。离接地点越远，电位越低，受跨步电压电击的危险越小。一般认为离接地点 20 米以外，其电位为零。

6. 高压电触电

在高压设备附近，如高压变电设备附近，若靠近带电设备的距离小于安全距离，高压设备会对人体放电发生电击，对人身产生危害，如图 3-25 所示。所以，在安装高压设备时，对安全高度或防护栏安全距离均有明确规定，并安装警示标志。非专业人员切勿靠近，以免造成高压电击伤害。

图 3-25　高压电触电

3.3　电工触电的防护措施与应急处理

3.3.1　防止触电的基本措施

电气作业人员对安全必须高度负责，应认真贯彻执行有关各项安全工作规程，安全技术措施必须落实到位。安装电气设备必须符合绝缘和隔离要求，拆除电气设备要彻底干净。对电气设备金属外壳一定要有效接地。作业人员要正确使用绝缘的手套、鞋、垫、夹钳、杆和验电器等安全工具，如图 3-26 所示。

1. 保护接地

保护接地是把故障情况下可能呈现危险的对地电压的导电部分同大地紧密地连接起来。只要适当控制保护接地电阻大小，即可将漏电设备对地电压控制在安全范围内，如图 3-27 所示。凡由于绝缘破坏或其他原因可能呈现危险电压的金属部分，除另有规定外，均应接地。

图 3-26 作业人员安全作业

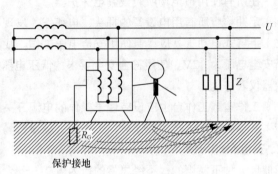

保护接地

图 3-27 保护接地

2. 保护接零

保护接零是指电气设备在正常情况下不带电的金属部分与电网的保护零线相互连接。这种安全技术措施用于中性点直接接地、电压为 380V/220V 的三相四线制配电系统。保护接零的基本作用是当某相带电部分碰连设备外壳时，通过设备外壳形成该相对零线的单相短路，短路电流促使线路上过电流保护装置迅速动作，把故障部分断开，消除触电危险。

这种采用接零保护的供电系统，除工作接地外，还必须有保护重复接地。尤其在一定距离和分支系统中，必须采用重复接地，这些属于电工安装中的安全规则。

电子仪器、家用电器等都采用单相 220V 供电，如图 3-28（a）所示，其中输电线中一根是相线，一根是工作零线。为了保证人身安全，电器外壳要接地，所以还有一根保护零线。为实现电器外壳的可靠接地，一般采用三芯插头，如图 3-28（b）所示，其中 E 接外壳（保护零线），L 接相线，N 接工作零线。

应该注意，在换接插头时，一定注意不要把保护零线和工作零线接在一起，这样不仅不能起到安全作用，反而可能使外壳带电。另外，这种系统中的接零保护必须是接到保护零线上，而不能接到工作零线上。虽然保护零线与工作零线对地的电压都是 0V，但保护零线上是不能接熔断器和开关的，而工作零线上则根据需要可接熔断器及开关。

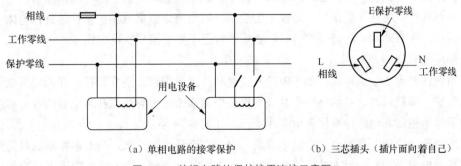

（a）单相电路的接零保护   （b）三芯插头（插片面向着自己）

图 3-28 单相电路的保护接零连接示意图

3.3.2　安全措施及安全操作习惯

1. 安全措施

预防触电的措施很多，下面列出一些能够提供最基本安全保障的措施。

（1）对正常情况下带电的部分，一定要加绝缘防护，并且置于人不容易碰到的地方，如输电线、配电盘、电源接线板等。

（2）凡有金属外壳的用电器及配电装置都应该装设接地保护或接零保护。目前大多数工作生活用电系统采用的是接零保护。

（3）在所有使用市电场所装设漏电保护器。

（4）定期检查所有用电设备的插头、电缆线，发现破损、老化时应及时更换。

（5）手持式电动工具应尽量使用安全电压工作。我国规定常用安全电压为 36V 或 24V，特别危险场所安全电压为 12V。使用符合安全要求的低压电器（包括电缆线、电源插座、开关、电动工具以及仪器仪表等）。

（6）工作室或工作台上应设有便于操作的电源开关。

（7）从事电力电子技术工作时，工作台上应设置隔离变压器。

2. 安全操作习惯

习惯是一种下意识的、不经思索的行为方式，安全操作习惯可以经过培养逐步形成，并使操作者终身受益。为了防止触电，应遵守如下安全操作习惯。

（1）在任何情况下检修电路和用电设备时，都要确保断开电源，仅仅断开设备上的开关是不够的，还要拔下电源插头。

（2）不要用湿手开、关、触碰、插拔电气设备。

（3）遇到不明情况的电线，先认为它是带电的。

（4）电工作业时，尽量单手操作。

（5）不在疲倦、带病等不良状态下从事电工作业。

（6）遇到较大体积的电容器时先进行放电，再进行检修。

（7）触及电路的任何金属部分之前都应提前进行安全测试。

3.3.3　触电急救的应急措施

实践表明，如果从触电算起，5min 内赶到现场抢救，则抢救成功率可达 60%，超过 15min 才抢救，则多数触电者可能已死亡。因此，触电的现场抢救必须做到迅速、就地、准确、坚持。

触电对人体的伤害程度与通过人体的电流大小、通电时间、电流途径及电流性质有关。发生触电事故时，千万不要惊慌失措，必须用最快的速度使触电者脱离电源，触电时间越长，对人体损害越严重，一两秒的迟缓都可能造成不可挽救的后果。触电者未脱离电源前本身就是带电体，同样会使施救者触电。在移动触电者离开电源时，要保护自己不要受第二次电击伤害。

进行触电急救原则如下。

（1）迅速使触电者脱离电源。如果电源开关离救护人员很近，应立即拉掉开关切断电源；当电源开关离救护人员较远时，可用绝缘手套或木棒将电源切断。如导线搭在触电者的身上或压在身下时，可用干燥木棍及其他绝缘物体将电源线挑开，如图 3-29 所示。

（2）就地急救处理。当触电者脱离电源后，必须在现场就地抢救。只有事发现场对安全有威胁时，才能把触电者抬到安全地方进行抢救，但不能等把触电者经长途送往医院再进行抢救。

（3）准确地进行人工呼吸。如果触电者神志清醒，仅心慌，四肢麻木或者一度昏迷但还没有失去知觉，应让他安静休息。

（4）坚持抢救。坚持就是触电者复生的希望，百分之一的希望也要尽百分之百的努力。

图 3-29　触电者脱离电源

根据触电者受伤害的轻重程度，现场救护有以下几种措施。

（1）触电者未失去知觉的救护措施。

如果触电者所受的伤害不太严重，神志尚清醒，只是心悸、出冷汗、恶心、呕吐、四肢发麻、全身无力，甚至一度昏迷但未失去知觉，则可先让触电者在通风、暖和、安静的地方仰卧休息，并派人严密观察，同时请医生前来或送往医院救治。

（2）触电者已失去知觉的抢救措施。

如果触电者已失去知觉，但呼吸和心跳尚正常，则应使其舒适地平仰着，解开衣服以利于呼吸，四周不要有围观的人，保持空气流通，冷天应注意保暖，同时立即请医生前来或送往医院救治。若发现触电者呼吸困难或心律失常，就地进行心肺复苏或人工呼吸初级救生术，并拨打急救电话。

心肺复苏时，确保患者仰卧于平地上或用胸外按压板垫于其肩背下，急救者可采用跪式或踏脚凳等不同体位，将一只手的掌根放在患者胸部的中央，胸骨下半部上，将另一只手的掌根置于第一只手上，手指不接触胸壁，如图 3-30 所示。按压时双肘须伸直，垂直向下用力按压，成人按压频率为 100 ~ 120 次/分钟，下压深度 5 ~ 6cm，

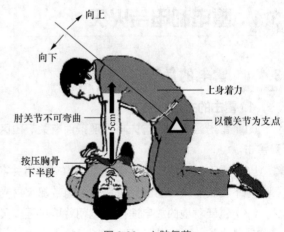

图 3-30　心肺复苏

每次按压之后应让胸廓完全回复。按压时间与放松时间各占 50% 左右，放松时掌根部不能离开胸壁，以免按压点移位。对于儿童患者，用单手或双手于乳头连线水平按压胸骨，对于婴儿，用两手指于紧贴乳头连线下放水平按压胸骨。

人工呼吸时，在现场常采用口对口吹气法，这种方法简单、易行、收效快。具体做法是：先是让触电者仰卧，打开气道，救护人一只手捏紧触电者的鼻子，另一只手掰开触电者的嘴，直接用嘴或者隔一层纱布或手帕对其吹气，每次吹气要以触电者的胸部微微鼓起为宜，时间约

为 2s，吹气后迅速地将嘴移开，放松触电者的鼻孔，使嘴张开，使空气排（呼）出，如图 3-31 所示。

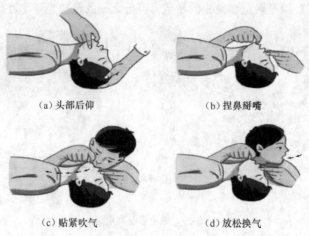

（a）头部后仰　　　　　　　　　　（b）捏鼻掰嘴

（c）贴紧吹气　　　　　　　　　　（d）放松换气

图 3-31　心肺复苏

吹气的速度应均匀，一般每 5s 重复一次。触电人如已开始自主呼吸后，还应继续观察呼吸是否会再度停止。如果再度停止，应再继续进行人工呼吸。但这时人工呼吸要与触电者微弱的自主呼吸相一致。

一旦发生高压电线落地引起触电事故时，应派人看守，不让人或车靠近现场，因为离电线 10~15m 范围内仍带电，救护者贸然进入该范围内很易触电。应通知电工或供电部门处理电线后再救人。

3.4　雷电和电气火灾

3.4.1　雷电的危害

1. 雷击的主要对象

（1）雷击区的形成首先与地理条件有关。山区和平原相比，山区有利于雷云的形成和发展，易受雷击。

（2）雷云对地放电地点与地质结构有密切关系。不同性质的岩石分界地带、地质结构的断层地带、地下金属矿床或局部导电良好的地带都容易受到雷击。

（3）雷云对地的放电途径总是朝着电场强度最大的方向推进，因此，如果地面上有较高尖顶建筑物或铁塔等，由于其尖顶处有较大的电场强度，所以易受雷击。在农村，虽然房屋、凉亭和大树等不高，但由于它们孤立于旷野中，也往往成为雷击的对象。

（4）从工厂烟囱中冒出的热气中常有大量的导电微粒和游离子气团，它比一般空气容易导电，所以烟囱较易受雷击。

（5）一般建筑物受雷击的部位为屋角、檐角和屋脊等。

2. 雷电的破坏作用

（1）电作用的破坏。雷电数十万至百万伏的冲击电压可能毁坏电气设备的绝缘，造成大面积、长时间停电。绝缘损坏引起的短路火花和雷电的放电火花可能引起火灾和爆炸事故。电器绝缘损坏及巨大的雷电流流入大地，在电流通路上产生极高的对地电压和在流入点周围产生的较强电场，可能导致触电伤亡事故。还有可能会发生因雷击造成机电、动力、仪表、通信、计量、电气控制等系统的损坏，造成设备故障、跳闸停运、误启动等电气事故。

（2）热作用的破坏。巨大的雷电流通过导体，在极短时间内转换成大量的热能，使金属熔化飞溅而引起火灾或爆炸。如果雷击发生在易燃物上，更容易引起火灾。

（3）机械作用的破坏。巨大的雷电流通过被击物时，瞬间产生大量的热，使被击物内部的水分或其他液体急剧汽化，剧烈膨胀为大量气体，致使被击物破坏或爆炸。此外，静电作用力、电动力和雷击时的气浪也有一定的破坏作用。

雷电来临时，躲到室内是比较安全的，但这也只是相对室外而言。在室内除了会遭受直击雷侵袭外，雷击电磁脉冲也会通过引入室内的电源线、信号线、无线天线的馈线等通道进入到室内，如图 3-32 所示。所以在室内如果不注意采取措施，也可能遭受雷电的袭击。

图 3-32　雷电袭击

3.4.2　防雷电的措施

（1）发生雷雨时，一定要关好房间内的门窗，如图 3-33 所示，目的是防止雷电电流的入侵。同时还要尽量远离门窗、阳台和外墙壁，这是为了预防一旦雷击所在的房屋，可能会受接触电压和旁侧闪击的伤害，成为雷电电流的泻放通道。

（2）发生雷雨时，在室内不要靠近和触摸任何金属管线（见图 3-34），包括水管、暖气管、煤气管等。特别是在雷雨天气不要洗澡，尤其是不要使用太阳能热水器洗澡。另外，室内随意拉一些铁丝等金属线，也是非常危险的。在一些雷击灾害调查中，许多人员伤亡事件都是由于在上述情况下，受到接触电压和旁侧闪击造成的。

图 3-33　关窗防雷电

图 3-34　雷雨天不要触摸金属管

（3）发生雷雨时，在房间里不要使用任何家用电器，包括电视机、计算机、电话（见图 3-35）、电冰箱、洗衣机、微波炉等。这些电器除了都有电源线外，电视机还会有由天线引入的馈线，计算机和电话还会有信号线，雷击电磁脉冲产生的过电压，会通过电源线、天线的馈线和信号线将设备烧毁，有的还会酿成火灾，人若接触或靠近这些设备也会被击伤、烧伤。最好的办法是不要使用这些电器，拔掉所有的电源。

图 3-35　雷雨天不要打电话

（4）发生雷雨时，要保持室内地面的干燥，以及各种电器和金属管线的良好接地。如果室内的地板或电气线路潮湿，就有可能会发生因雷电电流的漏电而伤及人员。室内的金属管线接地不好，接地电阻很大，雷电电流不能很通畅地泻放到大地，就会击穿空气的间隙，向人体放电，造成人员伤亡。

（5）建筑物加装防雷装置。一般将建筑物的防雷装置分为两大类——外部防雷装置和内部防雷装置。

外部防雷装置由接闪器、引下线和接地装置组成，即传统的防雷装置，如图 3-36 所示。其中，接闪器就是专门用来接受雷闪的金属物体。接闪的金属杆称为避雷器，接闪的金属线称为避雷线或架空地线，接闪的金属带、金属网称为避雷带或避雷网。所有的接闪器都必须经过引下线与接地装置相连。避雷针、避雷线、避雷网和避雷带都是接闪器，避雷针如图 3-37 所示。它们都是利用其高出被保护物的突出地位，把雷电引向自身，然后通过引下线和接地装置，把雷电流泄入大地，以保护被保护物免受雷击。接闪器所用材料应能满足机械强度和耐腐蚀的要求，还应有足够的热稳定性，以能承受雷电流的热破坏作用。引下线指连接接闪器与接地装置的金属导体。防雷装置的引下线也应满足机械强度、耐腐蚀和热稳定的要求。接地装置是接地体和接地线的总称，其作用是将闪电电流导入地下，防雷系统的保护效果在很大程度上与此有关。

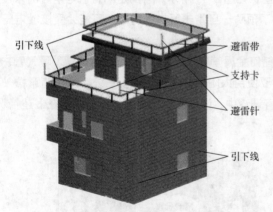

图 3-36　外部避雷装置

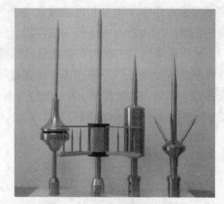

图 3-37　避雷针

内部防雷装置主要用来减小建筑物内部的雷电流及其电磁效应，如采用电磁屏蔽、等电位连接和装设电涌保护器（SPD）等措施，防止雷击电磁脉冲可能造成的危害。

（6）避雷器。避雷器是一种过电压保护设备，用来防止雷电所产生的大气过电压沿架空线路侵入变电所或其他建筑物内。避雷器也可以限制内部过电压。避雷器一般与被保护设备并联，且位于电源侧，其放电电压低于被保护设备的绝缘耐压值。当过电压沿线路侵入时，将首先击穿避雷器并对地放电，从而保护了后面的设备。避雷器的连接如图 3-38 所示。

图 3-38　避雷器的连接

正常情况下，避雷器与地绝缘，当出现雷击过电压时，装置与地之间由绝缘变成导通，并击穿放电，将雷电流或过电压引入大地，起到保护作用。过电压终止后，避雷器迅速恢复不通状态，恢复正常工作。避雷器主要用来保护电力设备和电力线路，也是用作防止高电压侵入室内的安全措施。避雷器有阀式避雷器、排气式避雷器（管型避雷器）和金属氧化物避雷器（氧化锌避雷器），如图3-39所示。

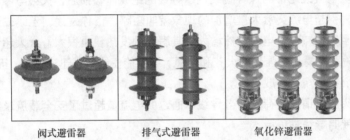

阀式避雷器　　　　排气式避雷器　　　　氧化锌避雷器

图 3-39　避雷器的实物图

1）阀式避雷器。阀式避雷器由火花间隙和阀片串联组成，装在密封的瓷套管内。火花间隙由铜片冲制而成，正常情况下，火花间隙可阻止线路上的工频电流通过，在雷电过电压作用下，火花间隙被击穿放电。阀片是用陶料黏固起来的电工用金刚砂颗粒组成的，具有非线性特性。正常电压时，阀片电阻很大；过电压时，阀片电阻很小。因此，当线路上出现过电压时，火花间隙被击穿，阀片能使雷电流顺畅地向大地泄放。当过电压消失后，线路上恢复工频电压时，阀片则呈现很大的电阻，使火花间隙绝缘迅速恢复而切断工频续流，从而保护线路恢复正常运行。需要说明的是：当雷电流流过阀片电阻时要形成电压降，这就是残余的过电压，称为残压。残压会加在被保护设备上，因此残压不能超过设备绝缘允许的耐压值，否则可能击穿设备绝缘。变配电所内一般采用这种避雷器。

2）排气式避雷器。排气式避雷器又叫管型避雷器，它由产气管、内部间隙和外部间隙等三部分组成。

当线路发生过电压时，外部间隙和内部间隙都被击穿，将雷电流泄入大地。随之而来的工频续流（间隙被雷电过电压击穿后，在工频电压作用下将有电流通过已电离的间隙，这个电流称为工频续流）也在管内产生电弧，使产气管内产生高压气体并从环形管口喷出，强烈吹弧，在电流第一次过零时，即可灭弧。这时，外部间隙的空气恢复了绝缘，使避雷器与电力系统隔离，恢复正常运行。

排气式避雷器具有残压小的突出优点，简单经济，但动作时有气体排出，所以一般只用于户外线路。

3）金属氧化物避雷器。金属氧化物避雷器又叫氧化锌避雷器。它由压敏电阻片构成，具有优良的阀特性，在工频电压下，呈现极大的电阻，能迅速有效地阻断工频续流；在过电压下，电阻很小，能很好地泄放雷电流。金属氧化物避雷器还有体积小、重量轻、结构简单、残压低、响应快等优点。

3.4.3 电气火灾

电气火灾一般是指由于电气线路、用电设备、器具以及供配电设备出现故障性释放的热能，如高温、电弧、电火花，非故障性释放的能量，如电热器具的炽热表面，在具备燃烧条件下引燃本体或其他可燃物而造成的火灾，也包括由雷电和静电引起的火灾。

1. 电气火灾产生的原因

（1）漏电火灾。所谓漏电就是线路的某一个地方因为某种原因（自然原因或人为原因，如风吹雨打、潮湿、高温、碰压、划破、摩擦、腐蚀等）使电线的绝缘或支架材料的绝缘能力下降，导致电线与电线之间（通过损坏的绝缘、支架等）、导线与大地之间（电线通过水泥墙壁的钢筋、马口铁皮等）有一部分电流通过，这种现象就是漏电。

当漏电发生时，漏泄的电流在流入大地途中，如遇电阻较大的部位时，会产生局部高温，致使附近的可燃物着火，从而引起火灾。此外，在漏电点产生的漏电火花，同样也会引起火灾。

（2）短路火灾。电气线路中的裸导线或绝缘导线的绝缘体破损后，火线与零线，或火线与地线在某一点碰在一起，引起电流突然大量增加的现象就叫短路，俗称碰线、混线或连电。

由于短路时电阻突然减少，电流突然增大，其瞬间的发热量也很大，大大超过了线路正常工作时的发热量，并在短路点易产生强烈的火花和电弧，不仅能使绝缘层迅速燃烧，而且能使金属熔化，引起附近的易燃可燃物燃烧，造成火灾。

（3）过负荷火灾。所谓过负荷是指当导线中通过的电流量超过了安全载流量时，导线的温度不断升高，这种现象就叫导线过负荷。

当导线过负荷时，加快了导线绝缘层老化变质。当严重过负荷时，导线的温度会不断升高，甚至会引起导线的绝缘发生燃烧，并能引燃导线附近的可燃物，从而造成火灾。

（4）接触电阻过大火灾。凡是导线与导线，导线与开关、熔断器、仪表、电气设备等连接的地方都有接头，在接头的接触面上形成的电阻称为接触电阻。当有电流通过接头时会发热，这是正常现象。如果接头处理良好，接触电阻不大，则接头点的发热就很少，可以保持正常温度。如果接头中有杂质、连接不牢靠或其他原因使接头接触不良，造成接触部位的局部电阻过大，当电流通过接头时，就会在此处产生大量的热，形成高温，这种现象就是接触电阻过大。

在有较大电流通过的电气线路上，如果在某处出现接触电阻过大现象时，就会在接触电阻过大的局部范围内产生极大的热量，使金属变色甚至熔化，引起导线的绝缘层发生燃烧，并引燃附近的可燃物或导线上积落的粉尘、纤维等，从而造成火灾。

2. 电气火灾预防

（1）不要超负荷用电。应当注意，使用电气设备的功率或者同时使用的电气设备的总功率之和，不能超过电源允许的功率，如图 3-40 所示。

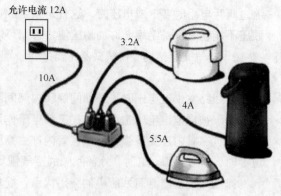

允许电流 12A

3.2A

10A

4A

5.5A

图 3-40 超负荷用电

（2）选用合适的电源引线、连接器件和保险丝。按照电气设备的额定电流选用合适的连接导线和插头、插座等连接器件以及保险丝。对于大功率的用电设备，还应单独供电。有时集体活动需要临时架设一些电源引线，也应按此原则考虑。

另外，在导线与导线、导线与电气设备的接线端连接处，刀闸与保险丝的连接处等电路中有连接的地方，一定要使其接触良好，连接牢固，如图 3-41 所示。

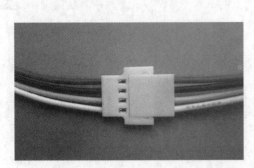

图 3-41　电气连接要牢固

（3）防止短路。不可使电源的任意两条火线或火线与零线碰到一起，不要使电源插头或插座上连接电源线的螺柱处多余的线头碰到一起，用验电器验电时不要同时触碰到火线与零线，在电气设备中不要发生电气元件的短接等情况。

（4）严格防火管理。在易导致火灾发生的场合用电，必须加强防火管理。如在进行电焊或其他会产生电弧、电火花的用电过程中，周围不能有易燃物，并应由专人负责，采取严格的防火措施。在易燃易爆场合，严禁有明火发生，使用的电气设备必须是具有防爆性能的电动机、电器，并应由专业人员进行维护管理。

3.4.4　电气灭火的应急处理

（1）发生电气火灾时，首先迅速切断电源（拉下电闸、拔出电源插头等），如图 3-42 所示，以免事态扩大。带负荷切断电源时应戴绝缘手套，使用有绝缘柄的工具。当火场离开关较远需剪断电线时，火线和零线应分开错位剪断，以免在钳口处造成短路，并防止电源线掉在地上造成短路使人员触电。

（2）当电源线不能及时切断时，应及时通知变电站从供电始端拉闸，同时使用现场配置的灭火器进行灭火，灭火人员要注意人体的各部位与带电体保持充分的安全距离。

（3）扑灭电气火灾时要用绝缘性能好的灭火剂，如干粉灭火器、二氧化碳灭火器或干燥砂子，严禁使用导电灭火剂（如水、泡沫灭火器等）扑救。灭火器灭火如图 3-43 所示。

图 3-42　迅速切断电源　　　　　　　图 3-43　灭火器灭火

（4）发生电气初起火灾时，应先用合适的灭火器进行扑救，情况严重应立即打"119"报警，如图 3-44 所示。报警内容应包括：事故单位、事故发生的时间、地点、火灾的类型，有无人员伤亡以及报警人姓名和联系电话。

切断电源、火源

图 3-44　遇火灾报警

第4章

常用测量仪表和工具

电工工具和仪表在电气设备安装、维护、修理工作中起着重要的作用，正确使用电工工具和仪表，既能提高工作效率，又能减小劳动强度，保障作业安全。本章以通俗易懂的语言介绍了电工常用工具、常用仪表和电子仪器的结构原理与使用方法，为读者使用各类常见电工仪表和工具起到了参考作用。

4.1 验电器

验电器是一种检测物体是否带电以及粗略估计带电量大小的仪器。

4.1.1 验电器的分类和原理

1. 验电器的工作原理

验电器基本构造如图 4-1 所示。图中上部是一金属球（或金属板），它和金属杆相连接，金属杆穿过橡皮塞，其下端挂两片极薄的金属箔，封装在玻璃瓶内。检验时，让物体与金属球（金属板）接触，如果物体带电，就有一部分电荷传到两片金属箔上，金属箔由于带了同种电荷，彼此排斥而张开，所带的电荷越多，张开的角度越大。如果物体不带电，则金属箔不动。当已知物体带电时，若要识别它所带电荷的种类，只要先把带电体与金属球接触一下，使金属箔张开；然后用已知的带足够多正电的物体接触验电器的金属球，如果金属箔张开的角度增大，则表示该带电体的电荷为正的；如果金属箔张开的角度减小，或先闭合而后张开，则表示带电体的电荷是负的。

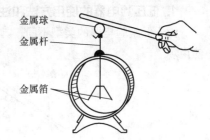

金属球
金属杆
金属箔

图 4-1 验电器的基本构造

2. 验电器的分类

验电器通常分为低压验电器和高压验电器两种。

（1）低压验电器。

低压验电器又称低压验电笔，主要用来检测低压导体和对地电压在 60~500V 的低压电气设备外壳是否带电的常用工具，也是家庭中常用的电工安全工具。低压验电器由氖泡、电阻、弹簧、笔身和笔尖等部分组成，它是利用电流通过低压验电器、人体、大地形成回路，其漏电电流使氖泡启辉发光而工作的。只要带电体与大地之间电位差超过一定数值（36V 以上），验电器就会发出辉光，低于这个数值就不发光，以此来判断低压电气设备是否带电。

低压验电器的外形通常有钢笔式和螺钉旋具式两种。图 4-2 所示是几种低压验电器。

（2）高压验电器。

高压验电器主要用来检测高压架空线路、电缆线路、高压用电设备是否带电。高压验电器的主要类型有发光型高压验电器、声光型高压验电器和高压电磁感应旋转验电器，如图 4-3 所示。

图 4-2　低压验电器

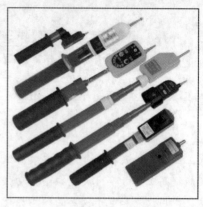

图 4-3　高压验电器

发光型高压验电器由握柄、护环、紧固螺钉、氖管窗、氖管和金属探针（钩）等部分组成。

声光型高压验电器最常见的是广泛使用的棒状伸缩型高压验电器。棒状伸缩型高压验电器是根据国内电业部门要求，在吸取国内外各验电器优点的基础上研制的"声光双重显示"型高压验电器。它的验电灵敏性高，不受阳光、噪声影响，白天黑夜、户内户外均可使用；抗干扰性强，内设过压保护、温度自动补偿，具备全电路自检功能；内设电子自动开关，电路采用集成电路屏蔽，保证在高电压、强电场下集成电路安全可靠地工作；产品报警时发出"请勿靠近，有电危险"的警告声音，简单明了，避免了工作人员的误操作，保障了人身安全；验电器外壳为 ABS 工程塑料，伸缩操作杆由环氧树脂玻璃钢管制造；产品结构一体，使用、存放方便。

高压电磁感应旋转验电器一般由检测部分（指示器部分或风车）、绝缘部分、握手部分三大部分组成。

4.1.2　验电器的使用方法及注意事项

1. 低压验电器的使用方法和注意事项

由于低压验电器的类型不同，其使用方法也有所不同。在使用时必须按图 4-4 所示的正确方法使用。

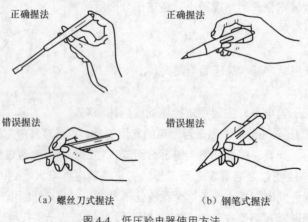

正确握法　　　　正确握法

错误握法　　　　错误握法

（a）螺丝刀式握法　　　（b）钢笔式握法

图 4-4　低压验电器使用方法

螺丝刀式握法：食指顶住低压验电器的笔帽端，拇指和中指、无名指轻轻捏住验电器使其保持稳定，然后将金属笔尖接触待测物体。查看验电器中间位置的氖管是否发光。数字显示的低压验电器采用钢笔式握法。使用时，如果要接触物体测量，就用拇指轻轻按住直接测量按钮（DIRECT，离笔尖最远的那个按钮），金属笔尖接触待测物体测量。如果想知道物体内部或带绝缘皮电线内部是否有电，就用拇指轻触感应按钮（INDUCTANCE，离笔尖最近的那个按钮），如果测电笔显示闪电符号，就说明物体内部带电。

低压验电器使用不当会造成判断错误甚至危险，使用时要注意以下几点。

（1）绝对不能用手触及验电器前端的金属探头，这样做会造成人身触电事故。

（2）使用低压验电器时，一定要用手触及验电器尾端的金属部分，否则会因带电体、验电器、人体与大地没有形成回路，低压验电器中的氖泡不会发光，会造成误判，认为带电体不带电。

（3）使用低压验电器之前，应先检查低压验电器内是否有安全电阻，然后检查低压验电器是否损坏，是否受潮或进水，检查合格后方可使用。

（4）在使用低压验电器测量电气设备是否带电之前，先要将低压验电器在已知带电体上检查一下氖管能否正常发光，如能正常发光，方可使用。

（5）使用低压验电器进电场测试之前，要确认检测所在场所的电压是否适用。不要尝试用验电器测试高于适用范围的电压，以免发生危险。

（6）在明亮的光线下使用验电器测量带电体时，应注意避光，以免因光线太强而不易观察氖管是否发光，造成误判。

（7）螺丝刀式验电器前端金属体较长，应加装绝缘套管，避免测试时造成短路或触电事故。

（8）使用完毕后，要保持验电器清洁，并放置在干燥处，严防碰摔。

2. 高压验电器的使用方法和注意事项

高压验电器使用时，应特别注意手握部位不得超过护环，如图 4-5 所示。先在有电设备上进行检验。检验时，应渐渐地靠近带电设备至发光或发声，以验证高压验电器的完好性。然后在需要进行验电的设备上检测。同杆架设的多层线路验电时，应先验低压，后验高压，先验下层，后验上层。

在使用高压验电器进行验电时，首先必须认真执行操作监护制，一人操作，一人监护。操作者在前，监护人在后。验电时，操作人员一定要戴绝缘手套，穿绝缘靴，防止跨步电压或接触电压对人体造成的伤害，如图 4-6 所示。

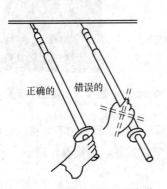

图 4-5　高压验电器的手握部位

图 4-6　使用高压验电器要戴绝缘手套

高压验电器在使用时要注意以下几点。

（1）用高压验电器进行测试时，人体与带电体应保持足够的安全距离，10kV 高压的安全距离为 0.7m 以上。室外使用时，天气必须良好，在雨、雪、雾及湿度较大的天气中不宜使用普通绝缘杆类型的高压验电器，以防发生危险。

（2）使用前，要按所测设备（线路）的电压等级将绝缘棒拉伸至规定长度，选用合适型号的指示器和绝缘棒，并对指示器进行检查，投入使用的高压验电器必须是经电气试验合格的。

（3）对线路的验电应逐相进行，对联络用的断路器或隔离开关或其他检修设备验电时，应在其进出线两侧各相分别验电。

（4）在电容器组上验电应待其放电完毕后再进行。

（5）每次使用完毕，在收缩绝缘棒及取下回转指示器放入包装袋之前，应将表面尘埃擦拭干净，并存放在干燥通风的地方，以免受潮。回转指示器应妥善保管，不得强烈振动或冲击，也不准擅自调整拆装。

（6）为保证使用安全，高压验电器应每半年进行一次预防性电气试验。

4.2　万用表

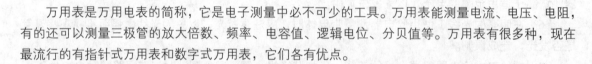

万用表是万用电表的简称，它是电子测量中必不可少的工具。万用表能测量电流、电压、电阻，有的还可以测量三极管的放大倍数、频率、电容值、逻辑电位、分贝值等。万用表有很多种，现在最流行的有指针式万用表和数字式万用表，它们各有优点。

4.2.1　指针式万用表原理与使用

对于电子初学者，建议使用指针式万用表，因为它对我们熟悉一些电子知识原理很有帮助。下面介绍一些指针式万用表的原理和使用方法。

1. 指针式万用表的原理

指针式万用表如图 4-7 所示。它的基本原理是利用一只灵敏的磁电式直流电流表（微安表）做表头。当微小电流通过表头时，就会有电流指示。但表头不能通过大电流，所以，必须在表头上并联与串联一些电阻进行分流或降压，从而测出电路中的电流、电压和电阻。

2. 指针式万用表的使用

在测量前，应把指针式万用表水平放置，并检查其表针是否处于零点（指电流、电压刻度的零点），若不在，则应调整表头下方的"机械调零"旋钮，使指针指向零点。然后根据被测项正确选择万用表

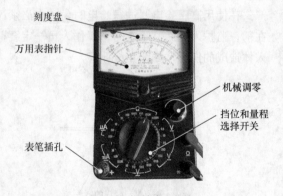

图 4-7　指针式万用表

上的挡位和量程。如已知被测量物的数量级，则选择与其相对应的量程。如不知被测量物的数量级，则应从最大量程开始测量，当指针偏转角度太小而无法精确读数时，再把量程减小。一般以指针偏转角不小于最大刻度的 30% 为合理量程。

（1）电阻的测量。

在测量电阻前，指针式万用表除进行机械调零之外还要进行短路调零。短路调零就是选择量程

后将两个表笔搭在一起，使指针向右偏转，随即调整"短路调零"旋钮，使指针恰好指到"0"。然后将两根表笔分别接触被测电阻（或电路）两端，读出指针在欧姆刻度线（第一条线）上的读数，再乘以该挡对应的乘数，就是所测电阻的阻值，如图 4-8 所示。

图 4-8　指针式万用表测量电阻

在测量电阻过程需要注意以下几点。

① 每次换挡，都应重新进行短路调零，才能保证测量准确。

② 选择的量程要使指针在刻度线的中部或右部，这样读数比较准确。

③ 由于量程挡位不同，流过被测电阻上的电流大小也不同。量程挡越小，电流越大。如果用万用表的小量程欧姆挡 R×1、R×10 去测量小电阻（如毫安表的内阻），则被测电阻上会流过大电流，如果该电流超过了被测电阻所允许通过的电流，被测电路会烧毁，或把毫安表指针打弯。同样，测量二极管或三极管的极间电阻时，如果用小量程欧姆挡去测量，管子容易被极间击穿。

④ 测量较大电阻时，手不可同时接触被测电阻的两端，否则人体电阻就会与被测电阻并联，使测量结果不准确，测试值会大大减小。另外，要测带电电路中的电阻时，应将电路的电源切断，否则不仅结果不准确（相当于再外接一个电压），还可能导致大电流通过微安表头，把表头烧坏。同时，还应把被测电阻的一端从电路上焊开，再进行测量，否则测得的是电路在该两点的总电阻。

⑤ 指针式万用表使用完毕后，不要将量程开关放在欧姆挡上。为了保护微安表头，以免下次开始测量时不慎烧坏表头，测量完成后，应注意把量程开关拨至直流电压或交流电压的最大量程位置，千万不要放在欧姆挡上，以防两支表笔万一短路时，将内部干电池电能全部耗尽。

（2）电压的测量。

测量电压时，首先估计一下被测电压的大小，然后将指针式万用表转换开关拨至适当的直流量程挡位或交流量程挡位。比如，测量一块干电池的电压，将红表笔接干电池的"+"端，黑表笔接干电池"–"端，然后将挡位拨至适当量程的直流电位挡，根据该量程数字与直流电压刻度线上指针所指数字，读出被测电压的大小，如图 4-9 所示。测量交流电压的方法与测量直流电压相似，所不同的是因交流电没有正、负之分，所以测量交流电压时，指针式万用表表笔也就不需分正、负。读数方法与上述测量直流电压的读数方法一样，只是数字应看标有交流符号的刻度线上的指针位置。

指针式万用表测量直流电压时，应注意被测点电压的极性，即把红表笔接电压高的一端，黑表笔接电压低的一端。如果不知被测电压的极性，指针式万用表两表笔接被测直流电压，若指针向右偏转，则可以进行测量；若指针向左偏转，则把红、黑表笔调换位置，方可测量。

（3）电流的测量。

测量电流时，要合理选择量程，可以先估计一下被测电流的大小，然后将指针式万用表转换开关拨至合适的 mA 量程或 μA 量程，把万用表串联接在电路中。如果不能确定大小，先从高挡位进行测量，一般指针偏转满度值 2/3 以上较准确，图 4-10 中测试电流，根据偏转情况应选择 10mA 量程比较准确。同时观察标有直流符号的刻度线，如电流量程选在 10mA 挡，表明表面刻度线上满量程为 10mA，应进行换算后读出相应的值。

图 4-9 指针式万用表测量直流电压   图 4-10 指针式万用表测量电流

用指针式万用表测量电流时，如果不知被测电流的方向，可以在电路的一端先接好一支表笔，另一支表笔在电路的另一端轻轻地碰一下，如果指针向右摆动，说明接线正确；如果指针向左摆动（低于零点），说明接线不正确，应把万用表的两支表笔位置调换。另外，在指针偏转角大于或等于最大刻度的 30% 时，尽量选用大量程挡，因为量程越大，分流电阻越小，电流表的等效内阻越小，这时引入被测电路的误差也越小。在测量大电流（如 500mA）时，千万不要在测量过程中拨动量程选择开关，以免产生电弧，烧坏转换开关的触点。

4.2.2 数字式万用表原理与使用

数字式万用表是目前最常用的一种数字仪表。其主要特点是准确度高、分辨率强、测试功能完善、测量速度快、显示直观、过滤能力强、耗电省、便于携带。

数字式万用表测量电流的基本原理是利用欧姆定律，将万用表串联接入被测电路中，选择对应的挡位，流过的电流在取样电阻上会产生电压，将此电压值送入 A/D（模数转换）芯片，由模拟量转换成数字量，再通过电子计数器计数，最后将数值显示在屏幕上。数字式万用表如图 4-11 所示。

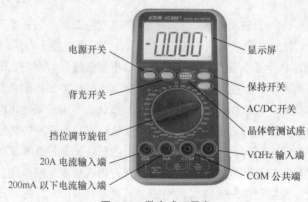

图 4-11 数字式万用表

1. 电流的测量

在测量电流时，若使用"mA"挡进行测量，将数字式万用表黑表笔插入"COM"孔，红表笔插入"mA"孔。若测量 20A 左右的电流，则黑表笔不变，仍插入"COM"孔，而把红表笔拔出插入"20A"孔。

数字式万用表电流挡分为交流挡与直流挡，如图 4-12 所示。当测量电流时，必须将数字式万用表旋钮拨至相应的挡位和量程上才能进行测量。

图 4-12　电流量程挡位选择

2. 电压的测量

数字式万用表测量电压时，必须把黑表笔插入"COM"孔，红表笔插入"VΩHz"孔。若测直流电压，则将旋钮拨至直流电压挡位；若测交流电压，则将旋钮拨至交流电压挡位。用数字式万用表测量一块电池的电压的过程如图 4-13 所示。

3. 电阻的测量

如图 4-14 所示，将数字式万用表表笔分别插入"COM"和"VΩHz"孔中，把旋钮拨至"Ω"中所需的量程，将万用表表笔接在电阻两端金属部位，测量中可以用手接触电阻，但不要同时接触电阻两端，这样会影响测量精确度。读数时，要保持表笔和电阻有良好的接触；同时注意万用表挡位的单位：在"200"挡时，单位是"Ω"；在"2k"到"200k"挡时，单位是"kΩ"；"2M"以上的单位是"MΩ"。

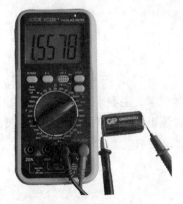

图 4-13　数字式万用表测量电池电压　　图 4-14　数字式万用表测量电阻

4. 电容的测量

将电容两端短接，对电容进行放电，确保数字式万用表的安全，再将功能开关拨至电容"F"挡，并选择合适的量程，然后将万用表表笔接在电容两端，读出 LCD 显示屏上的数字，即为电容数值。

5. 二极管的测量

用数字式万用表测量二极管，首先要选择二极管挡。发光二极管的长脚为正极，用数字式万用表测量时，若显示屏中有读数，则此时红表笔所测端为发光二极管的正极，同时发光二极管会发光；若显示屏中没有读数，则将表笔调换再测一次；如果两次测量显示屏中都没有示数，表示此发光二极管已经损坏。如果用数字式万用表测量稳压二极管，若显示屏中有示数，则红表笔所测端为正，黑表笔所测端为负；若显示屏中没有示数，两表笔调换再测一次；如果两次测量显示屏中都没有示数，表示此稳压二极管已经损坏。如果用数字式万用表测整流二极管，若显示屏中有示数，则红表笔所测端为正，黑表笔所测端为负；若显示屏中没有示数，两只表笔调换再测一次；如果两次测量，显示屏中都没有示数，表示此整流二极管已经损坏。

6. 三极管放大倍数的测量

用数字式万用表测量三极管放大倍数，首先要选择"hFE"挡，然后把三极管的 3 个引脚，按正确的脚位插入数字式万用表对应的"e""b""c"孔，显示屏上就会显示出放大倍数。测量时，要注意分清是 PNP 三极管还是 NPN 三极管。

使用数字式万用表应注意以下几点。

（1）测量电流与电压不能选错挡位。如果误用电阻挡或电流挡去测量电压，极易烧坏万用表。

（2）万用表不用时，最好将挡位拨至交流电压最高挡，避免因使用不当而损坏。

（3）如果无法预先估计被测电压或电流的大小，则应先将数字式万用表拨至最高量程挡测量一次，再视情况逐渐把量程减小。

（4）满量程时，数字式万用表仅在最高位显示数字"1"，其他位均消失，这时应选择更大的量程。

（5）测量电压时，应将数字式万用表与被测电路并联。测量电流时，应与被测电路串联。测直流电流时，一定要考虑正、负极性，按极性正确接入。

（6）当误用交流电压挡去测量直流电压，或者误用直流电压挡去测量交流电压时，显示屏将显示"000"或低位上的数字出现跳动。

（7）禁止在测量高电压（220V 以上）或大电流（0.5A 以上）时换量程，防止产生电弧，烧毁开关触点。

4.3 电流表

电流表又称"安培表"，是测量电路中电流大小的工具，主要采用磁电系电表的测量机构。在电路图中，电流表的符号为"A"，分为交流电流表和直流电流表，交流电流表不能测量直流电流，直流电流表也不能测量交流电流，如果使用时选择错误，会把电流表烧坏。

4.3.1 电流表的分类与原理

根据电流表的功能及结构分类，主要有直流电流表、交流电流表和钳形电流表 3 种，如图 4-15 所示。

图 4-15　电流表

（1）直流电流表主要采用磁电系测量机构，是利用载流线圈与永久磁铁的磁场相互作用而使可动部分偏转的电表。它一般可直接测量微安或毫安级电流。若想测量更大电流，则必须并联电阻器（又称分流器）。用环型分流器可制成多量程电流表。

（2）交流电流表主要采用电磁系、电动系、整流式 3 种测量机构。电磁系电流表是利用载流线圈的磁场，使可动软磁铁片磁化而受力偏转的电表。电动系电流表是利用固定线圈的磁场，使可动载流线圈受力而偏转的电表。整流式电流表是由包含整流元件的测量变换电路与磁电系电流表组合成的电表。仅当交流为正弦信号时，整流式电流表的读数才正确，为扩大量程可利用分流器。电力系统中使用较多的是 5A 或 1A 的电磁系电流表，配以适当的电流互感器。电磁系和电动系电流表的最大量程为几十毫安，为扩大量程要加电流互感器。

（3）钳形电流表是由测量钳和电流表组成，用以在不切断电路的情况下测量导线中流过的电流。测量钳是铁芯可以开合的电流互感器，而其电流表可采用电磁系或整流式电表。

4.3.2　电流表的使用方法及注意事项

1. 普通电流表的使用规则

（1）电流表要串联在电路中，否则会短路。

（2）电流要从"＋"接线柱入，从"－"接线柱出，否则指针会反转。

（3）被测电流不要超过电流表的量程，可以采用试触的方法来判断是否超过量程。

（4）绝对不允许不经过用电器而把电流表连到电源的两极上，因为电流表内阻很小，相当于一根导线。若将电流表连到电源的两极上，轻则指针打歪，重则烧坏电流表、电源、导线。

2. 钳形电流表的使用方法

钳形电流表由互感器、显示器、旋转开关、保持开关、钳头、钳头扳机组成，为方便使用，目前的数字钳形表大多进行了功能扩展，具备万用表的功能，还包括电阻输入端、公共地端、附件接口端等，如图 4-16 所示。使用钳形电流表前，需要先调整电流挡位，可粗略计算电流值，确定挡位，确定测量位置。测量的位置必须是暴露的电线，有绝缘层的导线部分，摁住扳手打开钳口，使电线穿过互感器铁芯，即可读出数值。

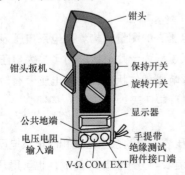 

图 4-16　钳形电流表的使用

钳形电流表在使用时需要注意以下几点。

（1）测量前，应先检查钳形铁芯的橡胶绝缘是否完好无损。钳口应清洁、无锈，闭合后无明显的缝隙。

（2）测量时，应先估计被测电流的大小，选择适当量程。若无法估计，可先选较大量程，然后逐挡减少，转换到合适的挡位。转换量程挡位时，必须在不带电情况下或者在钳口张开情况下进行。因为在测量过程中转换挡位，会在转换瞬间使二次侧开路，造成仪表损坏甚至危及人身安全。

（3）应在无雷雨和干燥的天气下使用钳形电流表进行测量。可由两人进行测量，一人操作一人监护。测量时，应注意佩戴个人防护用品，注意人体与带电部分保持足够的安全距离。

（4）测量时，被测导线应尽量放在钳口中部，钳口的结合面如有杂声，应重新开合一次，如仍有杂声，应处理结合面，以使读数准确。另外，不可同时钳住两根导线。

（5）测量 5A 以下电流时，为得到较为准确的读数，在条件许可时，可将导线多绕几圈，再放进钳口测量，其实际电流值应为仪表读数除以放进钳口内的导线根数。

（6）测量高压线路的电流时，要戴绝缘手套，穿绝缘鞋，站在绝缘垫上。

（7）被测线路的电压要低于钳形电流表的额定电压。

4.4 电压表

电压表是测量电压的一种仪器，主要用来测量电路或用电器两端的电压值。

4.4.1 电压表的分类和原理

电压表的分类有很多，根据结构，可分为机械型电压表和数显型电压表。根据所测电压的性质，可分为直流电压表、交流电压表和交直两用电压表。根据动作原理，可分为电磁系电压表、磁电系电压表、电动系电压表等。电压表如图 4-17 所示。

（a）机械型直流电压表　　（b）机械型交流电压表　　（c）数显型交流电压表　　（d）数显型直流电压表

图 4-17　电压表

1. 直流电压表

直流电压表主要采用磁电系电压表和静电系电压表的测量机构。磁电系电压表由小量程的磁电系电流表与串联电阻器（又称分压器）组成，最低量程为十几毫伏。为了扩大电压表量程，可以增大分压器的电阻值。为了避免电压表的接入过多影响原工作状态，要求电压表有较高的内阻。用几个电阻组成的分压器和测量机构串联，可形成多量程电压表。

2. 交流电压表

交流电压表主要采用整流式电压表、电磁系电压表、电动系电压表和静电系电压表的测量机构。除静电系电压表外，其他系电压表都是用小量程电流表与分压器串联而成，也可用几个电阻组成的分压器与测量机构串联而形成多量程电压表。这些交流电压表难以制成低量程的，最低量程在几伏到几十伏之间，而最高量程则为 1~2kV。静电系电压表的最低量程约为 30V，而最高量程则可很高。

3. 数显型电压表

数显型电压表是用模/数转换器将测量电压值转换成数字形式并以数字形式表示的仪表，适合环境温度 0 ~ 50℃、湿度 85%以下使用。

4.4.2 电压表的使用方法及注意事项

1. 电压表的使用方法

测量电压时，首先要选好合适的量程，提前确认好所要测量的电压表量程，不能超量程测量，然后将电压表并联在想要测量的电路两端。如果待测的电压是直流电压，正负极接线柱一定要连接正确，否则指针会反转。如果测的电压是交流电压，就没必要区分正负极。数显型电压表所得到的数值显示在显示屏的小窗口上，机械型电压表根据刻度线读数。

2. 电压表使用的注意事项

（1）测量时，应将电压表并联接入被测电路。

（2）由于电压表与负载是并联的，要求电压表的内阻远大于负载电阻。

（3）必须正确选择电压表的量程，无法估测时可利用试触法选量程。

（4）当多量程电压表需要变换量程时，应将电压表与被测电路断开再改变量程。

4.5 功率表

功率表是一种测量电功率的仪器，如图 4-18 所示。电功率包括有功功率、无功功率和视在功率。未做特殊说明时，功率表一般是指测量有功功率的仪表。

4.5.1 功率表的原理

功率表大多采用电动系测量机构。电动系功率表与电动系电流表、电压表的不同之处：固定线圈和可动线圈不是串联起来构成一条支路，而是分别将固定线圈与负载串联，将可动线圈与附加电阻串联后再并联至负载。由于仪表指针的偏转角度与负载电流和电压的乘积成正比，故可测量负载的功率。

4.5.2 功率的测量

1. 直流电路功率的测量

用电压表和电流表测量直流电路功率，功率等于电压表与电流表读数的乘积，即 $P=UI$，式中，P 为功率（W），U 为电压（V），I 为电流（A）。

用功率表测量直流电路功率，功率表的读数就是被测负载的功率。

图 4-18 功率表

2. 单相交流电路功率测量

测量单相交流电路的功率应采用单相功率表。功率表的接线必须遵守"发电机端"规则，如图 4-19 所示。功率表的正确接线：应将标有"*"号的电流端接至电源端，另一电流端接至负载端；标有"*"号的电压端可接至任一端，但另一电压端则应该接至负载的另一端。测量时，可动线圈匝数多，与负载并联；固定线圈匝数少，与负载并联。

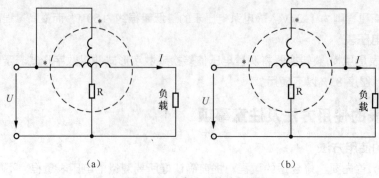

图 4-19　功率表的接线规则

3. 三相交流电路功率测量

三相交流电路的功率测量方法有二瓦计法和三瓦计法两种。

（1）二瓦计法。

二瓦计法测量交流电路功率如图 4-20 所示。它的理论依据是基尔霍夫电流定律，即：在集总电路中，任何时刻，对任意节点，所有流入流出节点的支路电流的代数和恒等于零。也就是说，两根火线的流入电流等于第三根火线的流出电流，或者说，三根火线的电流的矢量和等于零。电路总功率为两只功率表读数的和，每块功率表测量的功率本身无物理意义。

二瓦计法适用于在三相回路中只有三个电流存在的场合。

① 三相三线制接法，中性线不引出。

② 三相三线制接法，中性线引出但不与地线或试验电源相连的场合，与是否三相平衡无关。

（2）三瓦计法。

三瓦计法测量交流电路功率如图 4-21 所示。需要将中性点作为电压的参考点，分别测出三相负载的相电压和相电流，那么三相电路的总功率为三个单相电路的功率之和，每块功率表测量的功率就是单相功率。

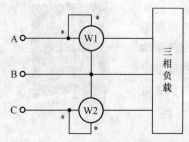

图 4-20　二瓦计法测量交流电路功率

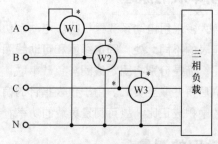

图 4-21　三瓦计法测量交流电路功率

三瓦计法适用于如下场合。

① 三相三线制，中性线引出，但中性线不与电源或地线连接的场合。

② 三相四线制，由于无法判断三相负载是否平衡或是否在中性线上有零序电流产生，只能采用三瓦计法。

4.5.3　功率表的使用方法及注意事项

1. 功率表的使用方法

（1）量程选择。

功率表的电压量程和电流量程根据被测负载的电压和电流来确定，要大于被测电路的电压、电流值。只有保证电压线圈和电流线圈都不过载，测量的功率值才准确，功率表也不会被烧坏。

（2）连接方法。

用功率表测量功率时，需使用四个接线柱，两个电压线圈接线柱和两个电流线圈接线柱。电压线圈要并联接入被测电路，电流线圈要串联接入被测电路。通常情况下，电压线圈和电流线圈的带有"*"端应短接在一起，否则功率表除反偏外，还有可能损坏。

（3）功率表的读数。功率表与其他仪表不同，功率表的表盘上并不标明瓦特数，而只标明分格数，所以从表盘上并不能直接读出所测的功率值，而须经过计算得到。当选用不同的电压、电流量程时，每分格所代表的瓦特数是不相同的，设每分格代表的功率为 c，则

$$c = \frac{\text{电压量程（V）} \times \text{电流量程（A）} \times \cos\varphi}{\text{表盘满刻度数}} \text{（瓦/格）}$$

$\cos\varphi$ 为功率表的功率因数。

2. 功率表使用注意事项

（1）功率表在使用过程中应水平放置。

（2）仪表指针如不在零位时，可利用表盖上零位调整器进行调整。

（3）测量时，如遇仪表指针反向偏转，应改变仪表面板上的"＋""－"换向开关极性，切忌互换电压接线，以免使仪表产生误差。

（4）功率表与其他指示仪表不同，指针偏转大小只表明功率值，并不显示仪表本身是否过载，有时表针虽未达到满度，只要 U 或 I 之一超过该表的量程就会损坏仪表。故在使用功率表时，通常需接入电压表和电流表进行监控。

（5）功率表所测功率值包括其本身电流线圈的功率损耗，所以在进行准确测量时，应从测得的功率中减去电流线圈消耗的功率，才是所求负载消耗的功率。

4.6 兆欧表

兆欧表大多采用手摇发电机供电，故又称摇表，如图 4-22 所示。它的刻度是以兆欧（MΩ）为单位的。它是电工常用的一种测量仪表，主要用来检查电气设备、家用电器或电气线路对地及相间的绝缘电阻，以保证这些设备、电器和线路工作在正常状态，避免发生触电伤亡及设备损坏等事故。

图 4-22　兆欧表

4.6.1　兆欧表的原理

兆欧表的测量原理如图 4-23 所示，兆欧表共有三个接线柱："L"为线端，接被测设备导体；"E"为地端，接设备的外壳（设备的外壳已接地)；"G"即屏蔽端，接被测设备的绝缘部分。表头有两个互成夹角约为 60°的可动线圈 L_1 和 L_2，装在一个圆柱铁芯外面，与指针一起固定在一转轴上，被放于永久磁铁中，磁铁的磁极与铁芯之间

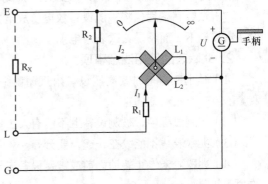

图 4-23　兆欧表的测量原理

的气隙是不均匀的。在兆欧表不使用时，由于指针没有阻尼弹簧，可以停留在表头的任何位置。

摇动手柄，直流发电机 G 发电输出电流，其中电流 I_1 流入线圈 L_1 和被测电阻 R_x、电阻 R_1 构成的回路，另一路电流 I_2 流入线圈 L_2 与附加电阻 R_2 构成的回路，设线圈 L_1 的电阻为 R_{L1}，线圈 L_2 的电阻为 R_{L2}，根据欧姆定律有：

$$I_1 = \frac{U}{R_{L1} + R_1 + R_x}, \quad I_2 = \frac{U}{R_2 + R_{L2}}$$

因为线圈处在磁场中，所以通电后线圈受到磁场力的作用，假设线圈 L_1 产生转动力矩为 M_1，线圈 L_2 产生转动力矩 M_2，由于两线圈绕向相反，从而 M_1 与 M_2 方向相反，两个力矩同时作用的合力矩使指针发生偏转。在 $M_1=M_2$ 时，指针静止不动，这时指针所指出的就是被测设备的绝缘电阻值。当 $R_x=0$ 时，即将摇表的测试线短接，此时 I_1 最大，M_1 最大，使指针偏转到刻度的"0"处；当 $R_x=\infty$ 时（即将摇表的测试线断开），$I_1=0$，$M_1=0$，指针在 M_2 的作用下偏转，最后指向刻度"∞"处。也可以根据此原理可以检验兆欧表的好坏。

4.6.2　兆欧表的使用方法及注意事项

1. 兆欧表的使用方法

（1）测量前，必须将被测设备电源切断，并对地短路放电，决不能让设备带电进行测量，以保证人身和设备的安全。对可能感应出高压电的设备，必须消除这种可能性后，才能进行测量。

（2）被测物表面要清洁，减少接触电阻，确保测量结果的正确性。

（3）测量前，应将兆欧表进行一次开路和短路试验，检查兆欧表是否良好。即在兆欧表未接上被测物之前，摇动手柄使发电机达到额定转速（120r/min），观察指针是否指在标尺的"∞"位置。将接线柱"线（L）"和"地（E）"短接，缓慢摇动手柄，观察指针是否指在标尺的"0"位。如指针不能指到应该指的位置，表明兆欧表有故障，应检修后再使用。

（4）兆欧表使用时，应放在平稳、牢固的地方，且远离大的外电流导体和外磁场。

（5）必须正确接线。兆欧表上一般有 3 个接线柱，其中 L 接被测物和大地绝缘的导体部分，E 接被测物的外壳或大地，G 接被测物的屏蔽上或不需要测量的部分。测量绝缘电阻时，一般只用 L 和 E 端，但在测量电缆对地的绝缘电阻或被测设备的漏电流较严重时，就要使用 G 端，并将 G 端接屏蔽层或外壳。线路接好后，可按顺时针方向转动摇把,摇动的速度应由慢渐快，当转速达到 120r/min 左右时（ZC-25 型），保持匀速转动，1min 后读数，并且要边摇边读数，不能停下来读数。

（6）摇测时，将兆欧表置于水平位置，摇把转动时，其端钮间不能短路。摇动手柄应由慢渐快，若发现指针指零，说明被测绝缘物可能发生了短路，这时就不能继续摇动手柄，以防表内线圈发热损坏。

（7）读数完毕后，将被测设备放电。放电方法是将测量时使用的地线从兆欧表上取下来与被测设备短接一下（而不是兆欧表放电）。

2. 兆欧表的使用注意事项

（1）禁止在雷电时或高压设备附近测量绝缘电阻，只能在设备不带电也没有感应电的情况下测量。

（2）摇测过程中，被测设备上不能有人工作。

（3）兆欧表线不能绞在一起，要分开。

（4）兆欧表未停止转动之前或被测设备未放电之前，严禁用手触及。拆线时，也不要触及引线的金属部分。

（5）兆欧表接线柱引出的测量软线绝缘应良好，两根导线之间、导线与地之间应保持适当距离，以免影响测量精度。

（6）为了防止被测设备表面电阻泄漏，使用兆欧表时，应将被测设备的中间层（如电缆壳芯之间的内层绝缘物）接保护环。

（7）要定期校验兆欧表的准确度。

4.7 电工常用加工工具

4.7.1 钳子

1. 钢丝钳

钢丝钳如图 4-24 所示。钢丝钳在电工作业中用途广泛。钳口可用来弯绞或钳夹导线线头；齿口可用来紧固或起松螺母；刀口可用来剪切导线或钳削导线绝缘层；铡口可用来铡切导线线芯、钢丝等较硬线材。

钢丝钳在使用前要注意检查其绝缘是否良好，以免带电作业时造成触电事故；在带电剪切导线时，不得用刀口同时剪切不同电位的两根线（如相线与零线、相线与相线等），以免发生短路事故。

2. 尖嘴钳

尖嘴钳因其头部尖细而得名，如图 4-25 所示，适用于在狭小的工作空间操作。尖嘴钳可用来剪断较细小的导线，夹持较小的螺钉、螺帽、垫圈、导线等，还可用来对单股导线整形（如平直、弯曲等）。若使用尖嘴钳带电作业，应检查其绝缘是否良好，在作业时，金属部分不要触及人体或邻近的带电体。

3. 斜口钳

斜口钳专用于剪断各种电线电缆，其外形图如图 4-26 所示。对粗细不同、硬度不同的材料，应选用大小合适的斜口钳。

4. 剥线钳

剥线钳是专用于剥削较细小导线绝缘层的工具，其外形如图 4-27 所示。使用剥线钳剥削导线绝缘层时，先将要剥削的绝缘长度用标尺定好，然后将导线放入相应的刃口中（比导线直径稍大），再用手将钳柄一握，导线的绝缘层即被剥离。

图 4-24 钢丝钳 　　　 图 4-25 尖嘴钳 　　　 图 4-26 斜口钳 　　　 图 4-27 剥线钳

4.7.2 螺钉旋具

螺钉旋具又称螺丝刀、改锥、起子，它是一种紧固或拆卸螺钉的工具。螺钉旋具的式样和规格很多，按头部形状可分为一字形和十字形两种，电工常采用绝缘性能较好的塑料柄螺钉旋具，如

图 4-28 所示。

1. 螺钉旋具的规格

一字形螺钉旋具常用的规格有 50mm、100mm、150mm 和 200mm 等，电工必备的是 50mm 和 150mm。十字形螺钉旋具常用的规格有 4 种，Ⅰ号适用于直径为 2~2.5mm 的螺钉，Ⅱ号适用于直径为 3~5mm 的螺钉，Ⅲ号适用于直径为 6~8mm 的螺钉，Ⅳ号适用于直径为 10~12mm 的螺钉。

2. 螺钉旋具的使用方法和注意事项

一般螺钉的螺纹是正螺纹，顺时针为拧入，逆时针为拧出。螺钉旋具使用时，应注意在旋具的金属杆上要套绝缘管，以免发生触电事故；螺钉旋具头部厚度应与螺钉尾部槽型相配合，使头部的厚度正好卡入螺母上的槽，否则易损伤螺钉槽。

图 4-28　螺钉旋具

4.7.3　扳手

扳手种类很多，如图 4-29 所示，常用的扳手有以下几种。

（1）呆扳手如图 4-29（a）所示，一端或两端制有固定尺寸的开口，用以拧转一定尺寸的螺母或螺栓。

（2）梅花扳手如图 4-29（b）所示，两端具有带六角孔或十二角孔的工作端，适用于工作空间狭小，不能使用普通扳手的场合。

（3）两用扳手如图 4-29（c）所示，一端与单头呆扳手相同，另一端与梅花扳手相同，两端可拧转相同规格的螺栓或螺母。

（4）活扳手如图 4-29（d）所示，开口宽度可在一定尺寸范围内进行调节，能拧转不同规格的螺栓或螺母。该扳手的结构特点是固定钳口制成带有细齿的平钳凹；活动钳口一端制成平钳口；另一端制成带有细齿的凹钳口；向下按动蜗杆，活动钳口可迅速取下，调换钳口位置。

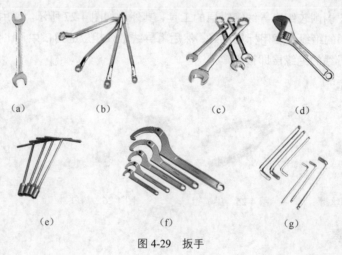

（a）　　　　　　（b）　　　　　　（c）　　　　　　（d）

（e）　　　　　　（f）　　　　　　（g）

图 4-29　扳手

（5）套筒扳手如图 4-29（e）所示，一般称为套筒，它是由多个带六角孔或十二角孔的套筒并配有手柄、接杆等多种附件组成，特别适用于拧转空间十分狭小或凹陷很深处的螺栓或螺母。套筒扳手一般都附有一套各种规格的套筒头以及摆手柄、接杆、万向接头、旋具接头、弯头手柄等用来套入六角螺帽。套筒扳手的套筒头是一个凹六角形的圆筒；扳手通常由碳素结构钢或合金结构钢制成，扳手头部具有规定的硬度，中间及手柄部分则具有弹性。

（6）钩形扳手如图 4-29（f）所示，又称月牙形扳手，用于拧转厚度受限制的扁螺母等。

（7）内六角扳手如图 4-29（g）所示，成 L 形的六角棒状扳手，专用于拧转内六角螺钉。内六角扳手的型号是六方的对边尺寸，对螺栓的尺寸国家标准有要求。

扳手使用时注意事项如下。

（1）在使用活扳手扳动大螺母的时候，必须使用比较大的力矩，且手最好是握在靠近柄尾的地方。

（2）在使用活扳手扳动比较小的螺母的时候，不需要太大的力矩，但是由于螺母太小且容易出现打滑，所以手最好握在活扳手靠近头部处，这样在调节蜗轮的时候比较方便，同时能收紧活络扳唇以免出现打滑。

（3）活扳手一定不要反用，因为反用会出现损坏活络扳唇。同时也不能用钢管接长手柄来施加较大的扳拧力矩。

（4）活扳手有属于自己的功能，千万不要将其作为撬棒或手锤使用。

4.7.4 电工刀

电工刀如图 4-30 所示，它由刀片（刀身）、刀刃、刀把（刀柄）、刀挂等构成。不用时，把刀片收缩到刀把内。刀片根部与刀柄相铰接，其上带有刻度线及刻度标识，前端有螺丝刀刀头，两面加工有锉刀面区域。刀刃上具有一段内凹形弯刀口，弯刀口末端形成刀口尖。刀柄上设有防止刀片退弹的保护钮。电工刀的刀片汇集多项功能，使用时只需一把电工刀便可完成连接导线的各项操作，无须携带其他工具，具有结构简单、使用方便、功能多样等特点。

图 4-30 电工刀

电工刀使用时，应将刀口朝外剖削。剖削导线时，应使刀面与导线成较小的锐角，以免割伤导线，并且不宜用力太猛，以免削破手指。电工刀用毕，应随即将刀身折进刀柄，不得传递未折进刀柄的电工刀。电工刀使用时还需要注意以下几点。

（1）电工刀的刀柄是无绝缘保护的，不能在带电导线或器材上剖削，以免触电。

（2）电工刀第一次使用前应开刃，使用时应将刀口朝外剖削，并注意避免伤及手指。

（3）电工刀不许代替锤子用于敲击。

（4）电工刀的刀尖是剖削作业的必需部位，应避免在硬器上划损或碰缺。刀口应经常保持锋利，磨刀宜用油石。

4.8 电工常用开凿工具

4.8.1 开槽机

开槽机如图 4-31 所示，它主要用于排放水管、煤气管、电线管和光缆管的安装。通过轮盘锯快速地将墙体切割成均匀的凹槽，形成新的结合面。开槽机体积小、重量轻，操作方便，自带动力，野外施工不用为外界电源而烦恼。开槽机能够精确、快速地在沥青和水泥面沿任意缝开出宽度为 5~25cm、深度为 15~80cm 的槽，并且无须其他的辅助工具，开出的线槽能满足需求，美观实用而且不会损害墙体。

图 4-31 开槽机

开槽机的使用注意事项如下。

① 开槽机可一机两用，使用单片金刚石切断轮可切割，使用双片金刚石切断轮可开槽。

② 开槽宽度可通过两个金刚石切断轮之间的距离圈进行调整。

③ 开槽机一定要选用优质的金刚石切断轮，要同时更换两个金刚石切断轮，最好不要新、旧混用。

④ 开槽机在使用前，一定要检查两个金刚石切断轮的动平衡情况。

4.8.2 电钻和电锤

1. 电钻

电钻如图 4-32 所示，它是利用电作为动力的钻孔机具。电钻是电动工具中的常规产品，也是需求量最大的电动工具类产品。电钻主要规格有 4 mm、6 mm、8 mm、10 mm、13 mm、16 mm、19 mm、23 mm、32 mm、38 mm、49 mm 等，数字指在抗拉强度为 390N/mm^2 的钢材上钻孔的钻头最大直径。它适用于建筑梁、板、柱、墙等的加固、装修，支架、栏杆、广告牌、空调室外机、钢结构厂房等的安装。

电钻可分为三类：手电钻、冲击钻、锤钻。

（1）手电钻：功率最小，使用范围仅限于钻木和作为电动改锥使用，部分手电钻可以根据用途改成专门工具，用途及型号较多。

（2）冲击钻：冲击钻的冲击机构有犬牙式和滚珠式两种。滚珠式冲击电钻由动盘、定盘、钢球等组成。动盘通过螺纹与主轴相连，并带有 12 个钢球；定盘利用销钉固定在机壳上，并带有 4 个钢球。在推力作用下，12 个钢球沿 4 个钢球滚动，使硬质合金钻头产生旋转冲击运动，能在砖、砌块、混凝土等脆性材料上钻孔。脱开销钉，使定盘随动盘一起转动，不产生冲击运动，可作普通电钻使用。

（3）锤钻（电锤）：可在多种硬质材料上钻洞，使用范围最广。

2. 电锤

电锤如图 4-33 所示，它是在电钻的基础上，增加了一个由电动机带动有曲轴连杆的活塞，在一个汽缸内往复压缩空气，使汽缸内空气压力呈周期性变化，变化的空气压力带动汽缸中的击锤往复打击钻头的顶部，好像我们用锤子敲击钻头，故名电锤。

图 4-32　电钻

图 4-33　电锤

由于电锤的钻头在转动的同时还产生了沿着电钻杆方向的快速往复运动（频繁冲击），所以它可以在脆性大的水泥混凝土及石材等材料上开 6~100mm 的孔，电锤在上述材料上开孔效率较高，但它不能在金属上开孔。

在使用电锤时，需要注意以下几点。

（1）使用电锤时的个人防护。

① 朝上作业时，要戴上防护面罩。在生铁铸件上作业时，要戴好防护眼镜，以保护眼睛。

② 钻头夹持器应妥善安装。

③ 作业时，钻头处在灼热状态，应注意不要意外灼伤肌肤。

④ 钻头直径 12mm 以上的手持电锤作业时，应使用有侧柄电锤。

⑤ 站在梯子上工作或高处作业时，应做好高处坠落保护措施，梯子应有地面人员扶持。

（2）作业前注意事项。

① 确认现场所接电源与电锤铭牌是否相符，是否接有漏电保护器。

② 钻头与夹持器应适配，并妥善安装。

③ 确认电锤上开关接通锁扣状态，否则插头插入电源插座时，电锤将出其不意地立刻转动，可能导致人员受伤。

④ 若作业场所在远离电源的地点，需延伸线缆时，应使用容量足够、安装合格的延伸线缆。延伸线缆如通过人行过道应高架或做好防止线缆被碾压损坏的措施。

第 5 章

电工材料

电工材料是电工领域应用的各类材料的统称，包括导电材料、半导体材料、绝缘材料和其他电介质材料、磁性材料等，它们在我们的日常生活中随处可见。本章对各类材料进行了系统分类以及讲解，以便于读者对其有一个直观的了解。

5.1 导电材料

导电材料是指电流容易通过的材料，其最主要的性质是具有良好的导电性能。导电材料是电子元器件和集成电路中应用最广泛的一种材料。根据使用目的不同，除了导电性外，还要求导电材料具有足够的机械强度和弹性、耐磨、耐高温、抗氧化、耐腐蚀、耐电弧、高热导率等特点。作为导电材料，希望其电阻率尽可能地小（$\leqslant 10^{-6}\Omega \cdot m$）。但是为了满足其他条件，例如机械强度、加工性、耐腐蚀性、经济性等，在许多情况也会使用电阻率较大的材料。

导电材料分为一般导电材料和特殊导电材料，一般导电材料又称良导体材料，常用的良导体材料有铜、铝、铁、钨、锡，用来制作成导线、电线电缆、接线端子、引线等，主要功能是用来传输电流；特殊导电材料是不以导电为主要功能，而在电热、电磁、电光、电化学效应方面具有良好性能的导电材料，广泛应用于电工仪表、热工仪表、电器、电子及自动化装置等领域，如高电阻合金、电触头材料、电热材料、测温控温热电材料，常见的有银、镉、钨、铂、钯等元素的合金及铁铬铝合金、碳化硅、石墨等材料。

5.1.1 一般导电材料

常用的良导体材料有铜、铝、铁、钨、锡等。其中，铜、铝是优良的导体材料，是工业上最主要的导电金属材料。

1. 导电金属

（1）铜。

纯铜外观呈紫红色，具有优良的导电性、导热性、延展性和耐腐蚀性，机械强度高，便于加工，容易焊接。它广泛用于制造变压器、电动机和各种电器的线圈。

铜的导电性能和机械强度都优于铝，在要求较高的电器设备安装及移动电线电缆中多采用铜导体。如一号铜主要用来制作各种电缆导体，二号铜主要用来制作开关和一般导电零件，一号无氧铜和二号无氧铜主要用来制作电真空器件、电子管、电子仪器零件、耐高温导体、真空开关触点等，无磁性高纯铜主要用于制作无磁性漆包线的导体、高精度电气仪表的动圈等。

（2）铝。

铝是一种银白色的轻金属，具有密度小、导电与导热性能好、抗腐蚀性能好、塑性加工性能好等特点。

作为导电材料的铝是杂质含量不超过 5%的电解铝，主要有特一号铝（含铝量≥99.7）、特二号铝（含铝量≥99.6）和一号铝（含铝量≥99.5），它们均具有较高的可塑性、高导电性及高导热性，常用于制作电线电缆的芯线、变压器及电动机的电磁线、仪器仪表的导电零件。

铝导体的导电性能和机械强度虽然比铜导体差，但重量轻、价格便宜、资源较丰富，所以在架空线、电缆、母线和一般电气设备安装中广泛使用，图 5-1 所示为铝导线。

（a）铝导体双层绝缘护套线　　　　　（b）钢芯铝绞线

图 5-1　铝导线

2. 裸导线

裸导线只有导体部分，没有绝缘和护层结构。按产品的形状和结构不同，裸线分为圆单线、型线、裸绞线、软接线 4 种。

（1）圆单线。

圆单线又称为圆线，是圆形的单股导线，具有抗拉强度大、弯曲性能好等优点，主要用于制作各种电线、电缆的导体线芯，可以单独使用，也可以构成绞线。圆单线的品种很多，常用的有圆铜线、圆铝线、镀锡圆铜线、镀银圆铜线、镀镍圆铜线、铝合金圆线、铝包钢圆线、铜包钢圆线和磁性圆铜线等，如图 5-2 所示。

（a）圆铜单线　　　　　（b）铜包钢圆线

图 5-2　圆单线

（2）型线。

型线是指裸导线的截面加工成长方形或其他非圆形状的导电材料，如铜母线、扁线、空心导线（见图 5-3）以及异型排（见图 5-4）等。

（a）铜母线　　　　　　（b）扁线　　　　　　（c）空心导线

图 5-3　常用型线

图 5-4　异型排

（3）裸绞线。

裸绞线是指由多根圆单线或型线绞合而形成的导线，如图 5-5 所示。由于裸绞线可以被制成较大截面面积的导线，可以输送较大的电流，而且比较柔软，具有较高的抗拉强度、耐振动及较小的蠕变性能，因而被广泛用于高、低压输电的架空电力线路。

裸绞线从结构上分为简单绞线（或称单绞线）、复合绞线（或称双绞线）和组合绞线，从绞线的结构形式上可分为多股实心绞线、扩径绞线、自阻尼绞线和紧缩型绞线等。

图 5-5　裸绞线

（4）软接线。

软接线（见图 5-6）由小截面软圆铜线绞制或编制而成，具有柔软性，主要用于各种软连接、振动弯曲场合。软接线包括裸铜软线、铜编织线、铜电刷线等。

图 5-6　软接线

3. 电磁线

电磁线是以绕组的形式在磁场中切割磁力线感应产生电流，或通以电流产生磁场所用的电线，故又称为电磁线，如图 5-7 所示。电磁线是专用于电能与磁能互换场合的有绝缘层的导线。一般用于电动机、变压器及电工仪表中的线圈绕组。

常用电磁线的导电线芯有圆线和扁线两种，一般采用铜线，有漆包线和绕包线两类。

图 5-7 电磁线

漆包线是以漆膜（Q-绝缘漆、QQ-缩醛、QZ-聚酯、QA-聚氨酯、QH-环氧）做绝缘层的电磁线。漆包线具有漆膜较薄、光滑、均匀，线体便于弯曲，利于高速绕制和空间占有率低等优点，广泛应用于中小型电动机及微电动机、干式变压器、电器和电工仪表的线圈或绕组以及其他电工产品中。

绕包线是一种用绝缘物（Z-绝缘纸、B-玻璃丝、M-合成树脂薄膜等）紧密绕包在导线芯上形成绝缘层的电磁线，一般在绕包后再经过浸渍漆浸渍形成组合绝缘。绕包线具有绝缘层比漆包线厚、电性能较高，能较好地承受过电压和过负载等特点，适用于大、中型电工设备及电工产品。按绝缘层的结构特点，绕包线分为纸包线、纤维绕包线、薄膜绕包线和复合绕包线等。

4. 电气设备常用电线电缆

电气设备用电线电缆是指用于一般电气设备的带绝缘层的导线的总称。线芯为铜、铝；绝缘层、内外护套一般为聚乙烯、聚氯乙烯、橡胶；户外应使用铠装屏蔽电缆，如信号电线电缆。

（1）橡皮绝缘电线。

橡皮绝缘电线是以橡胶为绝缘层，具有优良的电气绝缘性、化学稳定性以及较好的柔软性和物理性，可用于交流 500V（直流 1000V）电气设备、移动设备的电源线等。线芯有单芯及多芯，导体有铜、铝，工作温度<65℃。常见的橡皮绝缘电线如图 5-8 所示。

图 5-8 橡皮绝缘电线

（2）屏蔽电缆。

屏蔽电缆有铜网、铜箔屏蔽层，用于防止电磁波干扰。它的电压等级为 250V/500V，工作温度为 65℃、

105℃、250℃，线芯有单芯及多芯，导体有铜、铝，绝缘用塑料或橡胶。常见的屏蔽电缆如图 5-9 所示。

图 5-9　屏蔽电缆

5. 电力电缆

电力电缆是在电力系统的主干线路中用以传输和分配大功率电能的电缆产品，如图 5-10 所示。其主要特征是：在导体外挤（绕）包绝缘层，单芯或多芯（对应电力系统的相线、零线和地线）；或再增加护套层，如塑料/橡套电力电缆。其主要的加工工艺有拉制、绞合、绝缘挤出、成缆、铠装、护层挤出等。电力电缆主要用于发、配、输、变、供电线路中的强电电能传输，通过的电流大（几十安至几千安）、电压高（220V~500kV 及以上）。

电力电缆特点：承受电压高、传输电功率大、电流大，具有一定的机械强度和可弯曲性。

图 5-10　电力电缆

电力电缆的型号组成与顺序如下：

类别、导体、绝缘、内护层、结构特征、外护层或派生、使用特征。

其中，第 1 项~第 5 项和第 7 项用拼音字母表示；高分子材料用英文名的第 1 位字母表示，每项可以是 1~2 个字母；第 6 项是 1~3 个数字。

（1）类别：ZR（阻燃）、NH（耐火）、BC（低烟低卤）、E（低烟无卤）、K（控制电缆类）、DJ（电子计算机）、N（农用直埋）、JK（架空电缆类）、B（布线线）、TH（湿热地区用）、FY（防白蚁、企业标准）等。

（2）导体：T（铜导体）、L（铝导体）、G（钢芯）、R（铜软线）。

（3）绝缘：V（聚氯乙烯）、YJ（交联聚乙烯）、Y（聚乙烯）、X（天然丁苯胶混合物绝缘）、G（硅橡胶混合物绝缘）、YY（乙烯-乙酸乙烯橡皮混合物绝缘）。

（4）护套：V（聚氯乙烯护套）、Y（聚乙烯护套）、F（氯丁胶混合物护套）。

（5）屏蔽：P（铜网屏蔽）、P1（铜丝缠绕）、P2（铜带屏蔽）、P3（铝塑复合带屏蔽）。

（6）铠装和外护套数字标记：0（无）、1（联锁钢带纤维外套）、2（双层钢带聚氯乙烯外套）、3（细圆钢丝聚乙烯外套）、4（粗圆钢丝）、5（皱纹、轧纹钢带）、6（双铝或铝合金带）、7（铜丝编织）。

（7）各种特殊使用场合或附加特殊使用要求的标记，在"—"后以拼音字母标记。

在电力电缆命名时,有些部分可省略,比如铜是电力电缆主要使用的导体材料,故铜芯代号 T 可省略,但裸电线及裸导体制品除外。

6. 通信电缆

通信电缆是由多根互相绝缘的导线或导体绞成的缆芯和保护缆芯不受潮与机械损害的外层护套所构成的通信传输电缆,用于近距离音频通信和远距离的高频载波、数字通信及信号传输。

通信电缆具有承受电压低、传输电功率小、频率高、芯数多等特点,有架空、直埋、管道和水底等多种敷设方式。按结构可分为对称电缆、同轴电缆和综合电缆,按功能可分为市内通信电缆、长途对称电缆、海底电缆、光纤电缆、射频电缆等。

常见的通信电缆如图 5-11 所示。

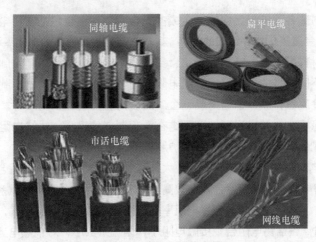

图 5-11　常见的通信电缆

7. 导线连接材料

线路的故障常发生在导线接头处,导线连接的质量将直接影响线路和设备运行的可靠程度。其基本要求是电气接触良好、机械强度足够、接头整齐美观、绝缘强度不低于导线本身的绝缘强度。导线连接所用的方法主要有压接、铰接和焊接等多种,其中以压接应用最为广泛,特别是铝导线,由于难于焊接,更是以压接为主。

(1)接线端子。

接线端子是用于实现电气连接的一种配件产品,工业上划分为连接器的范畴,如图 5-12 所示。

图 5-12　接线端子

(2)压线端子。

有时为了接线连接可靠和增加接触面积,将电线的裸露端头从后面插入接线片的管孔中,用压线钳挤压管孔变形(扁)压紧导线,实现可靠的连接。常见的压线端子如图 5-13 所示。

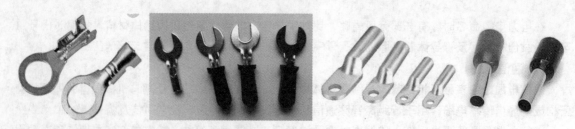

图 5-13　常见的压线端子

5.1.2　其他导电材料

1. 电阻材料

电阻材料是用于制造各种电阻元件的合金或多元合金材料，也包括在导电金属中加入绝缘填充料、有机无机黏结剂或金属氧化物等组成的材料。其基本特性是具有高的电阻率和低的电阻温度系数。

常用的电阻合金材料有康铜、锰铜、镍铬、银锰锡合金等，这些材料可制作成薄膜、厚膜、线材、箔状，从而构成不同类型的电阻器。薄膜电阻器是利用膜状的电阻材料制成的电阻，常见的有碳基薄膜、金属膜、金属氧化膜、镍铬薄膜、金属陶瓷薄膜、硅化物薄膜等。合成型电阻器是颗粒状的导电材料添加绝缘填充料并通过黏结剂黏结在一起制成的电阻。线绕电阻器是电阻丝绕制到陶瓷或其他绝缘材料制成的骨架上，表面涂以保护漆或玻璃釉制成。

康铜合金耐热性好，使用温度宽，阻温系数大，可制作大功率电阻；锰铜合金稳定性好，阻温系数小，常用于制作精密电阻器；镍铬合金具有较高电阻率，使用温度宽，阻温系数大，常用于制作中高阻值的普通电阻（位）器；镍铬多元合金电阻率高，阻温系数小，耐磨性好，适合制作高阻值的精密线绕电阻器或电位器；银锰锡电阻合金接触电阻小，阻温系数小，对铜热电势小，具有抗腐蚀性。

常见的电阻器如图 5-14 所示。

（a）薄膜电阻器　　　　　　　　　　（b）线绕电阻器

图 5-14　常见的电阻器

2. 电热材料

电热材料用于制造加热设备中的发热元件，可作为电阻接到电路中，把电能转变为热能。采用加热材料制成的加热管如图 5-15 所示。

图 5-15　采用加热材料制成的加热管

对电热材料的基本要求:

（1）电阻率高，功率大；

（2）在高温时具有足够的机械强度和良好的抗氧化性能；

（3）具有足够的耐热性，以保证在高温下不变形；

（4）高温下的化学性能稳定，不与炉内气体发生化学反应；

（5）热膨胀系数小，热胀冷缩小。

电热材料可分为金属电热材料和非金属电热材料两大类。常用电热材料的品种及性能、用途如表 5-1 所示。

表 5-1　常用电热材料的品种及性能、用途

品种		工作温度（℃）		性能和用途
		常用	最高	
镍铬合金	Cr20Ni80	1000~1050	1150	电阻率较高，加工性能好，高温时力学性能较好，用后不变脆，适用于移动设备上
	Cr15Ni60	900~950	1050	
镍铬铝合金	1Cr13A14	900~950	1100	抗氧化性能比镍铬合金好，电阻率比镍铬合金高，价格较便宜，高温时机械性能较差，用后会变脆，适用于固定设备上
	0Cr13A16Mo2	1050~1200	1300	
	0Cr25A15	1050~1200	1300	
	0Cr27A17Mo2	1200~1300	1400	

3. 熔体材料

熔体材料是一种保护性导电材料，熔体一般做成丝状或片状，称为熔丝，又称为保险丝。熔体材料是熔断器的主要部件，常见的熔断器如图 5-16 所示。当通过熔断器的电流大于规定值时，熔体立即熔断，自动切断电源，从而起到保护电力线路和电气设备的作用。

图 5-16　常见的熔断器

常用的熔体材料：银、铜、铝、锡、铅和锌。

锡、铅、锌是低熔点材料，熔化时间长。

银、铜、铝是高熔点材料，熔化时间短。银广泛用作高质量、高性能熔断器的熔体。铜具有良好的导电、导热性，机械强度高，但在温度较高时易被氧化，熔断特性不够稳定；铜熔体熔化时间短，金属蒸气少，有利于灭弧，宜用作精度要求较低的熔体。

铝导电性能仅次于银和铜，但其耐氧化性能好，熔体特性较稳定，在某些场合可以代替纯银作熔断器的熔体。

钨、铅熔化时间长，机械强度低，热导率小，宜用作保护电动机等的慢速熔体。

低熔点熔体溶化时间长，高熔点熔体熔化时间短。如保护电子设备希望熔化时间越短越好，此时应该选用快速熔体；若为保护电动机过载，则希望有一定的延时，此时应选用慢速熔体。延时熔断器的熔体通常由部分含有锡的银线、铜线或银、铜、锡制成的熔体互相串联而成。快速熔断器常用细银线作为熔体。

4. 电刷材料

常用的电刷材料有石墨电刷、电化石墨电刷和金属石墨电刷。石墨电刷适用于整流条件正常，负载均匀的电动机。电化石墨电刷适用于各种类型的电动机以及整流条件困难的电动机。金属石墨电刷适用于大电流的电动机，如充电、电解和电镀用的直流发电机，也适用于小型牵引低压电动机、汽车和拖拉机的启动电动机等。常见的电刷如图 5-17 所示。

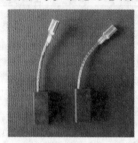

图 5-17　常见的电刷

电刷对直流电动机、线绕转子滑环异步电动机和直流励磁同步电动机的运行起关键的作用。电刷是根据电刷的电流密度、滑环和整流子的圆周速度来选择的。在电刷特性表中找到所需要的电刷种类，再结合电动机的参数（额定电压、额定电流）和运行条件（连续、断续、短时），决定电刷的具体型号。常用电刷的类别、型号、特征和主要应用范围如表 5-2 所示。

表 5-2　常用电刷的类别、型号、特征和主要应用范围

类别	型号	基本特征	主要应用范围
石墨电刷	S-3	硬度较低，润滑性较好	换向正常、负荷均匀，电压为 80~120V 的直流电动机
	S-6	多孔软质石墨电刷，硬度低	汽轮发电机的集电环刷，180~230V 的直流电动机
电化石墨电刷	D104	硬度低，润滑性好，换向性能好	一般用于 0.4~200kW 直流电动机、轧钢用直流发电机、汽轮发电机、绕线转子异步电动机集电环、电焊直流发电机等
	D172	润滑性好，摩擦系数低，换向性能好	大型汽轮发电机的集电环、励磁机、水轮发电机的集电环、换向正常的直流电动机
	D202	硬度和机械强度高，润滑性好，耐冲击振动	电力机车用牵引电动机，电压为 120~400V 的直流发电机
	D213	硬度和机械强度较高	汽车的发电机，具有机械振动的牵引电动机
	D214 D215	硬度和机械强度高，润滑性、换向性能好	汽轮发电机的励磁机，换向困难、电压在 220V 以上的带有冲击性负荷的直流电动机
	D252	硬度中等，换向性能好	换向困难、电压在 120~440V 的直流电机，如牵引电动机、汽轮发电机的励磁机
	D308 D309	质地硬，换向性能好	换向困难的直流牵引电动机，角速度较高的小型直流电动机
	D374	多孔，电阻系数高，换向性能好	换向困难的高速直流电动机、牵引力电动机、汽轮发电机的励磁机、轧钢电动机
	D479		换向困难的直流电动机

续表

类别	型号	基本特征	主要应用范围
金属石墨电刷	J101 J102 J164	含铜量高，电阻系数小，允许电流密度大	低电压、大电流直流发电机，如电解、电镀、充电用直流发电机，绕线转子异步电动机的集电环
	J104		低电压大电流直流发电机，汽车用发电机
	J201	电阻系数较高，电刷含铜量大，允许电流密度较大	电压在 60V 以下的低电压、大电流直流发电机，如汽车发电机、直流电焊机、绕线转子异步电动机的集电环

5. 触点材料

触点材料是用于开关、继电器、电气连接及电气接插元件的电接触材料，又称电触头材料。触点材料在开关电器中承担分断和接通电路、承载正常工作电流、在一定的时间内承载过载电流的功能，因此电触点材料要具有以下基本特性：

（1）触点材料应具有较高的电导率以降低接触电阻，较低的二次发射和光发射以降低电弧电流和燃弧时间；

（2）触点材料应具有合适的硬度、合适的弹性模数；

（3）触点材料具有高的熔点、沸点、比热和熔化、汽化热及高的热传导性。

（4）触点材料应具有较高的抗侵蚀性能及抗腐蚀气体对材料损耗的能力。

触点材料一般分为强电用触点材料和弱电用触点材料两种。常见触点材料类别和品种如表 5-3 所示。

表 5-3 常见触点材料类别和品种

类别		品种
强电	纯金属	铜
	复合材料	银钨 Ag-W50、铜钨 Cu-W50、Cu-W60、Cu-W70、Cu-W80、银-碳化钨 Ag-Wc60
	合金	黄铜（硬）铜铋 CuB10.7
	铂族合金	铂铱、钯银、钯铜、钯铱
弱电	金及其合金	金银、金镍、金锆
	银及其合金	银、银铜
	钨及其合金	钨、钨钼

5.2 磁性材料

磁性材料是生产、生活、国防科学技术中广泛使用的材料，如制造各种电动机、变压器，电子技术中的各种磁性元件，通信技术中的滤波器和增感器，各种家用电器等。磁性材料的用途广泛，主要是利用其各种磁特性和特殊效应制成元件或器件，还可用于存储、传输和转换电磁能量与信息，或在特定空间产生一定强度和分布的磁场，有时也以材料的自然形态而被直接利用（如磁性液体）。磁性材料在电子技术领域和其他科学技术领域中都有重要的作用。

磁性材料的分类方式很多，按照其内部结构及其在外磁场中的性状可分为抗磁性、顺磁性、铁磁性、反铁磁性和亚铁磁性物质；按性质可分为金属和非金属两类；按使用功能又分为软磁性材料、永磁性材料和功能磁性材料（主要有旋磁性材料、磁致伸缩材料、磁记录材料、磁电阻材料、磁泡材料、磁光材料以及磁性薄膜材料等）。

5.2.1 软磁性材料

软磁性材料易于磁化，也易于退磁，广泛用于电工设备和电子设备中，应用最多的软磁性材料是铁硅合金（硅钢片）以及各种软磁铁氧体等。它的用途主要是导磁、电磁能量的转换与传输，要求这类软磁性材料有较高的磁导率和磁感应强度，同时磁滞回线的面积或磁损耗要小。

软磁性材料形状各异，大体上可分为 4 类。

（1）合金薄带或薄片：FeNi（Mo）、FeSi、FeAl 等。

（2）非晶态合金薄带：Fe 基、Co 基、FeNi 基或 FeNiCo 基等配以适当的 Si、B、P 和其他掺杂元素，又称磁性玻璃。

（3）磁介质（铁粉芯）：FeNi（Mo）、FeSiAl、羰基铁和铁氧体等粉料，经电绝缘介质包覆和黏合后按要求压制成形。

（4）铁氧体：包括尖晶石型 $MO \cdot Fe_2O_3$（M 代表 NiZn、MnZn、MgZn、$Li_1/2Fe_1/2Zn$、CaZn 等），磁铅石型 $Ba_3Me_2Fe_{24}O_{41}$（Me 代表 Co、Ni、Mg、Zn、Cu 及其复合组分）。

1. 用于高磁场下的软磁性材料

常用的软磁性材料是硅钢片。硅钢片是一种含碳极低的硅铁软磁合金，一般含硅量为 0.5%～4.5%。加入硅可提高铁的电阻率和最大磁导率，降低矫顽力、铁芯损耗（铁损）和磁时效，主要用来制作各种变压器、电动机和发电机的铁芯。用于高磁场下的软磁性材料如图 5-18 所示。

图 5-18　用于高磁场下的软磁性材料

2. 用于低磁场下的软磁性材料

低磁场下通常选用铁镍合金、铁铝合金及冷轧单取向硅钢薄带等。但对不同产品仍应选用不同材料。如磁放大器要求有高饱和磁感应强度、高微分导磁率、高电阻率、高剩磁比和低矫顽力，故宜选用 1J51 铁镍合金；电源变压器要求高磁导率和高饱和磁感应强度，常选用冷轧单取向硅钢薄带；小功率音频变压器则常选用 1J79 铁镍合金或 1J16 铁铝合金，以免产生非线性失真。用于低磁场下的软磁性材料如图 5-19 所示。

图 5-19　用于低磁场下的软磁性材料

5.2.2　永磁性材料

　　永磁性材料经外磁场磁化以后，即使在相当大的反向磁场作用下，仍能保持大部分原磁化方向的磁性。相对于软磁性材料而言，它亦称为硬磁性材料，如图 5-20 所示。永磁性材料有合金、铁氧体和金属间化合物 3 类。

　　永磁性材料有多种用途。

　　（1）基于电磁力作用原理的应用主要有：扬声器、话筒、电表、电动机、继电器、传感器、开关等。

　　（2）基于磁电作用原理的应用主要有：磁控管和行波管等微波电子管、显像管、钛泵、微波铁氧体器件、磁阻器件、霍尔器件等。

　　（3）基于磁力作用原理的应用主要有：磁轴承、选矿机、磁力分离器、磁性吸盘、磁密封、磁黑板、玩具、标牌等。

　　永磁性材料的种类很多，目前被广泛采用的是铝镍钴永磁性材料、铁氧体永磁性材料和稀土永磁性材料。其中，稀土永磁性材料性能最好，剩余磁通密度、矫顽力和最大磁能积都相当大，但价格也最贵，现代高性能电动机如永磁直流电动机、无刷直流电动机、正弦波永磁同步电动机等大多采用稀土永磁性材料。

图 5-20　永磁性材料

5.2.3　功能磁性材料

1. 旋磁性材料

　　旋磁材料具有独特的微波磁性，如导磁率的张量特性、法拉第旋转、共振吸收、场移、相移、双折射和自旋波等。据此设计的器件主要用作微波能量的传输和转换，常用的有隔离器、环行器、滤波器（固定式或电调式）、衰减器、相移器、调制器、开关、限幅器及延迟线等，还有尚在发展中的磁表面波和静磁波器件。

　　常用的旋磁材料已形成系列，有 Ni 系、Mg 系、Li 系和 BiCaV 系等铁氧体材料，并可按器件的需要制成单晶、多晶、非晶或薄膜等不同的结构和形态。

2. 磁致伸缩材料

　　磁致伸缩材料的特点是在外加磁场作用下会发生机械形变，又称折压磁性材料。它的功能是做磁声或磁力能量的转换，磁致伸缩传感器如图 5-21 所示。其常用于超声波发生器的振动头、通信机的机械滤波器和电脉冲信号延迟线等，与微波技术结合则可制作微声（或旋声）器件。由于合金材料的机械强度高，抗震而不炸裂，故振动头多用 Ni 系和 NiCo 系合金；在小信号下使用则多用 Ni 系和 NiCo 系铁氧体。

图 5-21　磁致伸缩传感器

5.3　常用绝缘材料

　　按国家标准规定，绝缘材料的定义是"低电导率的材料，用于隔离不同电位的导电部件或使导电部件与外界隔离"。绝缘材料可以是固体、液体或气体，或者是它们的组合。如在电动机中，导体周围的绝缘材料将匝间隔离并与接地的定子铁芯隔离开来，以保证电动机的安全运行。不同的电工产品中，绝缘材料往往还具有储能、散热、冷却、灭弧、防潮、防霉、防腐蚀、防辐照、机械支撑和固定、保护导体等作用。

　　绝缘材料按物理状态来分类，可以分为气体、液体和固体绝缘材料。气体绝缘材料包括空气、氮气、二氧化碳、六氟化硫、二氯二氟等；液体绝缘材料包括矿物油、植物油、合成油等；固体绝缘材料是电气工程中应用最多的一类绝缘材料，包括绝缘漆、浸渍树脂、灌注料、浸渍纤维制品、层压制品、塑料、橡胶、云母制品、电气用薄膜、纤维制品、电工陶瓷等。

　　绝缘材料按成分来分类，可以分为无机绝缘材料、有机绝缘材料和混合绝缘材料。无机绝缘材料包括云母、陶瓷、石棉、玻璃等，用于电动机、电器的绕组绝缘、开关底板和绝缘子等。有机绝缘材料包括树脂、塑料、橡胶、虫胶、蚕丝、麻、人造丝等，用于制造绝缘漆、浸渍树脂、绕组导线的外层绝缘等。混合绝缘材料：由无机和有机绝缘材料混合加工而成的绝缘材料，用于电器的底座、外壳等。

　　电工产品绝缘的使用期受多种因素的影响，而温度通常是对绝缘材料和绝缘结构老化起决定作用的因素。已有一种实用的、被世界公认的耐热性分级方法，也就是将电气绝缘的耐热性划分为若干等级，各耐热等级及所对应的温度值如表 5-4 所示。

表 5-4　绝缘材料耐热等级和极限温度

耐热等级	极限温度（℃）	绝缘材料类型
Y	90	棉纱、丝、纸、木材等材料及其组合物
A	105	用漆和胶浸渍过的棉纱、丝、纸等材料，如油性漆包线、黄漆布、黄漆绸等
E	120	合成有机薄膜、合成有机磁漆等材料及其组合物，如环氧树脂、油性玻璃漆布等
B	130	用树脂胶剂黏合或浸渍、涂覆过的云母、石棉、玻璃纤维，如聚酯漆包线、三聚氰胺醇玻璃漆布等
F	155	用耐热性好的有机胶剂黏合或浸渍、涂覆过的云母、石棉、玻璃纤维，如云母带、层压玻璃布板等
H	180	用有机硅树脂黏合或浸渍、涂覆过的云母、石棉、玻璃纤维及其组合物，如硅有机漆、复合薄膜等
C	>180	不采用任何有机黏合剂及浸渍剂的无机物，如云母、石棉、石英、玻璃、陶瓷及聚四氟乙烯塑料等

　　电气绝缘材料产品按形态结构、组成或生产工艺可分为八大类：漆；可聚合树脂和胶类；树脂浸渍纤维制品类；层压制品、卷绕制品、真空压力浸胶制品和引拔制品类；塑料类；云母制品、薄膜、胶带和柔软复合材料类；纤维制品类；绝缘液体类。

5.3.1 气体绝缘材料

气体绝缘材料是用以隔绝不同电位导电体的气体。其特点是具有高的电离场强和击穿场强，击穿后能迅速恢复绝缘性能，化学稳定性好，不燃、不爆、不老化，无腐蚀性，不易为放电所分解，并且比热容大，导热性、流动性好。空气是用得最广泛的气体绝缘材料，例如交、直流输电线路的架空导线间、架空导线对地间均由空气绝缘。由于气体的介电系数稳定，其介质损耗极小，所以高压标准电容器均采用气体介质，早期采用高气压的氮或二氧化碳，目前已被六氟化硫（SF_6）气体取代。

1. 天然气体介质

（1）空气。

空气是一种混合气体，含有氮、氧、氩、二氧化碳和少量稀有气体，随地区的不同还含有水蒸气、工业废气等。常态下，空气的击穿强度约为 30kV/cm。当其压力增大时，击穿电压明显升高，因此，压缩空气可作电气设备的绝缘或灭弧介质。而当空气的压力降至 $10^{-3} \sim 10^{-5}$Pa 的高真空状态时，即成为真空间隙绝缘体，故其应用于高压真空开关、真空断路器和各种电子管等。

（2）氮气。

氮气是不活泼的中性气体，电器常用氮气的纯度应在 99.5%以上。它主要用作标准电容器的介质以及变压器、电力电缆和通信电缆的保护气体，以防止绝缘油氧化、潮气侵入，并抑制热老化。

（3）氢气。

氢气的密度最小，具有很高的导热性，但其绝缘强度仅为空气的 60%，又易燃易爆，故主要用作汽轮发电机的冷却介质。为了防止氢气发生爆燃，通常氢气的纯度应为 95%以上。

2. 合成气体介质

电工常用的合成气体介质有六氟化硫（SF_6）和氟化烃（氟里昂）气体。

（1）六氟化硫（SF_6）。

六氟化硫是一种无色、无味、不燃不爆、无毒和化学性能稳定的气体。它是一种电负性强的合成气体，具有良好的电气绝缘性能及优异的灭弧性能。其耐电强度为同一压力下氮气的 2.5 倍，击穿电压是空气的 2.5 倍，灭弧能力是空气的 100 倍，是一种优异的超高压绝缘介质材料。六氟化硫以其良好的绝缘性能和灭弧性能，应用于断路器、高压变压器、气封闭组合电容器、高压传输线、互感器等。电子级高纯六氟化硫是一种理想的电子蚀刻剂，被大量应用于微电子技术领域。它可在冷冻工业中作为制冷剂，制冷范围–45~0℃。电气工业利用其很高的介电强度和良好的灭电弧性能用作高压开关、大容量变压器、高压电缆的绝缘材料。因此，六氟化硫气体在电气设备中得到广泛应用，如图 5-22 所示。电工用 SF_6 的纯度应在 99.95%以上。

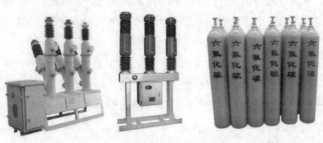

(a) 六氟化硫断路器　　　　　　　　(b) 六氟化硫气体

图 5-22　六氟化硫

（2）氟化烃气体。

这类气体的特点是：不燃、无毒、无腐蚀性、化学和热稳定性好、击穿强度高，但会对环境造成污染。

5.3.2　液体绝缘材料

液体绝缘材料是用以隔绝不同电位导电体的液体。

1. 绝缘油

绝缘油是人工合成或多种碳氢化合物的混合液体构成的绝缘材料，分为合成油和矿物油（石油炼成品）两类。与气体比，其击穿场强高，传热好，可起隔离绝缘电器件和导热冷却双重作用。

绝缘油如图 5-23 所示。它主要取代气体，填充固体材料内部或极间的空隙，以提高其介电性能，并改进设备的散热能力。例如，在油浸纸绝缘电力电缆中，它不仅显著地提高了绝缘性能，还增强散热作用；用在电容器中提高其介电性能，增大每单位体积的储能量；在开关中除起绝缘作用外，还有灭弧作用。液体绝缘材料按材料来源可分为矿物绝缘油、合成绝缘油和植物油三大类。工程技术上最早使用的是植物油，如蓖麻油、大豆油、菜籽油等，至今仍在使用，但工程上使用最多的仍然是矿物绝缘油。

图 5-23　绝缘油

常用变压器油 DB、开关油 DV、电容器油 DD、电缆油 DL 等，它们击穿场强达到 16~23kV/mm。

绝缘油在储存、运输和运行过程中，要防止绝缘油污染和老化。主要措施：用氮气隔离，防止接触空气氧化；使用干燥剂防止吸收潮气；防止日光照射；加装散热管防止设备过热使油裂解。变压器在检修时要对绝缘油进行过滤净化。

2. 绝缘漆

绝缘漆又叫绝缘涂料，是一种具有优良电绝缘性的涂料。它有良好的电化性能、热性能、机械性能和化学性能。它多为清漆，也有色漆。绝缘漆是漆类中的一种特种漆。绝缘漆是以高分子聚合物为基础，能在一定的条件下固化成绝缘膜或绝缘整体的重要绝缘材料。绝缘漆由基料、阻燃剂、固化剂、颜填料和溶剂等组成。按照使用范围，绝缘漆可以分为浸渍漆、漆包线漆、覆盖漆、硅钢片漆、防电晕漆等几类。

（1）浸渍漆。

浸渍漆用于浸渍处理电动机、电器的线圈，填充绝缘系统中的间隙和微孔，并在被浸渍物表面形成连续漆膜，使线圈黏结成一个结实的整体，有效提高绝缘系统的整体性、导热性、耐潮性、介电强度和机械强度，如图 5-24 所示。

浸渍漆的基本要求为：黏度低，流动性好，固体含量高，便于渗透和填充被浸渍物；固化快，干燥性能好，黏结力强，有热弹性，固化后能经受电动机转动时的离心力；具有优异的电气性能和化学稳定性，耐潮、耐热、耐油；对导体和其他材料具有良好的相容性。

浸渍漆可分为有溶剂浸渍漆和无溶剂漆。有溶剂浸渍漆（固体含量 40%~70%）的优点是使用方便，浸渍性好，加热烘焙时流失少，储存稳定，价格低廉；缺点是浸渍和烘焙时间长（漆膜干燥时间为 0.5~3h），溶剂易燃不安全，会造成大气和环境污染等。

无溶剂漆（固体含量>85%）有沉浸型、滴浸型、滚浸型和连续沉浸型等产品。无溶剂漆内层干燥性好，绝缘层内气隙少，提高了导线间的黏结强度和导热性，浸渍次数少，烘焙时间短（凝胶时间为 4~60min），减少了对环境的污染。

常用的浸渍漆有醇酸浸渍漆、三聚氰胺醇酸浸渍漆、油改性聚酯浸渍漆、有机硅浸渍漆。

图 5-24　浸渍漆

（2）漆包线漆。

漆包线漆主要用于漆包线芯的涂覆绝缘。由于导线在绕制线圈、嵌线等过程中，将经受热、化学和多种机械力的作用，因此要求漆包线漆具有良好的涂覆性（即能均匀涂覆），漆膜附着力强，表面光滑柔软有韧性，有一定的耐磨性和弹性，电气性能好，耐热，耐溶，对导体无腐蚀等特性。漆包线漆主要有聚酯漆包线漆和聚氨酯漆包线漆。

（3）覆盖漆。

覆盖漆用于涂覆经浸渍处理的线圈和绝缘零部件，在其表面形成厚度均匀的绝缘保护层，以防止设备绝缘受机械损伤以及大气、化学药品的侵蚀，提高表面的绝缘强度。因此，要求覆盖漆具有干燥快、附着力强、漆膜坚硬、机械强度高、耐潮、耐油、耐腐蚀等特性。覆盖漆按树脂类型分为醇酸漆、环氧漆和有机硅漆。环氧漆比醇酸漆具有更好的耐潮性、耐霉性、内干性和附着力，漆膜硬度高，广泛用于潮热地区电动机、电器设备部件的表面涂覆。有机硅漆耐热性高，可作为 H 级电动机、电器的覆盖漆。

（4）硅钢片漆。

硅钢片漆用以降低硅钢片铁芯的涡流损耗，增强防锈及防腐蚀性、耐油性、防潮性。特点是附着力强，漆膜薄、坚硬、光滑、厚度均匀，如图 5-25 所示。

图 5-25　硅钢片漆

（5）防电晕漆。

防电晕漆一般由绝缘清漆和非金属导体（炭黑、石墨等）粉末混合而成，主要用于高压线圈作为防电晕漆，如用于大型高压电动机中电压较高的线圈端部。工业上要求防电晕漆表面电阻率稳定、附着力强、耐磨性好、干燥速度快、耐储存。防电晕漆可以单独涂在线圈表面，也可涂在石棉带、玻璃带上，再包扎在线圈外层，或涂在玻璃布上与主绝缘一次成型，如图 5-26 所示。

图 5-26　防电晕漆

5.3.3　固体绝缘材料

固体绝缘材料是用以隔绝不同电位导电体的固体，一般还要求固体绝缘材料兼具支撑作用。与气体绝缘材料、液体绝缘材料相比，固体绝缘材料由于密度较大，因而击穿强度也高得多，这对减少绝缘厚度有重要意义。固体绝缘材料可分为有机、无机两类。有机固体绝缘材料包括绝缘漆、绝缘胶、绝缘纸、绝缘纤维制品、绝缘浸渍纤维制品、电工用薄膜、复合制品等。无机固体绝缘材料主要有云母、玻璃、陶瓷及其制品。相比之下，固体绝缘材料品种多样，也最为重要。

1. 绝缘胶

绝缘胶是具有良好电绝缘性能的多组分复合胶，如图 5-27 所示。它以沥青、天然树脂或合成树脂为主体材料，常温下具有很高的黏度，使用时加热以提高其流动性，使之便于灌注、浸渍、涂覆。冷却后其可以固化，也可以不固化。其特点是不含挥发性溶剂，可用作电器表面保护。

图 5-27　绝缘胶

绝缘胶可以分成热塑性胶和热固性胶。热塑性胶用于工作温度不高、机械强度较小的场合，如用于浇注电缆接头；热固性胶一般由树脂、固化剂、增韧剂、稀释剂、填料（或无填料）等配制而成，如图 5-28 所示。

图 5-28　电缆浇注胶

图 5-28　电缆浇注胶（续）

2. 绝缘纤维制品

电工领域用的绝缘纤维材料（见图 5-29）包括天然纤维（包括植物纤维和动物纤维）、无机纤维（如石棉、玻璃纤维）和合成纤维（如聚酯纤维、聚芳酰胺纤维等）3 大类。具有如下优点。

（1）在超导磁体线圈中，能使冷却剂浸透所有的截面，增加传热面积。

（2）保证浸渍漆或包封胶直接与超导纤维及复合层接触。

天然纤维包括植物纤维和动物纤维。植物纤维包括棉、麻和木纤维等，植物纤维的耐热性较差。动物纤维通常使用的有蚕丝、羊毛等，其组成为蛋白质，但其形态与植物纤维大不相同，是一类光滑的长丝，其耐热性也较差。

合成纤维是将高分子量的聚合物加入有机溶剂中（有时还加助溶剂）制成纺丝液后再用干法或湿法纺丝工艺制成，如图 5-30 所示。重要的合成纤维有聚酯纤维和聚芳酰胺纤维。由于所用聚合物不同，各种合成纤维的性能也大不相同。

图 5-29　绝缘纤维材料

图 5-30　合成纤维

在电工中，合成纤维和天然纤维使用时都要浸渍处理或脱脂加工处理，以减少吸潮性，提高耐热性和工作温度，增加柔软性和弹性，提高介电性能和机械强度。用绝缘漆和胶浸渍的天然或合成纤维材料有不同的耐热等级：由天然有机纤维材料浸有机材料制成的，属于 A ~ E 级绝缘材料；由耐热性高的合成有机纤维浸以有机硅、二苯醚、聚酰亚胺等材料制成的，可达 F、H 和更高耐热等级。

无机纤维有石棉、玻璃纤维等材料，如图 5-31 所示。常用于电绝缘的石棉是温石棉，主要化学成分为含结晶水的正硅酸镁盐（$3MgO \cdot 2SiO_2 \cdot 2H_2O$）。当温度为 450 ~ 700℃时，温石棉将失去化合水而变成粉状物。电工中用的石棉纤维有长纤维（由手工加工而成）和短纤维（由机选而得）之分，它们的共同特点是有很高的耐热性，但是介电性能较差，一般用作耐高温的低压电动机、电器绝缘、密封和衬垫材料。

图 5-31　无机纤维

3. 电工层压制品

电工层压制品以多层绝缘纤维纸、布浸涂胶黏剂，经热压而成的板/管/棒状绝缘材料，如图 5-32 所示。特点：成型简单、耐热、耐油、耐电弧，绝缘强度、机械强度高。常用基材：木纤维纸、玻璃丝布。胶黏剂：环氧、酚醛、有机硅树脂。

图 5-32　电工层压制品

4. 电工橡胶

电工橡胶绝缘性、弹性、柔软性好，主要用于电缆绝缘层和外护套及电工工具。

（1）天然橡胶。

特点：抗张强度、抗撕性、回弹性好，不耐热、不耐油，易燃易老化。其主要用于柔软、弯折和弹性高的电缆护套。耐压 6kV，使用温度<65℃。

（2）合成橡胶。

丁苯橡胶：耐热性、抗弯曲开裂、耐磨性好，弹性、抗拉性、耐寒性差。一般与天然橡胶混合使用。其主要用于电缆内层绝缘。

氯丁橡胶：阻燃、耐老化、耐油，电气性能差。

氯磺化聚乙烯：电气性能、阻燃性好，耐油、耐磨、耐酸碱、耐老化。

5. 电工塑料

电工塑料是用合成树脂、高分子材料及填料经热压制成的绝缘零件，如图 5-33 所示。特点：电气性能优良、机械强度高、易于模具加工。

图 5-33　电工塑料

压塑料主要用来作各种规格的电动机、电器的绝缘零部件及作为电线、电缆的绝缘和防护材料，如图 5-34 所示。常用的木粉压塑料、玻璃纤维压塑料具有良好的电气、力学性能和耐潮、防霉性能。

图 5-34　压塑料

6. 电瓷材料

电瓷材料是良好的绝缘体，常用在电力线路中作为绝缘子使用，可以分为低压绝缘子和高压绝缘子。按用途可分为线路绝缘子和电站、电器绝缘子。前者有针式绝缘子、蝶形绝缘子、盘形悬式绝缘子、横担绝缘子和棒形悬式绝缘子；后者包括支柱绝缘子和套管绝缘子，支柱绝缘子又分为针式支柱绝缘子和棒形支柱绝缘子，套管绝缘子包括穿墙套管和用于电器的套管。常见的绝缘子如图 5-35 所示。

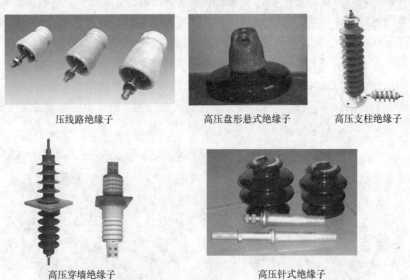

压线路绝缘子　　　　　高压盘形悬式绝缘子　　　　高压支柱绝缘子

高压穿墙绝缘子　　　　　　高压针式绝缘子

图 5-35　常见的绝缘子

7. 绝缘胶带

绝缘胶带是由柔软的塑料、橡胶、纤维布涂胶制成的卷带，如图 5-36 所示。绝缘胶带的特点：电气性能好，厚度薄（0.05~0.5mm）、柔软、耐潮、防水、有自黏性。常用于电缆、电线连接绝缘恢复及电动机、线圈绕包绝缘。

图 5-36　绝缘胶带

8. 绑扎带

绑扎带是以硅烷处理过的长玻璃纤维，经过整纱并浸以热固性树脂制成的半固化带状材料，又称无纬带，如图 5-37 所示。绑扎带按所用树脂种类分为聚酯型、环氧型、聚芳烷基醚酚型和聚胺-酰亚胺型等几类。绑扎带主要用来代替金属丝（带）来绑扎电动机转子绕组。

图 5-37　绑扎带

9. 云母绝缘制品

云母是一种铝代硅酸盐类天然矿物，无色透明，具有玻璃、金属光泽，呈很薄的多层叠层形状，可以剥离成薄片。绝缘性能优良、化学稳定性高、抗电火花冲蚀、耐高温（白云母 550℃、金云母 1000℃）、不吸潮、吸油易分解，氧化铁斑点杂质及皱纹会使绝缘性能降低。

电工用天然云母有白云母和金云母，电气性能和机械性能良好，耐热性、化学稳定性和耐电晕性也很好。白云母的电气性能比金云母好；金云母柔软，耐热性能比白云母好。

云母带如图 5-38 所示，具有良好的机械、电气和耐热性能，在 150~800℃ 的温度范围内使用，适用于电动机、电器绝缘及耐温等级 800℃ 的防火电缆绝缘。

图 5-38　云母带

云母板如图 5-39 所示，具有较高的机械强度与耐热性能，可在 550~800℃ 范围内长期使用。云母板可塑性好，可用于塑制绝缘管（环）等电动机和电器的绝缘制品。柔软云母板主要用于工作温度为 155℃ 的大中型电动机槽绝缘、匝间绝缘及其他电动机、电器绝缘。

图 5-39　云母板

10. 热缩套管

热缩套管是针对导线连接和电子零件的绝缘、保护而设计开发的产品。热缩套管用专用的热吹风机加热时，套管内径迅速收缩（可以收缩到原来的一半），将被保护的导线端部或电子部件紧紧包覆在套管内，与外界隔绝，如图 5-40 所示。热缩套管具有绝缘和防水功能，用途广泛。

图 5-40　热缩套管

第6章

印制电路板

电路板是重要的电子部件,是电子元器件的支撑体,是电子元器件电气连接的载体。现代科技的发展,可以说是用一块块电路板铺成的,而其在未来也将具有不可限量的作用。本章从电路板的分类、选用、组装方式到其整体设计与制作,对印制电路板的相关内容进行了详细的讲解,方便读者在阅读之余主动尝试印制电路板的设计、组装,体会电工与电路之美。

6.1 印制电路板的概述

印制电路板是焊装各种集成芯片、晶体管、电阻器以及电容器等元器件的基板,英文名称为Printed Circuit Board,简称PCB,它是指在绝缘基板上,有选择性地加工和制造出导电图形的组装板。目前的印刷电路板一般以铜箔覆在绝缘板(基板)上,故亦称覆铜板。

印制电路板的主要特点是设计上可以标准化,利于互换;布线密度高、体积小、重量轻,利于电子设备的小型化;图形具有重复性和一致性,减少了布线和装配的差错,利于机械化和自动化生产,降低了成本。

6.1.1 印制电路板的作用

在电子设备中,印制电路板通常具有以下作用。

(1) PCB为元器件、零部件、引入端、引出端、测试端等提供固定和装配的机械支撑点。

印制电路板是组装电子元器件的基板,为各种电子元器件固定、装配提供机械支撑,如图 6-1所示。

图 6-1　印制电路板的固定支撑

(2) 实现各种电子元器件之间的电气连接。

印制电路板上的印制导线,将各种电子元器件有机地连接在一起,使其发挥整体功能,如图 6-2

所示。一个设计精良的印制电路板，不但要布局合理，满足电气要求，还要充分体现审美意识，这也是印制电路设计的新理念。

（3）用标记符号将板上所安装的各个元器件标注出来，便于插装、检查及调试。

印制电路板除了提供机械支撑和电气连接之外，还提供阻焊图形和丝印图形，如图 6-3 所示。阻焊图是在印制板的焊点外区域印制一层阻止锡焊的涂层，防止焊锡在非焊盘区桥接。丝印图包括元器件字符和图形、关键测量点、连线图形等，为印制电路板的装配、检查和维修提供了极大的方便。

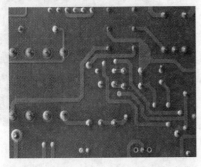

图 6-2　印制电路板的布线和电气连接

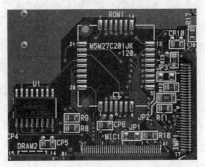

图 6-3　印制电路板上的丝印图

（4）便于电子设备的集成化、微型化、生产的自动化，并为装配、维护提供方便。

电子设备采用印制电路板后，由于同类印制板的一致性，从而避免了人工接线的差错，并可实现电子元器件自动插装或贴装、自动焊锡、自动检测，保证了电子设备的质量，提高了劳动生产率、降低了成本，而且由于 PCB 产品与各种元件整体组装的部件是以标准化设计与规模化生产的，因而这些部件也是标准化的。所以，一旦系统发生故障，可以快速、方便、灵活地进行更换，迅速恢复系统的工作，并便于维修。

6.1.2　印制电路板的分类

印制电路板的种类很多，划分标准也很多。常见的有以下几种分类。

（1）根据 PCB 导电板层不同，印制电路板可分为单面印制板、双面印制板和多层板。

1）单面印制板（Single Sided Print Board）。

单面印制板指仅一面有导电图形的印制板，板的厚度在 0.2～5.0mm，它是在一面覆有铜箔的绝缘基板上，通过印制和腐蚀的方法在基板上形成印制电路。有铜箔导线的一面称为"焊接面"，另一面称为"元件面"，如图 6-4 所示。这种电路板多用于简单电路系统中，或是需要生产成本控制在最低水平的情况下。它在目前生产的专业和非专业等级的电路板中占很大比重。

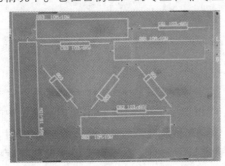
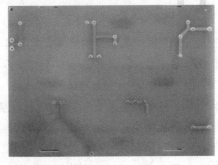

图 6-4　单面印制电路板

2）双面印制板（Double Sided Print Board）。

双面印制板指两面都有导电图形的印制板，板的厚度为 0.2～5.0mm，它是在两面覆有铜箔的绝缘基板上，通过印制和腐蚀的方法在基板上形成印制电路，如图 6-5 所示。由于双面都有导电图形，所以一般采用金属化孔（即孔壁上镀覆金属层的孔）使两面的导电图形连接起来，因而双面印制板的布线密度比单面印制板更高，使用更为方便。它适用于要求较高的电子设备。由于双面印制板的布线密度较高，所以能减小设备的体积。

 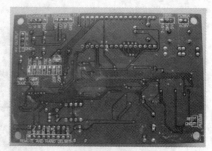

（a）印制板的正面　　　　　　　　　（b）印制板的反面

图 6-5　双面印制电路板

3）多层板（Multilayer Print Board）。

多层板是指由三层或三层以上导电图形和绝缘材料层压合成的印制板，如图 6-6 所示。多层印制板的内层导电图形与绝缘黏结片间叠合压制而成，外层为覆箔板，经压制成为一个整体。其相互绝缘的各层导电图形按设计要求通过金属化孔实现层间的电气连接。多层板与集成电路相配合，可使整机小型化，减少整机的重量。

图 6-7 所示为四层板剖面图。在电路板上，元件通常放在顶层，所以一般顶层也称元件面，而底层一般是焊接用的，所以又称焊接面。元件也分为两大类，插针式元件和表面贴片式元件（SMD）。对于 SMD 元件，顶层和底层都可以放置。

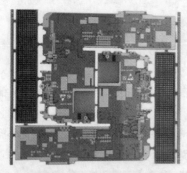 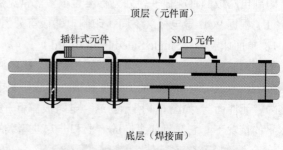

图 6-6　多层印制电路板　　　　　　　图 6-7　四层板剖面图

（2）根据 PCB 所用基板材料不同，印制电路板可分为刚性印制板、挠性印制板和刚-柔性印制板。

1）刚性印制板（Print Circuit Board）。

刚性印制板是指以刚性基材制成的 PCB，常见的 PCB 一般是刚性 PCB，如计算机中的板卡、家电中的印制板等。常用的刚性 PCB 包括纸基板、玻璃布板和合成纤维板，后者价格较贵，性能较好，常用作高频电路和高档家电产品中；当频率高于数百兆赫时，必须用介电常数和介质损耗更小的材料，如聚四氟乙烯和高频陶瓷作基板。

2）挠性印制电路板（Flex Print Circuit，简称"FPC"）。

大多数电子产品中所应用的印制电路板都是硬性印制电路板。但是，由于电子产品有着向小体积发展的趋势，因此，在一些空间比较小或需要动态连接的地方，一般采用挠性印制电路板，如图 6-8 所示。挠性印制电路板是以软性材料为基材制成的印制板，也称软性印制板或柔性印制板，其特点是重量轻、体积小，可折叠、弯曲、卷绕，可利用三维空间做成立体排列，能连续化生产，顺应了电子产品的发展潮流。

挠性印制电路板是以软性绝缘材料为基材的 PCB。由于它能进行折叠、弯曲和卷绕，因此可以节约 60%～90% 的空间，为电子产品小型化、薄型化创造了条件。它在计算机、打印机、自动化仪表及通信设备中得到广泛应用。

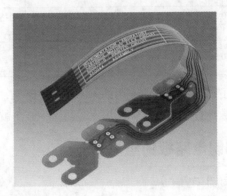

图 6-8　挠性印制电路板

3）刚-柔性印制板（Flex-rigid Print Board）。

刚-柔性印制板指利用柔性基材，并在不同区域与刚性基材结合制成的 PCB，如图 6-9 所示，主要用于电路的接口部分。

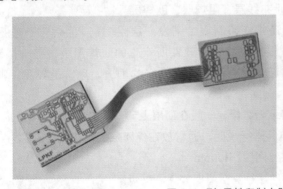

图 6-9　刚-柔性印制电路板

（3）按覆铜板增强材料的不同，印制电路板分为纸基板、玻璃布基板和合成纤维板。

纸基板价格低廉，但性能较差，可用于低频和要求不高的场合。玻璃布基板和合成纤维板价格较高，但性能较好，可用于高频和高档电子产品中。当频率高于数百兆时，则必须用聚四氟乙烯等介电常数和介电损耗更小的材料作基板。

（4）按覆铜板黏结剂树脂的不同，印制电路板分为酚醛覆铜板、环氧覆铜板、聚四氟乙烯覆铜板等。

常用覆铜板的规格、特性见表 6-1。

表 6-1   常用覆铜板的规格和特性

名称	标称厚度（mm）	铜箔厚度（μm）	特点	应用
酚醛纸质覆铜板	1.0，1.5，2.0，2.5，3.0，3.2，6.4	50～70	价格低，阻燃强度低，易吸水，不耐高温	中低档民用品，如收音机、录音机等
环氧纸质覆铜板	1.0，1.5，2.0，2.5，3.0，3.2，6.4	35～70	价格高于酚醛纸板，机械强度好，耐高温，潮湿性较好	工作环境好的仪器、仪表及中档以上民用电器
环氧玻璃布覆铜板	0.2，0.3，0.5，1.0，1.5，2.0，2.5，3.0，5.0，6.4	35～50	价格较高，性能优于环氧酚醛纸板且基板透明	工业、计算机等高档电器
聚四氟乙烯覆铜板	0.25，0.3，0.5，0.8，1.0，1.5，2.0	35～50	价格高，介电常数低，介质损耗低，耐高温，耐腐蚀	高频、高速电路、航空航天等
聚酰亚胺柔性覆铜板	0.5，0.8，1.2，1.6，2.0	12～35	可挠性，质量轻	各种需要使用挠性电路的产品

实际电子产品和装置中使用的印制板千差万别，最简单的可以只有几个焊点，一般电子产品中印制板焊点数在数十到数百个，焊点数超过 600 个就属于较为复杂的印制板，如计算机主板。

6.1.3   印制电路板的组成

1. 板层（Layer）

板层分为覆铜层和非覆铜层，平常所说的几层板是指覆铜层的层数。一般在覆铜层上放置焊盘、线条等完成电气连接；在非覆铜层上放置元件描述字符或注释字符等；还有一些层面用来放置一些特殊的图形来完成一些特殊的作用或指导生产。

覆铜层包括顶层（又称元件面）、底层（又称焊接面）、中间层、电源层、地线层等；非覆铜层包括印记层（又称丝网层）、板面层、禁止布线层、阻焊层、助焊层、钻孔层等。

对于一个批量生产的电路板而言，通常在印制板上铺设一层阻焊剂，阻焊剂一般是绿色或棕色，除了要焊接的地方外，其他地方根据电路设计软件所产生的阻焊图来覆盖一层阻焊剂，这样可以快速焊接，并防止焊锡溢出引起短路；而对于要焊接的地方，通常是焊盘，则要涂上助焊剂。

为了让电路板更具有可读性，便于安装与维修，一般在顶层上印一些文字或图案，如图 6-10 中的 R1、R2 等，这些文字或图案用于对电路进行说明，通常放在丝网层上，在顶层的称为顶层丝网层（Top Overlay），而在底层的则称为底层丝网层（Bottom Overlay）。

2. 焊盘（Pad）

焊盘用于固定元器件管脚或用于引出连线、测试线等，它有圆形、方形等多种形状。焊盘的参数有焊盘编号、X 方向尺寸、Y 方向尺寸、钻孔孔径尺寸等。

焊盘分为插针式及表面贴片式两大类，其中插针式焊盘必须钻孔，表面贴片式焊盘无须钻孔。图 6-11 所示为焊盘示意图。

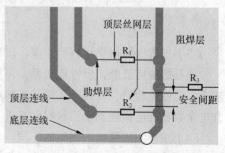

图 6-10   某电路局部印制板图

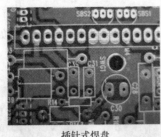

插针式焊盘 　　　　　　　　表面贴片式焊盘

图 6-11　焊盘示意图

3. 过孔（Via）

过孔也称金属化孔。在双面板和多层板中，为连通各层之间的印制导线，在各层需要连通的导线的交汇处钻上一个公共孔，即过孔。在工艺上，过孔的孔壁圆柱面上用化学沉积的方法镀上一层金属，用以连通中间各层需要连通的铜箔，而过孔的上下两面做成圆形焊盘形状，过孔的参数主要有孔的外径和钻孔尺寸。

过孔不仅可以是通孔式，还可以是掩埋式。所谓通孔式过孔是指穿通所有覆铜层的过孔；掩埋式过孔则仅穿通中间几个覆铜层面，仿佛被其他覆铜层掩埋起来。

图 6-12 所示为六层板的过孔剖面图，包括顶层、电源层、中间层 1、中间层 2、地线层和底层。

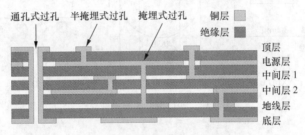

图 6-12　六层板的过孔剖面图

4. 连线（Track、Line）

连线指的是有宽度、有位置方向（起点和终点）、有形状（直线或弧线）的线条。在铜箔面上的线条一般用来完成电气连接，称为印制导线或铜膜导线；在非覆铜面上的连线一般用作元件描述或其他特殊用途。

印制导线用于印制板上的线路连接，通常印制导线是两个焊盘（或过孔）间的连线，而大部分的焊盘就是元件的管脚，当无法顺利连接两个焊盘时，往往通过跳线或过孔实现连接。图 6-13 所示为印制导线走线图，图中为双面板，采用垂直布线法，一层水平走线，另一层垂直走线，两层间印制导线的连接由过孔实现。

5. 元件的封装（Component Package）

元件的封装是指实际元件焊接到电路板时所指示的外观和焊盘位置。不同的元件可以使用同一个元件封装，同种元件也可以有不同的封装形式。

图 6-13　印制导线走线图

在进行电路设计时，要分清楚原理图和印制板中的元件。电原理图中的元件指的是单元电路功能模块，是电路图符号；PCB 设计中的元件是指电路功能模块的物理尺寸，是元件的封装。

元件封装形式可以分为两大类：插针式元件封装（THT）和表面安装式封装（SMT），例如，三极管 8550 有插针式的封装形式 TO-92 和表面安装式的 SOT23 的封装形式，如图 6-14 所示。TO-92 为通孔安装形式，SOT23 为表面安装形式，主要区别在焊盘上。

图 6-14　两种类型元件封装

元件封装的命名一般与管脚间距和管脚数有关，如电阻的封装 AXIAL0.3 中的 0.3 表示管脚间距为 0.3 英寸或 300mil（1 英寸=1000mil）；双列直插式 IC 的封装 DIP8 中的 8 表示集成块的管脚数为 8。元件封装中数值的意义如图 6-15 所示。

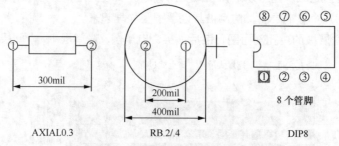

图 6-15　元件封装中数值的意义

6. 金手指

金手指是在 PCB 边缘上设置的镀金连接器的通用名称，它由众多金黄色的导电触片组成，因其表面镀金而且导电触片排列如手指状，所以称为"金手指"。如果要将两块印刷电路板相互连接，一般都会用到金手指。金手指与连接器弹片之间连接，进行压迫接触而导电并互连。连接时，通常将其中一片印刷电路上的金手指插进另一片印刷电路上合适的插槽上。由于金的导电性好，在低温和高温下不被直接氧化，不会生锈，而且电镀加工也非常容易，外观也好看，故电子产品的接点表面几乎都选择电镀金。在计算机中，如图形显示卡、声卡、网卡或是其他类似的界面卡，都是使用金手指（见图 6-16）来实现与主板之间的连接。

图 6-16　金手指

6.1.4 印制电路板的选用

1. 印制电路板种类的选用

印制电路板种类经常选用单面印制板和双面印制板。单面印制板是指将所有元器件布设在一块印制板上，优点是结构简单、可靠性高、使用方便，但改动困难，功能扩展、工艺调试、维修性差。单面印制板常用于分立元件电路，因为分立元件引线少，排列位置便于灵活变换。

双面印制板是指将所有元器件布设在多块印制板上，优缺点与单板结构正好相反。在电路较简单或整机电路功能唯一确定的情况下，可以采用单面印制板，而中等复杂程度以上电子产品应采用多层板结构。双面印制板常用于集成电路较多的电路，特别是双列直插封装式器件。因为器件引线间距小，数目多（少则 8 脚，多则 40 脚或更多），单面布设印制线路不交叉十分困难，较复杂电路几乎无法实现。

2. 印制电路板板材、形状、尺寸和厚度的选择

对于设计者来说，自然希望选用各项指标都上乘的材料，但往往忽略材质在价格上的差异，容易造成产品质量没有明显提高而成本费用却大幅度增加的情况。因此，在选用板材时，必须以性能价格比为标准。以晶体管收音机为例，由于机内线路板本身尺寸小，印制线条宽度较大，使用环境良好，整机售价低廉，所以在选材时应主要考虑价格因素，选用酚醛纸质覆铜板即可，没有必要选用高性能的环氧玻璃布覆铜板，否则成本太高，对产品的销售十分不利。

印制电路板的形状由整机结构和内部空间位置的大小决定。外形应该尽量简单，一般为长宽比例不太悬殊的长方形，避免采用异形板；因为印制板生产厂家的收费标准多是根据制板的工艺难度和制板面积决定的，要按照整板是矩形来计算制板面积。异形版面不仅会增加制板难度和成本，而且被剪切掉的部分往往也需要照价收费。

印制板尺寸的确定要从整机的内部结构和板上元器件的数量、尺寸及安装、排列方式来决定，并要注意印制板尺寸应该接近标准系列值。元器件之间要留有一定间隔，特别是在高压电路中，更应该留有足够的间距；在考虑元器件所占用的面积时，要注意发热元器件安装散热片的尺寸；在确定了净面积以后，还应当向外扩出 5~10mm，以便于印制板在整机中的安装固定；如果印制板的面积较大、元器件较重或在振动环境下工作，应该采用边框、加强筋或多点支撑等形式加固；当整机内有多块印制板，且是通过导轨和插座固定时，应该使每块板的尺寸整齐一致，这样便于固定与加工。

按照电子行业的标准．覆铜板材的标准厚度有 0.2 mm、0.5 mm、（0.7 mm）、0.8 mm、（1.5 mm）、1.6 mm、2.4 mm、3.2 mm、6.4 mm 等多种。在确定板的厚度时，主要考虑对元器件的承重和振动冲击等因素。如果板的尺寸过大或板上的元器件过重（如大容量的电解电容器或大功率器件等），都应该适当增加板的厚度（如选用 2.0 mm 或以上的覆铜板）或对电路板采取加固措施，否则电路板容易产生翘曲。另外，当线路板对外通过插座连线时，必须注意插座槽的间隙，板厚一般选用 1.5 mm。板材过厚插不进去、过薄则容易造成接触不良。

6.1.5 印制电路板的组装方式

印制板的组装是根据设计文件和工艺规程的要求，将电子元器件按一定的规律、秩序插装到印制电路板上，并用紧固件或锡焊等方式将其固定的装配过程。印制板必须根据产品结构的特点、装配密度以及产品的使用方法、要求来决定组装的方法。印制电路板组装的基本要求主要有元器件引线成型的要求和元器件安装的技术要求。

1. 元器件引线成型的要求

元器件引线在成型前必须进行预加工处理。主要包括引线的校直、表面清洁及搪锡 3 个步骤。引线成型工艺就是根据焊点之间的距离，做成需要的形状，目的是使元器件能迅速而准确地插入孔内。注意不要将引线齐根弯折，要用工具保护好引线的根部，以免损坏元器件，如图 6-17 所示。

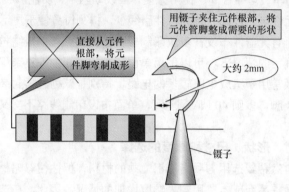

图 6-17　引脚成型

2. 元器件安装的技术要求

元器件安装的技术要求主要有以下几点。

（1）元器件安装后能看清元器件上的标志。

（2）安装元器件的极性不得装错，同一规格的元器件应尽量安装在同一高度上。

（3）安装顺序一般为先低后高，先轻后重，先易后难，先一般元器件后特殊元器件。

（4）元器件在印刷板上的分布应尽量均匀，疏密一致，排列整齐美观。不允许斜排、立体交叉和重叠排列。

（5）元器件外壳和引线不得相碰，要保证 1mm 左右的安全间隙，无法避免时应套绝缘套管。

（6）元器件的引线直径与印刷板焊盘孔应有 0.2~0.4mm 的合理间隙。

元器件安装主要有立式安装与卧式安装两种类型，如图 6-18 和图 6-19 所示。

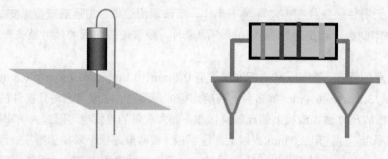

图 6-18　立式安装　　　　　　　图 6-19　卧式安装

立式安装指的是组件主体垂直于电路板进行安装、焊接，其优点是节省空间。在电路组件数量较多，而且电路板尺寸不大的情况下，一般采用立式安装。卧式安装指的是组件主体平行并紧贴于电路板安装、焊接，其优点是组件的机械强度较好。当电路组件数量不多而且电路板尺寸较大时，一般采用卧式安装。

3. 印制电路板组装的工艺流程

（1）手工装配方式流程。

手工装配方式的特点是：设备简单，操作方便，使用灵活；但装配效率低，差错率高，不适应现代化大批量生产的需要。具体流程为：待装元件→引线成型→插件→调整位置→剪切引线→固定位置→焊接检验。

（2）自动装配工艺流程。

对于设计稳定、产量大和装配工作量大而元器件又无须选配的产品，宜采用自动装配方式。自动装配工艺流程框图如图 6-20 所示。

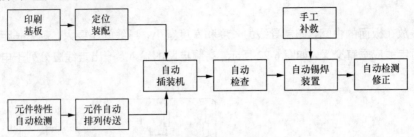

图 6-20　自动装配工艺流程

6.2　印制电路板的设计与制作

印制电路板设计也称印制板排版设计，它是整机工艺设计中的重要一环。其设计质量不仅关系到元件在焊接、装配、调试中是否方便，而且直接影响整机技术性能。

6.2.1　印制电路板设计原则

在给定印制板上，把电子元器件进行合理的排版布局，是设计印制板的第一步。为使整机能够稳定可靠地工作，要对元器件及其连接在印制板上进行合理的排版布局。如果排版布局不合理，就有可能出现各种干扰，以致合理的原理方案不能实现，或使整机技术指标下降。一般有以下设计原则。

1. 电源线设计

根据印制电路板电流的大小，尽量加粗电源线的宽度，减小回路电阻。同时电源线、地线的走向和数据传递的方向一致，有助于增强抗噪声能力。电路板上同时安装模拟电路和数字电路的，它们的供电系统要完全分开。

2. 地线设计

公共地线应布置在板的最边缘，便于印制板安装在机架上。数字地和模拟地尽量分开。如图 6-21 所示，低频电路的地尽量采用单点并联接地，高频电路的地采用多点串联就近接地，地线应短而粗，频率越高，地线应越宽。每级电路的地电流主要在本级地回路中流通，减小级间地电流耦合。

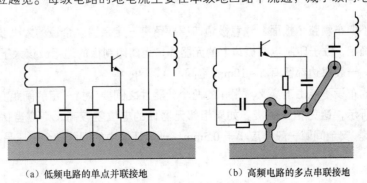

（a）低频电路的单点并联接地　　　　（b）高频电路的多点串联接地

图 6-21　地线设计

3. 信号线设计

通常按照信号的流程逐个安排各个功能电路单元的位置，以每个功能电路的核心元件为中心，围绕它进行布局。

元件的布局应便于信号流通，使信号尽可能保持一致的方向。多数情况下，信号的流向安排为从左到右或从上到下，与输入、输出端直接相连的元件应当放在靠近输入、输出接插件或连接器的地方。

将高频线放在板面的中间，印制导线的长度和宽度宜小，导线间距要大，避免长距离平行走线。双面板的两面走线应垂直交叉，如图 6-22 所示。高频电路的输入、输出走线应分列于电路板的两边，如图 6-23 所示。

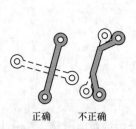

正确　　不正确

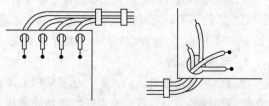

输入　　　　　　　　　输出

图 6-22　双面板两面走线　　图 6-23　高频电路的输入、输出走线分列于电路板的两边

4. 印制导线的对外连接

印制电路板间的互连或印制电路板与其他部件的互连，可采用插头座互连或导线互连。采用导线互连时，为了加强互连导线在印制板上的连接可靠性，印制板一般设有专用的穿线孔，导线从被焊点的背面穿入穿线孔，如图 6-24 所示。

5. 元器件布局原则

把整个电路按照功能划分成若干个单元电路，按照电信号的流向，依次安排各个功能电路单元在板上的位置，其布局应便于信号流通，并使信号流向尽可能保持一致的方向。通常情况

图 6-24　印制电路板上专用的穿线孔

下，信号流向安排应遵循从左到右（左输入、右输出）或从上到下（上输入、下输出）的走向原则。除此之外，还应遵循以下几条原则。

（1）在保证电性能合理的原则下，元器件应相互平行或垂直排列，在整个板面上应分布均匀、疏密一致。

（2）元器件不要布满整个板面，注意板边四周要留有一定余量。余量的大小要根据印制板的面积和固定方式来确定，位于印制电路板边上的元器件，距离印制板的边缘应该大于 2mm。电子仪器内的印制板四周，一般每边都留有 5 ~ 10mm 空间。

（3）元器件的布设不能上下交叉。相邻的两个元器件之间要保持一定的间距。间距不得过小，如图 6-25（a）所示，避免相互碰接。如果相邻元器件的电位差较高，则应当保持安全距离，如图 6-25（b）所示。安全间隙一般不应小于 0.5mm。一般环境中的间隙安全电压是 200V/mm。

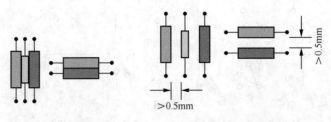

（a）错误的元器件间隙　　　（b）正确的元器件间隙

图 6-25　元器件的布局

（4）通常情况下，不论单面板还是双面板，所有元器件应该布设在印制板的一面，并且每个元器件的引出脚要单独占用一个焊盘。

（5）元器件的安装高度要尽量低，元件体和引线离开板面一般不要超过 5mm，如图 6-26 所示。过高则会导致稳定性变差，容易倒伏或与相邻元器件碰接。

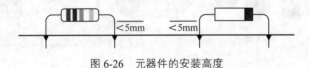

图 6-26　元器件的安装高度

（6）根据印制板在整机中的安装位置及状态，确定元件的轴线方向。规则排列的元器件，应该使体积较大元件的轴线方向在整机中处于竖立状态，可提高元器件在板上的稳定性。

（7）元器件两端焊盘的跨距应该稍大于元件体的轴向尺寸，如图 6-27 所示。引线不要齐根弯折，弯脚时应该留出一定的距离（至少 2mm），以免损坏元器件。

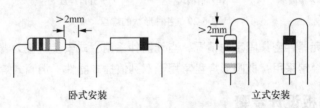

卧式安装　　　　　　　　立式安装

图 6-27　元器件的弯曲成形

6. 印制电路板布线原则

印制导线的形状除了要考虑机械因素、电气因素外，还要考虑美观大方，所以在设计印制导线的图形时，应遵循以下原则。

（1）同一印制板的导线宽度（除电源线和地线外）最好一致。

（2）印制导线应走向平直，不应有急剧的弯曲和尖角，所有弯曲与过渡部分均用圆弧连接。

（3）印制导线应尽可能避免有分支，如必须有分支，分支处应圆滑。

（4）印制导线应避免长距离平行布设，对双面布设的印制线不能平行布设，应交叉布设。

（5）如果印制板面需要有大面积的铜箔，例如电路中的接地部分，则整个区域应绕制成栅状，这样在浸焊时能迅速加热，并保证涂锡均匀。此外，还能防止板受热变形，防止铜箔翘起和剥落。

（6）当导线宽度超过 3mm 时，最好在导线中间开槽成两根并联线。

（7）印制导线由于自身可能承受附加的机械应力，以及局部高电压引起的放电现象，因此，尽可能地避免出现尖角或锐角拐弯，一般优先选用和避免采用的印制导线形状如图 6-28 所示。

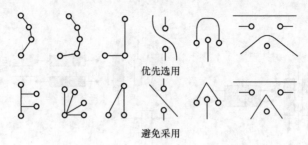

图6-28　一般优先选用和避免采用的印制导线形状

（8）焊盘。焊盘在印制电路中起固定元器件和连接印制导线的作用，焊盘线孔的直径一般比引线直径大 0.2 ~ 0.3mm。常见的焊盘形状有岛形焊盘、圆形焊盘、方形焊盘、椭圆形焊盘、泪滴式焊盘、开口焊盘和多边形焊盘，如图6-29所示。

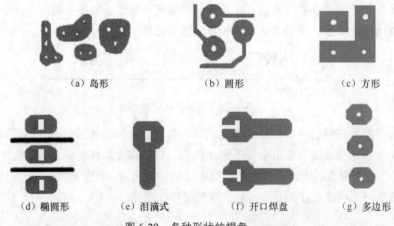

（a）岛形　　　　　（b）圆形　　　　　（c）方形

（d）椭圆形　　（e）泪滴式　　（f）开口焊盘　　（g）多边形

图6-29　各种形状的焊盘

岛形焊盘常用于元器件密集固定的情况，当元器件采用立式安装时更为普遍；方形焊盘设计制作简单，手工制作时经常采用；椭圆形焊盘常用于双列值插式器件；泪滴式焊盘常用于高频电路。

6.2.2　印制电路板设计步骤

这里介绍的印制电路板设计方法不仅适用于简单印制电路板的设计，也适用于大部分复杂印制电路板的设计，只是每一个流程中复杂程度不同而已。

1. 选定印制电路板的材料、板厚和板面尺寸

在设计选用时，应根据产品的电气性能和机械特性及使用环境选用不同的覆铜板。根据电路的功能和产品的设计要求，确定印制电路板的外形和尺寸。在实际生产过程中，为了降低生产成本，通常将几块小的印制电路板拼成一个大的矩形板，如图6-30所示，待装配、焊接后再沿工艺孔裁开。

图6-30　几块小的印制电路板拼成大的矩形板

2. 认真校核原理图

任何印制电路板的设计都离不开原理图。原理图的准确性是印制电路板正确与否的前提和依据。所以，在设计印制电路板之前，必须对原理图的信号完整性进行认真、反复的校核，保证器件相互间的连接正确。

需要对所选用元器件及各种插座的规格、尺寸和面积等特性参数有完全的了解；对各部件的位置进行合理、仔细的考虑，主要从电磁兼容性、抗干扰能力、走线长度、交叉点的数量、电源与地线的通路及退耦等方面考虑。

3. 器件选型

元器件的选型，对印制电路板的设计来说也是一个十分重要的环节。相同功能、参数的器件，封装方式可能有所不同。封装不一样，印制电路板上元器件的焊孔就不同。所以，在着手设计印制电路板之前，一定要先确定各种元器件的封装形式。元器件的封装是指实际元件焊接到电路板时所指示的外观和焊盘位置。不同的元件可以使用同一个元件封装，同种元件也可以有不同的封装形式。

在进行电路设计时要分清楚原理图和印制电路板中的元件，电原理图中的元件指的是单元电路功能模块，是电路图符号；印制电路板设计中的元件是指电路功能模块的物理尺寸，是元件的封装。

元件封装形式可以分为两大类：插针式元件封装（THT）和表面安装式封装（SMT）。图 6-31 所示为双列 14 脚 IC 的封装图，主要区别在焊盘上。

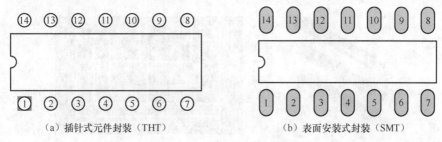

（a）插针式元件封装（THT）　　　　（b）表面安装式封装（SMT）

图 6-31　双列 14 脚 IC 的封装图

4. 印制电路板的布局设计

一台性能优良的仪器、仪表，除选择高质量的元器件、合理的电路外，印制电路板的元器件布局是决定仪器能否可靠工作的一个关键因素。

印制电路板上元器件的布局应遵循"先大后小，先难后易"的布置原则，即重要的单元电路、核心元器件应当优先布局；布局过程中应参考原理图，根据单板的主信号流向规律安排主要元器件；布局应尽量满足总的连线尽可能短，关键信号线最短，高电压、大电流信号与小电流、低电压的弱信号完全分开；模拟信号与数字信号分开；高频信号与低频信号分开；高频元器件的间隔要充分。设置合理的元器件布局栅格参数，例如对一般 IC 器件布局，表面贴装元件布局时，栅格应为 50~100mil，小型表面安装器件栅格设置应不少于 25mil。

5. 印制电路板的布线

（1）导线布线。

导线布线包括导线宽度、导线间距和导线形状。对于低阻抗信号，需要使用宽导线，如果是高阻抗信号线，导线应尽可能地宽，以防在蚀刻时产生开路。对于没有电气连接的任何引脚之间的最小间距没有具体标准。但是，当电压超过 30V 时，一般设置导线间距的平均值为 2mm。印制电路板上的导线形状要考虑到是否会影响电路的电气性能。

（2）电源线和地线。

印制电路板的导线可分为电源线、地线和信号线 3 种，这 3 种导线的宽度各不相同，其关系为：地线宽度>电源线宽度>信号线宽度。通常信号线宽度为 0.2~0.3mm，电源线宽度为 1.2~2.5mm，地线宽度为 2.5mm 以上。电源线应与地线紧紧布设在一起，以减小电源线耦合引起的干扰。印制电路板上的公共地线应尽可能地布置在印制电路板的边缘，以便于印制电路板安装并能与地线相连。

6. 文档资料

文档资料是印制电路板设计和制造过程中最重要的一部分。建立一份完整的文档文件，应包括封面、原理图、材料单、元器件清单、制造说明、钻孔表、印制电路板版面布局。

6.2.3 手工制作印制电路板的常用方法

印制电路板是电子电路的载体，任何电路设计都需要落实到电路板上，才可以实现其功能。正规生产印制电路板过程比较复杂，如果设计的电路比较简单或者只是在调试阶段可采用手工制作法。

1. 雕刻法

将印制电路板图用复写纸复写到覆铜板的铜箔面，使用图 6-32 所示的钢锯片磨制的特殊雕刻刀具或者美工刀，直接在覆铜板上用力刻画，尽量切割到深处，然后再刮去图形以外不需要的铜箔，保留电路图的铜箔走线。此法要求刻画的力度要够，容易手酸，适合制作一些铜箔走线比较平直、走线简单的小电路板，如图 6-33 所示。

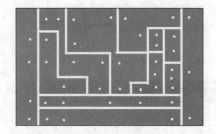

图 6-32　美工刀　　　　　　　　图 6-33　刀刻电路板

2. 手工描绘法

首先将设计好的铜箔图形用复写纸复写到覆铜板的铜箔面上，如图 6-34 所示。注意在描绘过程中一定要遵循"横平竖直"的原则。

焊接面图纸

复写纸

覆铜板

按照"横平竖直"的要求，用圆珠笔比着尺子将图纸（线路及孔）描绘一遍

注意：
（1）不能遗漏；
（2）用力适当。

图 6-34　电路图印到覆铜板上并描绘

描绘完毕后，取下图纸和复写纸，并在覆铜板上粘贴一层透明胶带纸，可以保护覆铜板上需要保留的铜箔不被蚀刻液腐蚀掉。然后用刻刀沿图纸中的导线重新刻绘一遍，如图 6-35 所示。

刻完后，将非阴影部分（需要腐蚀去的）的透明胶带小心撕去，去胶带时要小心细致，避免出现撕裂和遗漏的现象，可借助镊子、刻刀等工具去除胶带。如果去除胶带的部分还有胶质残留，可借助橡皮将胶质残留去除，注意不可用力过大，避免将应保留部分的胶带损坏。最后将前面处理好的附着胶带的覆铜板放入盛有腐蚀液（FeCl₃ 腐蚀溶液）的容器中浸泡，并来回晃动。为了加快腐蚀速度，可提高腐蚀液的浓度并加温，但温度不应超过 50℃，否则会破坏覆盖膜，使其脱落。待未附着胶带部分的覆铜完全被置换，露出基板，立即将覆铜板取出，用清水冲洗干净，晾干。

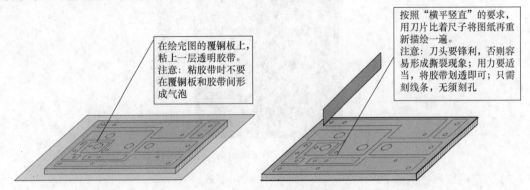

图 6-35　覆铜板上粘贴胶带并刻绘

3. 热转印法

（1）设计 PCB 图。

采用计算机辅助设计，可选用 Altium Desinger 制图软件或其他制图软件设计好 PCB 图，如图 6-36 所示。

（2）打印 PCB 图。

把设计好的 PCB 图通过激光打印机按照 1:1 比例打印到转印纸上，如图 6-37 所示。

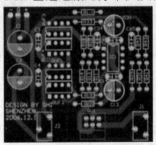 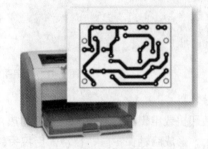

图 6-36　设计 PCB 图　　　　图 6-37　将印制电路板图打印到转印纸上

（3）选材及下料。

如图 6-38、图 6-39 所示，根据电路的电气功能和使用的环境条件选取合适的印制电路板材质，选好一块大小合适的覆铜板，用细砂纸打磨，去掉氧化层，并按实际设计尺寸剪裁覆铜板，并用平板锉刀或砂布将四周打磨平整、光滑，去除毛刺。

图 6-38　剪裁覆铜板　　　　图 6-39　清洁板面 1

（4）清洁板面。

先将准备加工的覆铜板的铜箔用水磨砂纸打磨光亮，然后加水清洁，用布或棉签将板面擦亮，如图 6-40 所示，最后再用干布擦干。

图 6-40　清洁板面 2

（5）固定图纸和覆铜板。

将打印好的 PCB 图剪下来，固定图纸和准备好的覆铜板，可以选用耐高温胶带等固定，如图 6-41 所示。

图 6-41　固定图纸和覆铜板

（6）图形转印。

借助于热转印机或电熨斗，以适当的温度加热，转印纸原先打印上去的图形就会受热融化，并转移到铜箔面上，形成腐蚀保护层，待冷却后揭去转印纸，如图 6-42 所示。

（7）揭去转印纸。

经过热转印机来回压几次后，取出固定在一起的转印纸和覆铜板，揭去转印纸，如图 6-43 所示，电路图就留在覆铜板上。如果线路不清晰或遗漏，用修改笔将其补充完整。

 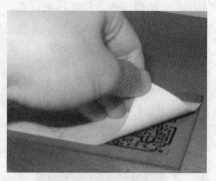

图 6-42　图形转印　　　　　　图 6-43　揭去转印纸

（8）腐蚀。

将处理好的覆铜板放入盛有 $FeCl_3$ 腐蚀液的腐蚀桶中进行腐蚀。待板上裸露的铜箔全部腐蚀掉后，立即将覆铜板从腐蚀液中取出，如图 6-44 所示。

图 6-44 腐蚀

（9）清水冲洗。

用清水冲洗腐蚀好的覆铜板，并用干净的抹布将其擦干，清水冲洗后的电路板如图 6-45 所示。

（10）除去保护层及修板。

用砂纸将腐蚀好的覆铜板打磨干净，露出了闪亮的铜箔，并再一次与原图对照，使导电条边缘平滑无毛刺，焊点圆润。用刻刀修整导电条的边缘和焊盘。除去保护层的电路板如图 6-46 所示。

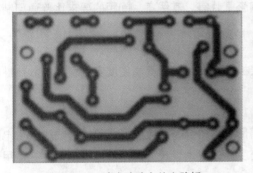

图 6-45 清水冲洗完的电路板　　　　图 6-46 除去保护层的电路板

（11）钻孔。

用自动打孔机或高速钻床进行打孔。孔一定要钻在焊盘的中心且垂直于板面，保证钻出的孔光洁、无毛刺。

（12）涂助焊剂。

将钻好孔的电路板放入 5%～10%稀硫酸溶液中浸泡 3～5min。取出后用清水冲洗，然后将铜箔表面擦至光洁明亮为止。最后将电路板烘烤至烫手时即可喷涂或刷涂助焊剂，助焊剂可选用松香酒精溶液，待助焊剂干燥后，就可得到所需要的印制电路板。

这种方法比常规制版印制的方法更简单，而且现在大多数的电路都是使用计算机制电路板。激光打印机也相当普及，所以工艺实现比较容易。

6.3 印制电路板的发展趋势

由于集成电路和表面安装技术的发展，电子产品迅速向小型化、微型化方向发展。作为集成电路载体和互联技术核心的印制电路板也在向高密度、多层化、高可靠方向发展，目前还没有一种互联技术能够取代印制电路板的作用。印制电路板新的发展主要集中在高密度板、多层板和特殊印制板三个方面。

1. 高密度板

电子产品微型化要求尽可能缩小印制板的面积，大规模集成电路的发展导致芯片对外引线数的增加，而芯片面积不断减小，解决的办法是增加印制板上的布线密度。增加密度的关键有两个，一是减小线宽或间距，二是减小过孔的孔径。

2. 多层板

多层板是在双面板的基础上发展而来的，除了双面板的制造工艺外，还有内层板的加工、层间定位、叠压、黏合等特殊工艺。目前多层板以 4~6 层为主，如计算机主板、工控机 CPU 板等。在巨型机等领域内则使用可达到几十层的多层板。

3. 特殊印制板

在高频电路及高密度装配中用普通印制板往往不能满足要求，各种特殊印制板应运而生并在不断发展。

（1）微波印制板。

在高频（几百兆赫兹以上）条件下工作的印制电路板，对材料、布线和布局都有特殊要求，例如印制导线线间和层间分布参数的作用以及利用印制板制作出电感、电容等印制元件。微波电路板除采用聚四氟乙烯板以外，还有复合介质基片和陶瓷基片等，其线宽、间距的要求比普通印制板高出一个数量级。

（2）金属芯印制板。

金属芯印制板可以看作一种含有金属层的多层板，主要用于提高高密度安装引起的散热性能，且金属层有屏蔽作用，有利于解决干扰问题。

（3）碳膜印制板。

碳膜印制板是在普通单面印制板上制成导线图形后再印制一层碳膜形成跨接线或触点（电阻值符合设计要求）的印制板。它可使单面板实现高密度、低成本、良好的电性能及工艺性，适用于电视机、电话机等家用电器。

（4）印制电路与厚膜电路的结合。

将电阻材料和铜箔顺序黏合到绝缘板上，用印制电路板工艺制成需要的图形，在需要改变电阻的地方用电镀加厚的方法减小电阻，用腐蚀方法增加电阻，制造印制电路和厚膜电路相结合的新的内含元器件的印制板，从而在提高安装密度、降低成本方面开辟了新的途径。

第 7 章

焊接技术

焊接技术有工业裁缝之称，任何电子元器件成品在制作过程中都离不开这一步。通过对常用焊接技术、锡焊机理、手工及其他焊接方法的介绍，有利于读者对电子工艺技术知识进一步深入了解。本章从理论上系统地讲解了各类焊接方法及其优缺点，对各类焊接技术进行了普及。

7.1 常用焊接技术

焊接是一种以加热、高温或者高压的方式接合金属或其他热塑性材料如塑料的制造工艺及技术，这里重点讲解金属的焊接。依据焊接过程中金属所处的状态及工艺的特点，可以将焊接方法分为熔化焊、压焊和钎焊三大类。

7.1.1 熔化焊

熔化焊简称熔焊，是指在焊接过程中，焊件接头加热至熔化状态，不加压力完成焊接的方法。熔化焊的基本原理是指将填充金属（如焊条）和工件的连接区基体材料共同加热至熔化状态，在连接处形成熔池，熔池中的液态金属冷却凝固后形成牢固的焊接接头，使分离工件连接成为一个整体，连接处形成一条焊缝，熔化焊焊缝的形成是在高温热源的作用下，填充金属（如焊条）和基体金属发生局部熔化。熔池前部的熔化金属被电弧吹力吹到熔池后部，迅速冷却结晶。随着热源不断移动，从而形成连续的致密层状组织焊缝。常用的熔化焊有电弧焊、气焊、激光焊等。

1. 电弧焊

电弧焊是指以电弧作为热源，利用空气放电的物理现象，将电能转换为焊接所需的热能和机械能，从而达到连接金属的目的。电弧焊主要采用的方法有焊条电弧焊、埋弧焊、气体保护焊等。

（1）焊条电弧焊是工业生产中应用最广泛的焊接方法，将要焊接的金属作为一极，焊条作为另一极，两极接近时产生电弧，利用电弧放电（俗称电弧燃烧）所产生的热量将焊条与工件互相熔化并在冷凝后形成焊缝，从而获得牢固接头的焊接过程。焊条电弧焊如图 7-1 所示。

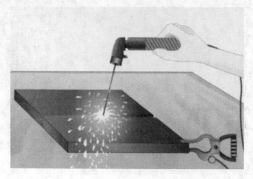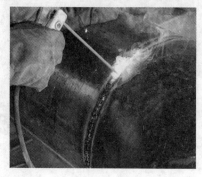

图 7-1　焊条电弧焊

焊接时，电弧在焊条与被焊工件之间燃烧，使被焊工件和焊条芯熔化形成熔池。同时，焊条药皮也被熔化，并发生化学反应，形成熔渣和气体，对焊条端部、熔滴、熔池及高温的焊缝金属起保护作用。

（2）埋弧焊。焊接时，电弧在一层颗粒状的可熔化的焊剂覆盖下燃烧进行的焊接，故称埋弧焊。埋弧焊如图 7-2 所示。

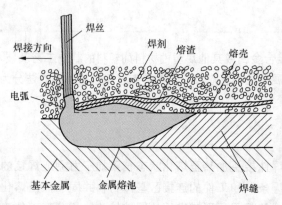

图 7-2　埋弧焊

埋弧焊的电弧是埋在颗粒状焊剂下面燃烧，电弧热使电弧直接作用的工件（图中的基本金属）部分、焊丝端部和焊剂熔化并产生蒸发的气体，金属和焊剂蒸发的气体在电弧周围形成一个封闭空腔，电弧在这个空腔中燃烧。空腔被由焊剂熔化产生的熔渣所构成的渣膜所包围，这层渣膜不仅很好地隔绝了空气与电弧、熔池的接触，而且使弧光不能辐射出来。被电弧加热熔化的焊丝以熔滴的形式落下，与熔化的工件金属混合形成熔池。密度较小的熔渣浮在熔池之上，熔渣除了对熔池金属的机械隔离起保护作用外，焊接过程中还与熔池金属发生冶金反应，从而影响焊缝金属的化学成分。电弧向前移动，熔池金属逐渐冷却后结晶形成焊缝，浮在熔池上部的熔渣冷却后，形成熔壳继续对高温下的焊缝起保护作用，避免其被氧化。

（3）利用气体作为电弧介质并保护电弧和焊接区的电弧焊称为气体保护电弧焊，简称气体保护焊。

气体保护焊通常按照电极是否熔化和保护气体不同，分为非熔化极（钨极）惰性气体保护焊（TIG）和熔化极气体保护焊（GMAW）。熔化极气体保护焊包括惰性气体保护焊（MIG）、氧化性混合气体保护焊（MAG）、CO_2 气体保护焊、管状焊丝气体保护焊（FCAW）。

采用纯 CO_2 气体作为保护气体的焊接方法称为 CO_2 气体保护焊（简称 CO_2 焊）。由于 CO_2 气体保护焊成本低和效率高，现已成为黑色金属的主要焊接方法。CO_2 气体保护焊如图 7-3 所示。

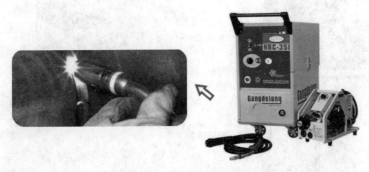

图 7-3　CO_2 气体保护焊

氩弧焊是使用氩气作为保护气体的一种焊接技术，按照电极的不同分为非熔化极氩弧焊和熔化极氩弧焊两种。非熔化极氩弧焊是电弧在非熔化极（通常是钨极）和工件之间燃烧，在焊接电弧周围通过氩气形成一个保护气罩，使钨极端部、电弧和熔池及已处于高温的金属不与空气接触，能防止电弧氧化和吸收有害气体。从而形成致密的焊接接头，其力学性能非常好。熔化极氩弧焊是在母材与焊丝之间产生电弧，使焊丝和母材熔化，并用惰性气体氩气保护电弧和熔融金属来进行焊接的。随着熔化极氩弧焊的技术应用，保护气体已由单一的氩气发展出多种混合气体的广泛应用，如以氩气或氦气为保护气体时称为熔化极惰性气体保护电弧焊（在国际上简称为 MIG 焊）；以惰性气体与氧化性气体（O_2、CO_2）混合气为保护气体时，或以 CO_2 气体或 CO_2+O_2 混合气为保护气体时，统称为熔化极活性气体保护电弧焊（在国际上简称为 MAG 焊）。

2. 气焊

气焊是利用可燃气体与助燃气体混合燃烧生成的火焰为热源，熔化焊件和焊接材料使之达到原子间结合的一种焊接方法。特点是设备简单不需用电。气焊设备组成及焊接过程如图 7-4 所示。

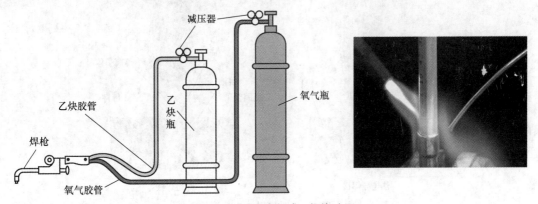

图 7-4　气焊设备组成及焊接过程

气焊所使用的焊接材料主要包括可燃气体、助燃气体、焊丝、气焊熔剂等。设备主要包括氧气瓶、乙炔瓶（如采用乙炔作为可燃气体）、减压器、焊枪、胶管等。由于所用储存气体的气瓶为压力容器，其内气体为易燃易爆气体，所以该方法是所有焊接方法中危险性最高的一种。

3. 激光焊

激光焊是一种以聚焦的激光束作为能源进行焊接的方法。激光焊具有热输入低，焊接变形小，不受电磁场影响等特点。而且由于激光具有折射、聚焦等光学性质，使得激光焊非常适合于微型零件和可达性很差部位的焊接。图 7-5 所示为手持式激光焊接机的组成及焊接示意图。

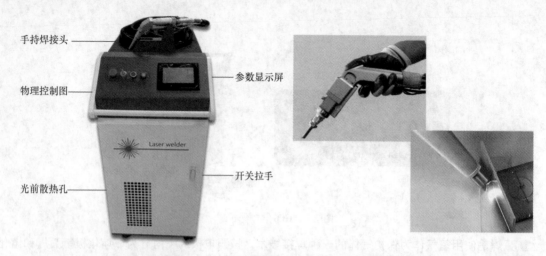

图 7-5　手持式激光焊接机的组成及焊接示意图

激光焊接有两种基本模式：激光热导焊和激光深熔焊。激光热导焊所用的激光功率密度较低（ $10^5 \sim 10^6 \text{W/cm}^2$ ），工件吸收激光后，仅使其表面熔化，然后依靠热传导向工件内部传递热量形成熔池，这种焊接模式熔深浅，深宽比较小。激光深熔焊的激光功率密度高（ $10^6 \sim 10^7 \text{W/cm}^2$ ），工件吸收激光后迅速熔化至气化，熔化的金属在蒸气压力作用下形成小孔，激光束可直照孔底，使小孔不断延伸，直至小孔内的蒸气压力与液体金属的表面张力和重力平衡为止。深熔焊过程产生的金属蒸气和保护气体，在激光作用下发生电离，从而在小孔内部和上方形成等离子体。小孔的形成和等离子体效应，使焊接过程中具有特征的声、光和电荷产生，小孔随着激光束沿焊接方向移动时，小孔前方熔化的金属绕过小孔流向后方，凝固后形成焊缝。这种焊接模式熔深大，深宽比也大。激光焊工艺过程如图 7-6 所示。

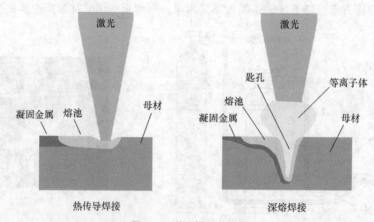

图 7-6　激光焊工艺过程

7.1.2　压焊

压焊俗称固态焊，是在压力（或同时加热）作用下，在被焊的分离金属结合面产生塑性变形而使金属连接成为整体的焊接工艺。这类焊接有两种形式，可加热后施压，亦可直接冷压焊接，其压接接头较牢固。

1. 加热施压

加热施压是将被焊金属接触部分加热至塑性状态或局部熔化状态，然后施加一定的压力，以使金属原子间相互结合形成牢固的焊接接头。如锻焊、接触焊、摩擦焊、气压焊、电阻焊、超声波焊等就是这种类型的压力焊方法。

电阻焊是将被焊工件压紧于两电极之间，并通以电流，利用电流流经工件接触面及邻近区域产生的电阻热将其加热到熔化或塑性状态，使之形成金属结合的一种方法。

电阻焊主要有点焊、缝焊、凸焊和对焊。点焊是一种高速经济的连接方法；缝焊主要适用于油桶、罐头罐、暖气片、飞机和汽车油箱的薄板焊接；凸焊主要用于焊接低碳钢和低合金钢的冲压件；对焊时，两工件端面相接触，经过电阻加热和加压后沿整个接触面被焊接起来。电阻焊及其焊接方式如图 7-7 所示。

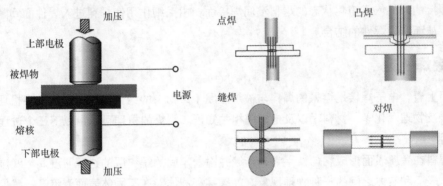

图 7-7　电阻焊及其焊接方式

2. 冷压

冷压是不进行加热，仅在被焊金属接触面上施加足够大的压力，借助于压力所引起的塑性变形，以使原子间相互接近而获得牢固的压挤接头，这种压力焊的方法有冷压焊、爆炸焊等。

7.1.3　钎焊

钎焊是指低于焊件熔点的钎料和焊件同时加热到钎料熔化温度后，利用液态钎料填充固态工件的缝隙使金属连接的焊接方法。钎焊是在已加热的工件金属之间，熔入低于工件金属熔点的焊料，借助焊剂的作用，依靠毛细作用，使焊料浸润工件金属表面，并发生化学变化，生成合金层，从而使工件金属与焊料结合为一体。

根据焊料熔点的不同，钎焊又可分为硬钎焊和软钎焊。焊料的熔点高于 450℃ 的焊接称为硬钎焊；焊料的熔点低于 450℃ 的焊接称为软钎焊。电子产品安装工艺中的"电子焊接"就是软钎焊的一种，主要使用锡、铅等低熔点的合金材料作为焊料，俗称"锡焊"，如图 7-8 所示。

图 7-8　锡焊

7.2 锡焊的机理及要求

电子产品生产中的电子焊接广泛采用了锡焊技术。锡焊是将焊件和熔点比焊件低的焊料共同加热到锡焊温度，在焊件不熔化的情况下，焊料熔化并浸润焊接面，依靠两者原子的扩散形成焊件的连接。其主要特征有以下三点。

（1）焊料熔点低于焊件。

（2）焊接时，将焊料与焊件共同加热到锡焊温度，焊料熔化而焊件不熔化。

（3）焊接的形成依靠熔化状态的焊料浸润焊接面，由毛细作用使焊料进入焊件的间隙，形成一个合金层，从而实现焊件的结合。

7.2.1 锡焊机理

从表面上看，电子焊接是熔融的焊料与被焊金属（母材）的结合过程，但其微观机理是非常复杂的，它涉及物理、化学、材料学以及电学等相关知识。锡焊的机理可以由以下三个过程来表述。

1. 润湿

熔融焊料在金属表面形成均匀、平滑、连续并附着牢固的焊料层的过程叫浸润或润湿。润湿是发生在固体表面和液体之间的一种物理现象。如果某种液体能在某固体表面漫流开，我们就说这种液体能润湿该固体表面。例如，水能在干净的玻璃表面漫流，而水银就不能，我们就说水能润湿玻璃，而水银不能润湿玻璃。

从力学的角度来讲，不同的液体和固体，它们之间相互作用的附着力和液体的内聚力是不同的。当附着力大于内聚力时，就形成漫流，即润湿；当内聚力大于附着力时，液体会成珠状在固体表面滚动，即不润湿。那么从液体与固体接触的形状，就可以区分两者是否润湿。我们可从液体与固体接触的边沿，沿液体表面作切线，这条切线在液体内部与固体表面之间形成一个夹角（接触角）。如图 7-9 所示，当 $\theta>90°$ 时，焊料不润湿焊件；当 $\theta=90°$ 时，焊料润湿性能不好；当 $\theta<90°$ 时，焊料润湿性能较好，且 θ 角越小，浸润性能越良好。

$\theta>90°$ $\theta=90°$ $\theta<90°$

图 7-9 接触角

2. 扩散

将一个铅块和金块表面加工平整后，紧紧压在一起，经过一段时间后，二者会"粘"在一起，如果用力把它们分开，就会发现银灰色铅的表面有金光闪烁，而金块的表面上也有银灰色的铅踪迹，这说明两块金属接近到一定距离时能相互"入侵"，这在金属学上称为扩散现象。从原子物理的观点出发，可以认为扩散是由于原子间的引力而形成的。这种发生在金属界面上扩散的结果，使两块金属结合成一体，从而实现了两块金属间的"焊接"，如图 7-10 所示。

两种金属间的相互扩散是一个复杂的物理化学过程。

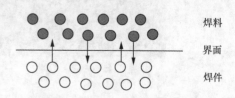

焊料

界面

焊件

图 7-10 焊料与焊件扩散示意图

如用锡铅焊料焊接铜件时，焊接过程中既有表面扩散，也有晶界扩散和晶内扩散。锡铅焊料中的铅原子只参与表面扩散，不向内部扩散，而锡原子和铜原子则相互扩散，这是不同金属性质决定的选择扩散。正是由于扩散作用，形成了焊料和焊件之间的牢固结合。金属间的扩散不是在任何情况下都会发生的，而是有条件的。一是距离，两块金属必须接近到足够小的距离时，两块金属的原子间引力的作用才会发生。二是温度，只有在一定温度下，金属分子才具有一定的动能，才可以挣脱自身其他金属分子对它的束缚力，进入另一种金属层，扩散才得以进行。

3. 结合层

焊料在润湿焊件的过程中，焊料和焊件界面上会产生扩散现象，这种扩散的结果，使得焊料和焊件的界面上形成一种新的金属层，我们称之为结合层，如图 7-11 所示。

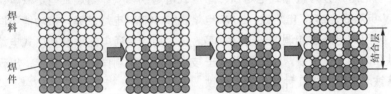

图 7-11　结合层

结合层的成分既不同于焊料，又不同于焊件，而是一种既有化学作用（生成化合物，例如 Cu_6Sn_5，Cu_2Sn 等），又有冶金作用（形成合金固溶体）的特殊层。正是由于结合层的作用，将焊料与焊件结合成一个整体，实现了金属的连接即焊接。

形成结合层是锡焊的关键。如果没有形成结合层，仅仅是焊料堆积在母材上，则称为虚焊。铅锡焊料和铜在锡焊过程中生成结合层，厚度为 $1.2 \sim 10 \mu m$，由于润湿扩散过程是一种复杂的金属组织变化和物理冶金过程，结合层的厚度过薄或过厚都不能达到最好的性能实践，厚度为 $1.2 \sim 3.5 \mu m$ 的结合层焊接强度最高，导电性能最好。

7.2.2　锡焊要求

1. 焊接表面必须保持清洁

由于长期存储和污染等原因，焊件的表面可能产生有害的氧化膜、油污等，即使是可焊性好的焊件也可能存在。所以，在实施焊接前也必须清洁表面，否则难以保证焊接的质量。

2. 焊接时，温度、时间要适当，加热均匀

焊接时，要保证焊点牢固，就需要适当的焊接温度。在足够高的温度下，焊料才能充分浸湿，并充分扩散形成合金层。过高的温度是不利于焊接的。焊接时间对焊锡、焊接元件的浸湿性、结合层形成有很大影响。准确地掌握焊接时间是优质焊接的关键。

3. 焊点要有足够的机械强度

为保证被焊焊件在受到振动或冲击时不至脱落、松动，因此，要求焊点要有足够的机械强度。为使焊点有足够的机械强度，一般可采用把元器件的引线端子打弯后再焊接的方法，但不能用过多的焊料堆积，这样容易造成虚焊、焊点与焊点的短路。

4. 焊接必须可靠，保证导电性能

虚焊是指焊料与被焊物表面没有形成合金结构，只是焊料简单地依附在被焊金属的表面上。在焊接时，如果只有一部分形成合金，而其余部分没有形成合金，这种焊点在短期内也能通过电流，用仪表测量也很难发现问题。但随着时间的推移，没有形成合金的表面被氧化，此时便会出现时通时断的现象，这势必造成产品的质量问题。因此，为使焊点有良好的导电性能，必须防止虚焊。

7.3 焊接工具及材料

7.3.1 电烙铁

电烙铁是电子组装时最常用的工具之一，是手工施焊的主要工具，合理地选择和使用电烙铁是保证焊接质量的基础。

1. 电烙铁的分类

按加热方式将电烙铁分为直热式电烙铁、感应式电烙铁和气体燃烧式电烙铁等；按加热功率将电烙铁分为 20W 电烙铁、25W 电烙铁、30W 电烙铁和 300W 电烙铁等；按功能不同将电烙铁分为单用式电烙铁、两用式电烙铁和调温式电烙铁等。最常用的普通电烙铁是直热式电烙铁，它又可分为外热式电烙铁和内热式电烙铁两种。随着电子技术的发展和制作工艺的需求，出现了新型的温度可控的恒温电烙铁。下面介绍几种常用的电烙铁。

（1）外热式电烙铁。

外热式电烙铁如图 7-12 所示，由烙铁头、烙铁芯、外壳、手柄、电源线和插头等各部分组成。由于烙铁头安装在烙铁芯外面，故称为外热式电烙铁。外热式电烙铁的规格很多，常用的有 25W、45W、75W、100W 等。功率越大烙铁头的温度也就越高。

烙铁芯的功率规格不同，其内阻也不同。25W 电烙铁的阻值约为 $2k\Omega$，45W 电烙铁的阻值约为 $1k\Omega$，75W 电烙铁的阻值约为 $0.6k\Omega$，100W 电烙铁的阻值约为 $0.5k\Omega$。当我们不知道所用的电烙铁的功率时，便可测量其内阻值，按已给的参考阻值加以判断。

外热式电烙铁结构简单，价格较低，使用寿命长，但其体积较大，升温较慢，热效率低。

（2）内热式电烙铁。

内热式电烙铁如图 7-13 所示。由于烙铁芯装在烙铁头里面，故称为内热式电烙铁。内热式电烙铁的烙铁芯是采用极细的镍铬电阻丝绕在瓷管上制成的，外面再套上耐热绝缘瓷管。烙铁头的一端是空心的，它套在电烙铁芯外面，用弹簧夹紧。由于烙铁芯装在烙铁头内部，热量完全传到烙铁头上，升温快，热效率达 85%～90%，烙铁头部温度可达 350℃。20W 内热式电烙铁的实用功率相当于 25～40W 的外热式电烙铁。

图 7-12　外热式电烙铁

图 7-13　内热式电烙铁

内热式电烙铁具有体积小、重量轻、升温快和热效率高等优点，因而在电子装配工艺中得到了广泛的应用。

（3）恒温电烙铁。

恒温电烙铁是通过软磁材料与磁钢的吸合和分离，使加热系统间断地通电和断电，实现温度的自动控制，保持设定的温度不变的一种电烙铁。电控恒温电烙铁如图 7-14 所示。

图 7-14　电控恒温电烙铁

恒温电烙铁的铁头内装有温度控制器，通过控制通电时间而实现温控，即给电烙铁通电时，电烙铁的温度上升，当达到预定的温度时，因强磁体传感器达到了居里点而磁性消失，从而使磁芯触点断开，这时便停止向电烙铁供电；当温度低于强磁体传感器的居里点时，强磁体便恢复磁性，并吸动磁芯开关中的永久磁铁，使控制开关的触点接通，继续向电烙铁供电。如此循环往复，便达到了控制温度的目的。

由于在焊接集成电路、晶体管等元器件时，温度不能太高，焊接时间不能过长，否则就会因温度过高造成元器件的损坏，因而对电烙铁的温度要加以限制，因此可采用恒温电烙铁进行焊接。

（4）吸锡电烙铁。

吸锡电烙铁是将活塞式吸锡器与电烙铁熔为一体的拆焊工具，如图 7-15 所示。它具有使用方便、灵活、适用范围宽等特点。这种吸锡电烙铁的不足之处是每次只能对一个焊点进行拆焊。

可以看出，电烙铁的种类及规格有很多种，而且被焊工件的大小又有所不同，因而合理地选用电烙铁的功率及种类，直接影响焊接质量和效率。如果被焊件较大，使用的电烙铁功率较小，则焊接温度过低，焊料熔化较慢，焊剂不能挥发，焊点不光滑、不牢固，这样势必造成焊接强度以及质量的下降，甚至焊料不能熔化，使焊接无法进行。如果电烙铁的功率太大，则使过多的热量传递到被焊工件上面，使元器件的焊点过热，造成元器件的损坏，致使印刷电路板的铜箔脱落，焊料在焊接面上流动过快，并无法控制。

图 7-15　吸锡电烙铁

选用电烙铁时，可以从以下几个方面进行考虑。

① 焊接集成电路、晶体管及受热易损元器件时，应选用 20W 内热式或 25W 的外热式电烙铁。

② 焊接导线及同轴电缆时，应选用 45~75W 外热式电烙铁，或 50W 内热式电烙铁。

③ 焊接较大的元器件时，如输出变压器的引线脚、大电解电容器的引线脚、金属底盘接地焊片等，应选用 100W 以上的电烙铁。

2. 烙铁头

为了适应不同焊接物的需要，在焊接时通常选用不同形状和体积的烙铁头。烙铁头的形状、体积大小及烙铁的长度都对烙铁的温度热性能有一定的影响。常用烙铁头的形状如图 7-16 所示。

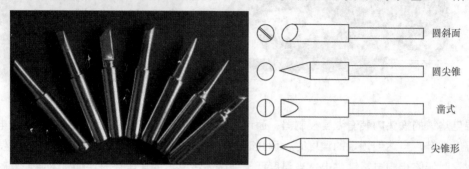

圆斜面

圆尖锥

凿式

尖锥形

图 7-16　常用烙铁头的形状

烙铁头的好坏是决定焊接质量和工作效率的重要因素。一般烙铁头的材质是纯铜的，它的作用是储存和传导热量，它的温度必须比被焊接的材料熔点高。纯铜的润湿和导热性非常好，但它的一个最大的弱点是容易被焊锡腐蚀和氧化，使用寿命短。为了改善烙铁头的性能，可以对铜烙铁头实行电镀处理，常见的有镀镍、镀铁。

烙铁头的预处理：

一般情况下，新的电烙铁通电以前，一定要先放在固体松香表面或浸松香水，再进行加热，否则烙铁头表面会生成难以镀锡的氧化层。

按照规定，电烙铁头应该渗镀铁镍合金，使它具有较强的耐高温氧化性能，这样的合金烙铁头在使用之前不需要进行预处理，只需要在使用之后，镀上一层焊锡即可，所以也称为"长寿命"烙铁头。

目前，市面上销售的一般电烙铁头大多只在紫铜表面镀了一层锌合金。这样的烙铁头在使用之前一般要进行打磨并进行镀锡处理。新烙铁头一般较为平整，只需要用细砂纸将烙铁头前端的镀锌层打磨干净，露出紫铜即可。打磨过的烙铁头应该立即镀锡，方法是将烙铁头放置在松香的表面，然后接通烙铁的电源，如图 7-17 所示，烙铁头的温度慢慢升高后，会逐渐浸没在融化的松香中，待松香呈流动状态时，在烙铁头附近熔化一段焊锡，在松香中来回摩擦，直到烙铁头的打磨部分均匀镀上一层焊锡为止。

松香

图 7-17　烙铁头镀锡

烙铁头在经过一段时间的使用以后，由于高温及助焊剂的作用（松香助焊剂在高温时呈弱酸性，具有一定的腐蚀性），烙铁头往往出现氧化层，表面呈现凹凸不平，这时就需要修整。一般是将烙铁头拿下来，夹到台钳上用粗锉刀修整成自己要求的形状，然后再用细锉刀修平，最后用细砂纸打磨光。在修整时，一般要根据焊接对象的形状和焊点的密集程度，对烙铁头的形状和粗细进行修整。处理过后的烙铁头一定要按前述步骤进行镀锡。

3. 烙铁芯

烙铁芯是电烙铁的关键部件，它是将电热丝平行地绕制在一根空心瓷管上构成的，中间的云母片绝缘，并引出两根导线与 220V 交流电源连接。其具有结构简单、体积小、升温速度快、加热均匀、散热快、发热时无明火、使用安全、发热线路与空气完全隔绝、不产生氧化现象等特点。目前，烙铁芯主要有两种：一种是电阻丝绕制，另一种是电阻浆料烧制。图 7-18 所示为两种不同种类的外热式和内热式烙铁芯的外形。

外热式烙铁芯　　　　内热式烙铁芯

图 7-18　两种不同种类的外热式和内热式烙铁芯的外形

4. 电烙铁的使用方法

为了能使被焊件焊接牢靠，又不烫伤被焊件周围的元器件及导线，根据被焊件的位置、大小及电烙铁的规格大小，适当地选择电烙铁的握法，握法是很重要的。电烙铁的握法可分为三种，如图 7-19 所示。

反握法：如图 7-19（a）所示，就是用五指把电烙铁的柄握在掌内。此法适用于大功率电烙铁，焊接散热量较大的被焊件。

握笔法：如图 7-19（b）所示，此法适用于小功率的电烙铁，焊接散热量小的被焊件，如焊接收音机、电视机的印刷电路板及其维修等。

正握法：如图 7-19（c）所示，此法使用的电烙铁也比较大，且多为弯形烙铁头。

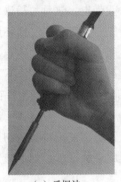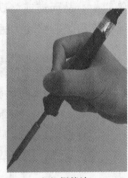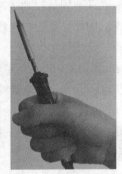

（a）反握法　　　　　　（b）握笔法　　　　　　（c）正握法

图 7-19　电烙铁的握法

5. 电烙铁的常见故障及其维护

电烙铁在使用过程中常见故障有：电烙铁通电后不热，烙铁头带电，烙铁头不"吃锡"及烙铁头出现凹坑等故障。下面以内热式电烙铁为例加以说明。

（1）电烙铁通电后不热。

遇到电烙铁通电后不热故障时，可以用万用表的欧姆挡测量插头的两端，如果表针不动，说明有断路故障，如图 7-20（a）所示。如果测量电阻值与根据功率值计算出的电阻值约相等，说明电烙铁是好的，如图 7-20（b）所示。当插头本身没有断路故障时，即可卸下胶木柄，再用万用表测量烙铁芯的两根引线，如果表针仍不动，说明烙铁芯损坏，应更换新的烙铁芯。如果测量烙铁芯两根引线不是断路，存在电阻值（比如 20W 约为 2.5kΩ），说明烙铁芯是好的。故障出现在电源引线及插头上，多数故障为引线断路，插头中的接点断开，可用万用表的 R×1 挡测量引线的电阻值，便可发现问题。

（a）电烙铁故障

（b）电烙铁正常

图 7-20　电烙铁的检测

更换烙铁芯的方法是：将固定烙铁芯的引线螺钉松开，卸下引线，把烙铁芯从连接杆中取出，然后将新的同规格烙铁芯插入连接杆，把引线固定在螺钉上，并注意剪掉烙铁芯多余的引线头，以防止两根引线短路。

当测量插头的两端时，如果万用表的表针指示接近零欧姆，说明有短路故障，故障点多为插头内短路，或者是防止电源引线转动的压线螺钉脱落，致使接在烙铁芯引线柱上的电源线断开而发生短路。当发现短路故障时，应及时处理，不能再次通电，以免烧坏保险丝。

（2）烙铁头带电。

烙铁头带电除前边所述的电源线错接在接地线的接线柱上的原因外，还包括当电源线从烙铁芯接线螺钉上脱落后，又碰到了接地线的螺钉上，从而造成烙铁头带电。这种故障最容易造成触电事故，并损坏元器件。因此，要随时检查压线螺钉是否松动、丢失。如有丢失、损坏应及时配好。

（3）烙铁头不"吃锡"。

烙铁头经长时间使用后，就会因氧化而不沾锡，这就是"烧死"现象，也称作不"吃锡"。当出现不"吃锡"的情况时，可用粗砂纸或锉将烙铁头重新打磨或锉出新茬，然后重新镀上焊锡就可继续使用。

（4）烙铁头出现凹坑。

当电烙铁使用一段时间后，烙铁头就会出现凹坑或氧化腐蚀层，使烙铁头的刃面形状发生了变化。遇到此种情况时，可用锉刀将氧化层及凹坑锉掉，恢复成原来的形状，然后镀上锡，就可以重新使用了。

为延长烙铁头的使用寿命，必须注意以下几点。

① 经常用湿布、浸水海绵擦拭烙铁头，以保持烙铁头能良好地挂锡，并可防止残留助焊剂对烙铁头的腐蚀。

② 进行焊接时，应采用松香或弱酸性助焊剂。

③ 焊接完毕时，烙铁头上的残留焊锡应该继续保留，以防止再次加热时出现氧化层。

7.3.2　其他常用工具

焊接时除了电烙铁以外，还需要一些其他的工具，例如尖嘴钳、平嘴钳、偏口钳、剥线钳、镊子、螺丝刀、吸锡器等。

1. 尖嘴钳

尖嘴钳如图 7-21 所示。它适用于在焊点上网绕导线和元器件引线以及元器件引线成型、布线等场合。尖嘴钳一般都带有塑料套柄，使用方便且能绝缘。

图 7-21　尖嘴钳

　　为确保使用者的人身安全，严禁使用塑料套破损、开裂的尖嘴钳带电操作；不允许用尖嘴钳装拆螺母、敲击它物；不宜在 80℃以上的温度环境中使用尖嘴钳，以防止塑料套柄熔化或老化；为防止尖嘴钳端头断裂，不宜用它夹持、网绕较硬或较粗的金属导线及其他硬物；尖嘴钳的头部是经过淬火处理的，不要在锡锅或高温的地方使用，以保持钳头部分的硬度。

2. 平嘴钳

　　平嘴钳如图 7-22 所示。它主要用于拉直裸导线，将较粗的导线及较粗的元器件引线成型。在焊接晶体管及热敏元件时，可用平嘴钳夹住引线，以便于散热。

图 7-22　平嘴钳

3. 偏口钳

　　偏口钳又称斜口钳，如图 7-23 所示。它主要用于剪切导线和焊接后的元器件引脚，尤其适合用来剪除网绕后多余的引线和元器件焊接后多余的引线。剪线时，要使钳头平放，用力要迅速果断，不可来回弯折元器件的引脚，以防止破坏元器件引脚与焊盘的连接。剪切过程中，在不变动方向的同时可用另一只手遮挡，以防止剪下的线头飞出伤眼。

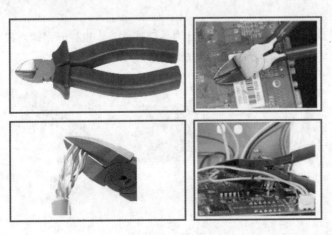

图 7-23　偏口钳

4. 剥线钳

剥线钳专门用于剥有包皮的导线，如图 7-24 所示。使用时，注意将需剥皮的导线放入合适的槽口，剥皮时不能剪断导线。剪口的槽并拢后应为圆形。

图 7-24　剥线钳

5. 镊子

镊子有圆头镊子和尖头镊子两种，如图 7-25 所示。其主要作用是用来夹持物体。端部较宽的医用镊子可夹持较大的物体，而头部尖细的普通镊子适合夹持细小物体。镊子可以焊接前将元器件引线成型，或者在拆装元器件时起到夹取的作用以及在焊接时，用镊子夹持导线或元器件，以防止移动。对镊子的要求是弹性强，合拢时尖端要对正吻合。

图 7-25　镊子

6. 螺丝刀

螺丝刀又称改锥或起子，根据用途一般分为平口螺丝刀（也称一字螺丝刀）和十字螺丝刀，用于松紧螺钉，调整可调元件。螺丝刀如图 7-26 所示。

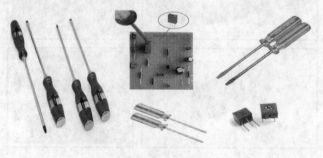

图 7-26　螺丝刀

7. 吸锡器

吸锡器是一种常用的拆焊辅助工具。如果在焊接过程中出现元器件焊接错误或者在电子维修过程中需要拆下某些元器件或部件时，使用吸锡器就能够方便地吸附印制电路板焊接点上的焊锡，使焊件与印制电路板脱离，从而方便更换元器件或进行检查和修理。常用吸锡器的外形及结构如图 7-27 所示。

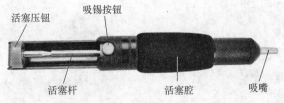

图 7-27　常用吸锡器的外形及结构

在吸锡器中，吸嘴一般由耐高温的塑料制成，吸锡之前首先按下活塞压钮，压到一定位置时，活塞杆会被锁紧机构自动锁住，用电烙铁加热焊点，当焊点上的焊锡熔化后，将吸嘴靠近焊盘并按下吸锡按钮，熔化的焊锡就会被吸入活塞腔中，焊件与印制电路板就会分离。使用时要注意根据焊盘的尺寸选择吸力合适的吸锡器，如果用吸力很强的吸锡器吸取小焊盘上的焊锡，很可能会导致焊盘脱落。

7.3.3　焊接材料

1. 焊料的种类

焊料是指易熔的金属及其合金。它的作用是将被焊物连接在一起。焊料的熔点比被焊物的熔点低，而且要易于与被焊物连为一体。焊料按其组成成分，可分为锡铅焊料、银焊料、铜焊料。在电子产品装配中，一般都选用锡铅系列焊料，也称焊锡。其有如下的优点。

① 熔点低。它在 180℃时便可熔化，使用 25W 外热式或 20W 内热式电烙铁便可进行焊接。

② 具有一定的机械强度。因锡铅合金的强度比纯锡、纯铅的强度要高。本身重量较轻，对焊点强度要求不是很高，故能满足其焊点的强度要求。

③ 具有良好的导电性。因锡、铅焊料为良导体，故它的电阻很小。

④ 抗腐蚀性能好。焊接好的印刷电路板不必涂抹任何保护层就能抵抗大气的腐蚀，从而减少了工艺流程，降低了成本。

⑤ 对元器件引线和其他导线的附着力强，不易脱落。

（1）管状焊料

在手工焊中，为了方便，常常将焊锡制成管状，称之为焊锡丝，如图 7-28 所示。其中，空部分注入由特级松香和少量活化剂组成的助焊剂，有时还在焊锡丝中添加 1%～2% 的锑，可适当增加焊料的机械强度。管状焊锡丝的直径有 0.2mm、0.3mm、0.4mm、0.5mm、0.6mm、0.8mm、1.0mm 等多种规格。焊接通孔安装元件可选用 0.5mm、0.6mm 的焊锡丝。焊接 SMC 或 50mil 间距的元器件可用 0.3mm、0.4mm 的焊锡丝。焊接密间距的 SMD 可选用 0.2mm 的焊锡丝。此外，有时也会用到具有多种规格的扁带状焊锡。

（2）焊锡膏

如图 7-29 所示，焊锡膏是表面安装技术中的一种重要贴装材料，由焊粉、有机物和溶剂构成，制成糊状物，能方便地用丝网、模板或点膏机涂印在印制电路板上。焊粉是焊接金属粉末，目前已有 Sn-Pb、Sn-Pb-Ag、Sn-Pb-Bi 等多种类型。有机物包括树脂或一些树脂溶剂混合物，用于调整和控制焊锡膏的黏性。使用的溶剂有触变胶、润滑剂和金属清洗剂。其中，触变胶不会增加黏性，但能减少焊锡膏的沉淀。焊锡膏适合表面安装元器件用再流焊进行焊接。

图 7-28 焊锡丝

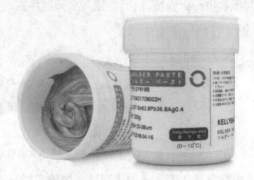

图 7-29 焊锡膏

合金焊料粉是焊锡膏的主要成分，占焊锡膏重量的 85% ~ 90%。合金焊料粉的成分和配比以及合金粉的形状、粒度和表面氧化度对焊锡膏的性能影响很大，因此制造工艺较高。常用的合金成分为 Sn63Pb3、Sn63Pb37 和 Sn62Pb36Ag2，其中 Sn63Pb37 的共晶点为 183℃，掺入 2% 的银以后，在 179℃ 时达到共晶状态，它具有较好的物理特性和优良的焊接性能，且不具有腐蚀性，适用范围广，加入银可提高焊点的机械强度。

在焊锡膏中，助焊剂是合金焊料粉的载体，其主要的作用是清除被焊件以及合金焊料粉的表面氧化物，使焊料迅速扩散并附着在被焊金属表面。

2. 助焊剂

在进行焊接时，为能使被焊物与焊料焊接牢靠，就必须要求金属表面无氧化物和杂质。除去氧化物与杂质，通常有两种方法，即机械方法和化学方法。机械方法是用砂纸和刀子将氧化物和杂质除掉。化学方法则是用焊剂清除，用焊剂清除的方法具有不损坏被焊物及效率高等特点。因此，一般焊接时均采用此方法。

助焊剂在整个焊接过程中，通过自身的活性作用，能够去除焊接材料表面的氧化层，同时使液态焊锡与被焊材料之间的表面张力减小，有助于增强焊锡的流动性以及浸润性能，使焊料合金能够与被焊材料结合并形成焊点。此外，还能保护被焊材料在焊接完成之前不再被氧化，有助于完成焊接过程，这也是其名称的由来。

20 世纪 70 年代之前，在电子焊接过程中只使用以松香为主要成分的助焊剂，自然松香是松树排出的树液蒸馏后的产物，本身呈弱酸性。呈液态时，是松香与酒精的溶液，其中松香成分占到 25% 以上。焊接结束后，松香会在焊点表面形成一个保护层。在室温下，固态松香呈现一定的化学惰性，能够保护电路板不受污染和避免潮湿。50℃ 左右时，松香开始呈黏性，会吸附灰尘；80℃ 时，松香会熔化，以弱酸性酒精溶液的形式与铜产生反应，起助焊剂的作用。

助焊剂有如下作用。

（1）去除被焊材料表面的氧化膜。

被焊金属表面的氧化膜对焊锡有隔离作用，助焊剂能够将该氧化膜变成易于分解的物质，以使被焊金属露出干净的表面。通过焊锡以及助焊剂的流动，使被焊金属与焊锡接触，焊锡向被焊金属扩散形成合金层。

（2）防止氧化。

熔化后的焊锡和正在加热的被焊金属表面，都会与空气中的氧气接触而被再次氧化，形成氧化膜。在焊接过程中，助焊剂能够把焊锡和被焊金属覆盖起来，切断它们与空气的接触，起到防止氧化的作用。在焊接结束后，助焊剂在焊接面能够形成致密的保护层，从而减缓焊点的氧化过程。

（3）减小表面张力以及增强焊锡的流动性。

影响润湿效果的因素包括已熔焊锡的表面张力、黏性及摩擦力。熔化后的焊锡表面张力大，呈球状而不易流动，助焊剂可以减小这种表面张力，使焊锡顺畅流动。常用的助焊剂有松香、松香水等，如图 7-30 所示。

图 7-30　松香和松香水

3. 阻焊剂

阻焊剂是一种耐高温的涂料，涂覆在电路板的非焊接区域，使焊接过程仅在可焊区域进行。阻焊剂广泛应用于浸焊和波峰焊。

阻焊剂的作用如下。

（1）防止焊锡桥连，造成短路。

（2）使焊点饱满，减少虚焊，而且有助于节约焊料。

（3）阻焊剂膜所覆盖的电路板区域在焊接时受到的热冲击会减小，从而不易起泡、分层。

阻焊剂需要通过丝网漏印的方法印制在电路板上，因此要求它黏度适宜、不封网、不浸润图像，以满足漏印工艺的要求。阻焊剂在 250～270℃ 的锡焊温度下，经过 10～25s 不应起泡和脱落，能够保持与铜箔之间的牢固黏结。此外，要求阻焊剂对化学药品具有较好的耐溶性，能经受焊前的化学处理，还要有一定的机械强度，能承受尼龙刷的打磨抛光处理。

7.4　手工焊接技术

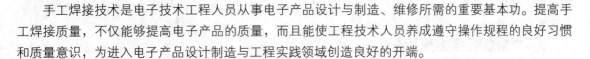

手工焊接技术是电子技术工程人员从事电子产品设计与制造、维修所需的重要基本功。提高手工焊接质量，不仅能够提高电子产品的质量，而且能使工程技术人员养成遵守操作规程的良好习惯和质量意识，为进入电子产品设计制造与工程实践领域创造良好的开端。

7.4.1　手工焊接的步骤

手工焊接的步骤通常采用五步法，如图 7-31 所示。

（1）准备施焊。一手拿焊锡丝，一手握电烙铁（烙铁头部保持干净，并吃"上锡"），看准焊点，随时待焊。

（2）加热焊件。烙铁尖先送到焊接处，注意烙铁尖应同时接触焊盘和元件引线，把热量传送到焊接对象上。

（3）送入焊锡丝。焊盘和引线被熔化了的助焊剂所浸湿，除掉表面的氧化层，焊料在焊盘和引线连接处呈锥状，形成理想的无缺陷焊点。

（4）移开焊锡丝。当焊锡丝熔化一定量之后，迅速移开焊锡丝。

（5）移开电烙铁。当焊料完全浸润焊点后迅速移开电烙铁。

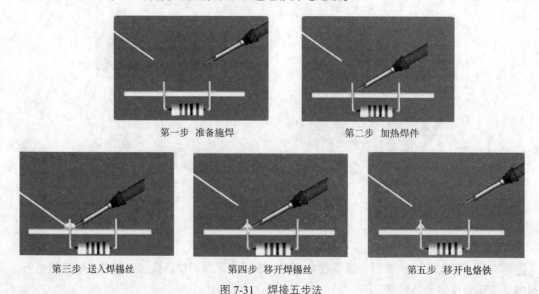

图 7-31　焊接五步法

7.4.2　手工焊接的注意事项

1. 掌握好加热时间

手工焊接时可以采用提高烙铁头的功率、增大与焊件的接触面积等方法提高加热速度。如果烙铁头形状不良或用小功率电烙铁焊接尺寸较大的焊件时，必须延长加热时间以满足锡料温度的要求，多数情况下，延长加热时间对电子产品的装配是有害的。

2. 保持合适的温度

如果为了缩短加热时间而用高温电烙铁焊接小焊点，则会带来另一方面的问题：焊锡丝中的焊剂没有足够的时间在焊接面上漫流而过早挥发失效；焊料熔化过快则会影响焊剂作用的发挥；由于温度过高，虽然加热时间短也可能造成局部过热的现象。由此可见，要保持烙铁头在合理的温度范围内。一般经验是烙铁头的温度比焊料的熔化温度高50℃较为适宜。理想的状态是在较低的温度下缩短加热时间。尽管这是矛盾的，但在实际操作中可以通过变换操作手法的方式获得令人满意的效果。

3. 不应用烙铁头对焊点施力

烙铁头把热量传给焊点主要靠增加接触面积，用电烙铁对焊点加力并不能提高热量传输效率，反而会对焊件造成损伤，例如：电位器、开关以及接插件的焊接点往往都是固定在塑料构件上，加力的结果容易造成元器件失效。

4．助焊剂不可过量

适量的助焊剂是必不可少的，但不要认为越多越好。过量的助焊剂不仅会增加焊接后周围清理的工作量，而且延长了加热时间，降低了工作效率；另外，当加热时间不足时，助焊剂又容易夹杂到焊锡中形成"夹渣"缺陷；焊接开关元件时，过量的助焊剂容易流到触点处，从而造成接触不良。

5．保持烙铁头的清洁

因为焊接时，烙铁头长期处于高温状态，又接触助焊剂等受热易分解的物质，其表面很容易氧化而形成一层黑色杂质。这些杂质形成了一个隔热层，会使烙铁头失去加热作用，因此应随时用金属清洗球或湿海绵清洁烙铁头。

6．加热要靠焊锡桥

要提高烙铁头的加热效率，需要形成热量传递的焊锡桥。所谓焊锡桥就是靠烙铁头上保留少量焊锡作为烙铁头与焊件之间传递热能的桥梁。由于金属的导热效率远高于空气，从而可以使焊件很快被加热到焊接温度。但应注意作为焊锡桥的锡保留量不可过多。

7．焊锡量要合适

过量的焊锡不但增加生产成本，而且延长了焊接时间，相应地也就降低了焊接速度。更为严重的是，在高密度的电路中，过量的焊锡很容易造成不易觉察的短路故障。当然焊锡也不能过少，焊锡过少不能使焊件牢固地结合，降低了焊点的强度。特别是在印制电路板上焊接导线时，焊锡不足往往会造成导线脱落。

8．固定焊件

在焊锡凝固前不要使焊件移动或振动，特别是用镊子夹住焊件时一定要等焊点冷却牢固后再移去镊子。这是因为焊锡的凝固过程是一个结晶过程。根据结晶理论，在结晶时受到外力会改变结晶条件，造成晶体粗大，从而形成所谓的"冷焊"。冷焊的外观现象是表面无光泽，呈豆渣状并且焊点内部结构疏松，容易有气隙和裂缝，造成焊点强度降低，导电性能差。因此，在焊锡凝固前一定要保持焊件固定。

9．电烙铁撤离有讲究

电烙铁撤离要及时，而且撤离时的角度和方向与焊点的形成有较大关系，撤离电烙铁时应轻轻旋转一下，可保证焊料适当，这需要在实践中体会。

7.4.3　焊接质量的检查

1．焊接质量的检查方法

为了保证锡焊质量，一般在锡焊后都要进行焊点质量检查，焊点质量检查主要有以下几种方法。

（1）外观检查。

可以借助放大镜，通过肉眼从焊点的外观上检查焊接质量。检查的主要内容包括焊点是否有错焊、漏焊、虚焊和连焊；焊点周围是否有焊剂残留物；焊接部位有无热损伤和机械损伤等现象。

（2）拨动检查。

在外观检查中发现有可疑现象时，可用镊子轻轻拨动焊接部位进行检查，并确认其质量。拨动检查主要包括导线、元器件引线和焊盘与焊锡是否结合良好，有无虚焊现象；元器件引线和导线根部是否有机械损伤等。

（3）通电检查。

通电检查必须是在外观检查及连接检查无误后才可进行的工作，也是检查电路性能的关键步骤。如果不经过严格的外观检查，通电检查不仅困难较多，而且容易损坏设备仪器，造成安全事故。通电检查可以发现许多微小的缺陷，例如，用目测观察不到的电路桥接、内部虚焊等。

2. 合格焊点与缺陷焊点

（1）合格的焊点。

合格的焊点明亮、平滑、焊料量充足并呈裙状拉开，焊料与焊盘结合处轮廓隐约可见，无裂纹、针孔、拉尖等现象，如图 7-32 所示。

（2）有缺陷的焊点，应在焊接中注意避免。

① 虚焊。如图 7-33（a）所示，焊件表面清理不干净，加热不足或焊料浸润不良，容易造成虚焊。

② 偏焊。如图 7-33（b）所示，焊料四周不均或出现空洞。

③ 桥接。如图 7-33（c）所示，焊料将两个相邻的铜箔连在一起，造成短路。

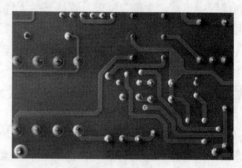

图 7-32　合格的焊点

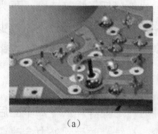  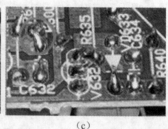

（a）　　　　　　　　　（b）　　　　　　　　　（c）

图 7-33　缺陷的焊点 1

④ 堆焊。如图 7-34（a）所示，焊锡过多，堆积在一起。

⑤ 缺焊。如图 7-34（b）所示，焊锡过少，焊接不牢。

⑥ 拉尖。如图 7-34（c）所示，焊点表面出现尖端，如同钟乳石。

⑦ 拖尾。如图 7-34（d）所示，焊接动作拖泥带水，造成拖尾。

⑧ 冷焊。如图 7-34（e）所示，焊料未凝固时抖动，造成表面呈豆腐渣颗粒状。

⑨ 脱焊。如图 7-34（f）所示，焊接温度过高，焊接时间过长，使焊盘铜箔翘起甚至脱落。

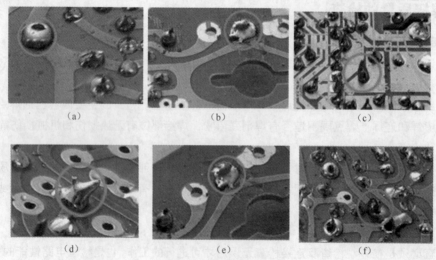

（a）　　　　　　　　　（b）　　　　　　　　　（c）

（d）　　　　　　　　　（e）　　　　　　　　　（f）

图 7-34　缺陷的焊点 2

7.4.4 拆焊

1. 拆焊的原则

拆焊的步骤一般与焊接的步骤相反，拆焊前一定要弄清楚原焊接点的特点，不要轻易动手。

（1）不损坏拆除的元器件、导线、原焊接部位的结构件。

（2）拆焊时不可损坏印制电路板上的焊盘与印制导线。

（3）对已判断为损坏的元器件，可先行将引线剪断，再行拆除，这样可减少其他元器件损伤的可能性。

（4）在拆焊过程中，应该尽量避免拆动其他元器件或改变其他元器件的位置，如确实需要，要做好复原工作。

2. 通孔插装元器件

对于某种原因已损坏的通孔插装元器件，需从印制电路板上拆下来，通常使用普通电烙铁，在板的焊接面上找到相应的焊点，用电烙铁熔化焊料，用吸锡器吸走焊料或直接用镊子把元器件引线从焊盘里拉出来。动作要谨慎，加热时间过长，拉动过于猛烈都会导致印制电路板上焊盘脱落，如图 7-35 所示。

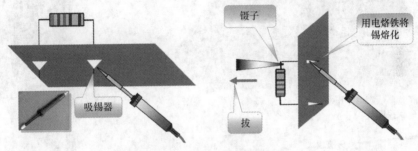

图 7-35　通孔插装元器件拆焊

3. 贴片元器件

贴片元器件体积小、焊点密集，在制造工厂和专业维修拆焊部门一般应用专门工具和设备进行拆焊，例如热风枪工作台、专用电烙铁等。

热风枪工作台是一种用热风作为加热源的半自动拆焊设备，如图 7-36 所示。热风枪工作台的热风枪内装有电热丝，由软管连接热风枪和热风台内置的吹风电动机。按下热风台的电源开关，电热丝被加热，吹风电动机压缩空气通过软管从热风枪前端吹出热风，在 3～5s 内达到 200～480℃范围内设定的温度。热风枪还可以根据拆焊器件的形状选取焊嘴，使吹出的热风集中在某拆焊器件上，当达到足够的温度后，就可以用叉子将已熔化焊料的元器件拆焊，十分方便。但对操作技能和经验要求较高，而且还会影响相邻元器件。

热风枪工作台中拆焊需专用电烙铁，一把电烙铁可以配置多种不同规格拆焊头，以适应不同元器件。

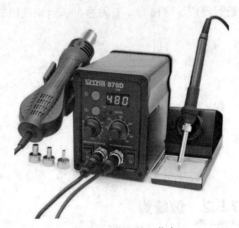

图 7-36　热风枪工作台

7.5 其他焊接技术

7.5.1 浸焊

浸焊是将插装好元器件的印制电路板放入熔化的锡槽内浸锡，一次完成印制电路板众多焊接点的焊接方法，它不仅比手工焊接大大提高了生产效率，而且可消除漏焊现象。浸焊可以分为手工浸锡（图 7-37 所示为手工浸焊机）与机器自动浸锡（图 7-38 所示为自动浸焊机）。

手工浸焊是由人手持夹具夹住插装好的印制电路板（PCB），人工完成浸锡的方法，其设备简单、投入少，但效率低，焊接质量与操作人员熟练程度有关，易出现漏焊，焊接有贴片的 PCB 较难取得良好的效果。

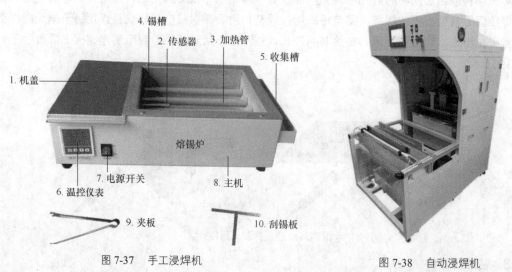

图 7-37 手工浸焊机   图 7-38 自动浸焊机

图 7-39 所示为自动浸焊的一般工艺流程。将插装好元器件的印制电路板用专用夹具安置在传送带上。印制电路板先经过泡沫助焊剂槽被喷上助焊剂，加热器将助焊剂烘干，然后经过熔化的锡锅进行浸焊，待锡冷却凝固后再送到切头机剪去过长的引脚。

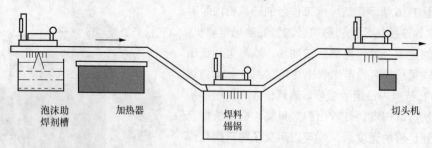

图 7-39 自动浸焊的一般工艺流程

7.5.2 波峰焊

波峰焊是目前应用最广泛的自动化焊接工艺。与自动浸焊相比，其最大的特点是锡槽内的锡不是静止的，熔化的焊锡在机械泵（或电磁泵）的作用下由喷嘴源源不断流出而形成波峰，波峰焊的名称由此而来。

一台波峰焊机（见图 7-40）主要由传送带、加热器、锡槽、泵、助焊剂发泡（或喷雾）装置等组成，主要分为助焊剂添加区、预热区、焊接区、冷却区。

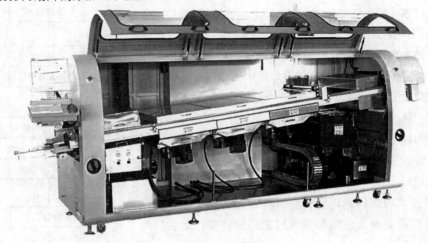

图 7-40　波峰焊机

波峰焊是一种借助泵压作用，使熔融的液态焊料表面形成特定形状的焊料波，当插装了元器件的装联组件以一定角度通过焊料波峰时，在引脚焊区形成焊点的工艺技术。组件在由链式传送带传送的过程中，先在焊机预热区进行预热（组件预热及其所要达到的温度依然由预定的温度曲线控制）。实际焊接中，通常还要控制组件面的预热温度，因此许多设备都增加了相应的温度检测装置（如红外探测器）。预热后，组件进入锡槽进行焊接，锡槽盛有熔融的液态焊料，钢槽底部喷嘴将熔融焊料喷出一定形状的波，这样，在组件焊接面通过波峰时就被焊料波加热，同时焊料波也就润湿焊区并进行扩展填充，最终实现焊接过程。

采用波峰焊技术将元器件焊到印制电路板上的工艺流程如图 7-41 所示。

图 7-41　波峰焊工艺流程图

波峰焊是采用对流传热原理对焊接区进行加热的。熔融的焊料波作为热源，一方面流动以冲刷引脚焊区，另一方面也起到了热传导作用，引脚焊接区就是这样加热的。为了保证焊区升温，焊料波通常具有一定的宽度，这样，当组件焊接面通过波时就有充分加热、润湿等时间。传统的波峰焊一般采用单波，而且波比较平坦。随着铅焊料的使用，目前多采取双波形式，如图 7-42 所示。

图 7-42　波峰焊的双波形式

7.5.3　再流焊

随着电子产品"轻、薄、短、小"的发展趋势，焊接技术在浸焊、波峰焊的基础上也向前发展。再流焊又称回流焊，就是伴随微型化电子产品的出现而发展起来的一种新的锡焊技术。它主要用于贴片元器件的焊接。

在电路板组装焊接技术中存在两大类别。一种是"单流"焊接工艺技术（Flow Soldering Process）。另一种就是"回流"或"再流"焊接工艺技术（Reflow Soldering Process）。这两大类技术的主要差别在于焊接过程中的焊料和形成焊点的热能是否分开或同时出现。在单流焊接中，焊料和热能是同时加在焊点上的，例如手工焊接和波峰焊接就属于这种类型。而在再流焊接中，焊料（一般是焊锡膏或固态焊料）却是和热能（如回流炉中的热风）在不同的工序中加入的。再流焊的工艺流程如图 7-43 所示。

（1）涂焊锡膏。

再流焊接技术的焊料是焊锡膏。焊接时，需预先在印制电路板的焊盘上涂上适量和适当形式的焊锡膏，如图 7-44 所示。

（2）贴元器件。

把 SMT 元器件贴放到相应的位置，焊锡膏具有一定的黏性，使元器件固定，如图 7-45 所示。

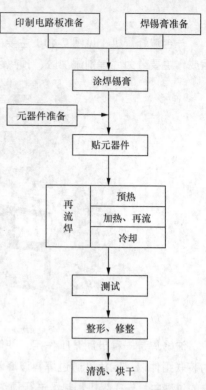

图 7-43　再流焊的工艺流程

图 7-44　涂焊锡膏

图 7-45　贴元器件

（3）再流焊。

将贴装好元器件的印制电路板放入再流焊炉中，如图 7-46 所示。

图 7-46　放入再流焊炉

印制电路板通过再流焊炉里各个的温度区域，如图 7-47 所示。

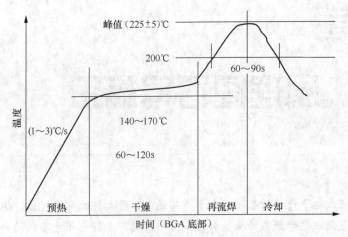

图 7-47　印制电路板通过再流焊炉的温度变化

当印制电路板进入升温区时，焊锡膏中的溶剂、气体蒸发掉，同时，焊锡膏中的助焊剂润湿焊盘、元器件端头和引脚，焊锡膏软化、塌落、覆盖了焊盘，将焊盘、元器件引脚与氧气隔离。进入保温区时，使印制电路板和元器件得到充分的预热，以防印制电路板突然进入焊接高温区而损坏印制电路板和元器件。当进入焊接区时，温度迅速上升使焊锡膏达到熔化状态，液态焊锡对印制电路板的焊盘、元器件端头和引脚润湿、扩散、漫流或回流混合形成焊锡接点。进入冷却区，使焊点凝固，此时完成了回流焊。

（4）焊接效果。

焊锡膏经过干燥、预热、熔化、润湿、冷却，将元器件焊接到印制电路板上，如图 7-48 所示。

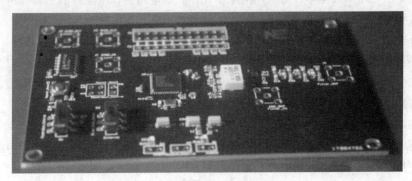

图 7-48　将元器件焊接到印制电路板上

第8章

原理图符号标识

电子元器件是组成电子产品的基础，电子产品是由各种各样的电子元器件组成的，正确地选择和使用电子元器件是保证电子产品的质量和可靠性的关键。了解电子元器件的分类和用途，以及规格型号、性能参数，对从事电子技术工作的人员都是十分重要的。本章主要介绍常用电子元器件和常用低压电器的分类、命名规则及原理图符号表示等内容。

8.1 常用电子元器件的符号标识

8.1.1 电阻器

物体对电流通过的阻碍作用称为该物体的电阻，利用这种阻碍作用做成的元件称为电阻器。

电阻器是电子电路中最基本、最常用的电子元件。在电路中，电阻器的主要作用是稳定和调节电路中的电流和电压，即起降压、分压、限流、分流、隔离、滤波等功能。

在电路分析中，为了表述方便，通常将电阻器简称为电阻。

1. 电阻器的分类及符号

电阻器的种类繁多，根据电阻器在电路中工作时电阻值的变化规律，可分为固定电阻器、可变电阻器（电位器）和特殊电阻器（敏感电阻器）三大类。

（1）固定电阻器。

在电阻器中，阻值的大小固定不变的电阻器称为固定电阻器，也称为普通型电阻器。固定电阻器在电路图中用字母 R 表示。

依据制造工艺和功能的不同，常见的固定电阻器有线绕电阻器、碳膜电阻器、金属膜电阻器、水泥电阻器等。

固定电阻器中功率比较大的电阻器常采用线绕形式，该类电阻器通常采用镍铬合金、锰铜合金等电阻丝绕在绝缘支架上，其外部会涂有耐热的铀绝缘层。常见固定电阻器的实物外形及符号如图 8-1 所示。

线绕电阻器

碳膜电阻器

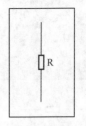

固定电阻器符号

金属膜电阻器

水泥电阻器

图 8-1　固定电阻器的实物外形及符号

（2）可变电阻器。

可变电阻器是指阻值可调的电阻器，通常其阻值可在一定的范围内进行调整。

可变电阻器通常都有三个端子，其中两个端子之间的电阻值固定不变，第三个端子与两个固定值端子之间的电阻值是可变的，其常见的实物外形及符号如图 8-2 所示。

图 8-2　可变电阻器的实物外形及符号

（3）特殊电阻器。

特殊电阻器是指具有特殊功能的电阻器，例如能根据温度的高低、光线的强弱、压力的大小改变电阻的阻值，这种电阻通常用于传感器中。

特殊电阻器根据材料的不同，其阻值变化的条件也不同。常见的特殊电阻器（也可称作敏感电阻器）主要有压敏电阻器、光敏电阻器、热敏电阻器等，如图 8-3 所示。光敏电阻器的电阻值随入射光线的强弱发生变化，即当入射光线增强时，它的阻值会明显减小；当入射光线减弱时，它的阻值会显著增大。热敏电阻器的阻值随环境温度的变化而变化。

2. 电阻器的型号命名及标注

（1）电阻器的主要参数。

① 标称阻值。电阻器上所标示的阻值即为标称阻值。电阻值的基本单位为欧姆，用符号 Ω 表示，辅助单位有 $k\Omega$、$M\Omega$ 和 $G\Omega$ 等，进率为 10^3。

表 8-1 列出了我国普通电阻器的标称系列阻值。

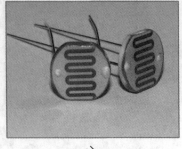

压敏电阻器

光敏电阻器

热敏电阻器

图 8-3 常见特殊电阻器的实物外形及符号

表 8-1 普通电阻器的标称系列阻值

系列	允许偏差	电阻器的标称系列阻值
E24	±5%（Ⅰ级）	1.0, 1.1, 1.2, 1.3, 1.5, 1.6, 1.8, 2.0, 2.2, 2.4, 2.7, 3.0, 3.3, 3.6, 3.9, 4.3, 4.7, 5.1, 5.6, 6.2, 6.8, 7.5, 8.2, 9.1
E12	±10%（Ⅱ级）	1.0, 1.2, 1.5, 1.8, 2.2, 2.7, 3.3, 3.9, 4.7, 5.6, 6.8, 8.2
E6	±20%（Ⅲ级）	1.0, 1.5, 2.2, 3.3, 4.7, 6.8

② 允许偏差。标称阻值与实际阻值的差值与标称阻值之比的百分数称为允许偏差，它表示电阻器的精度。

③ 额定功率。电阻器的额定功率是指在一定的环境温度下，电阻器能够长期负荷而不改变其性能所允许的功率。功率用 P 表示，单位为瓦特（W）。

（2）电阻器的命名规则。

虽然电阻器的种类很多，但其型号的命名规则相同，都是由名称、材料、类型、序号、阻值及允许偏差等六部分构成的，如图 8-4 所示，型号中的各个数字或字母均代表不同的含义。其中名称、材料、类型、序号及允许偏差中字母所代表的含义见表 8-2~表 8-5。

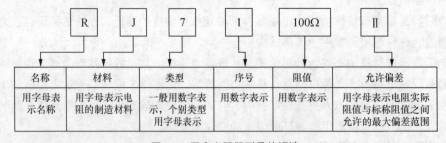

图 8-4 固定电阻器型号的识读

表 8-2 电阻器名称部分的含义对照

符号	意义	符号	意义	符号	意义	符号	意义
R	普通电阻器	MY	压敏电阻	MZ	正温度系数热敏电阻	MQ	气敏电阻
W	电位器	ML	力敏电阻	MF	负温度系数热敏电阻	MC	磁敏电阻
		MG	光敏电阻	MS	湿敏电阻		

表 8-3   电阻器材料部分的含义对照

符号	意义	符号	意义	符号	意义	符号	意义
T	碳膜	J	金属膜	S	有机实心	I	玻璃釉膜
H	合成膜	Y	氧化膜	N	无机实心	X	线绕

表 8-4   电阻器类型部分的含义对照

符号	意义	符号	意义	符号	意义	符号	意义
1	普通	5	高温	G	高功率	B	不燃性
2	普通或阻燃	6	精密	T	可调	Y	被釉
3	超高频	7	高压	X	小型	L	测量
4	高阻	8	特殊	C	防潮		

表 8-5   电阻器允许偏差部分的含义对照

符号	意义	符号	意义	符号	意义	符号	意义
Y	±0.001%	P	±0.02%	D	±0.5%	K	±10%
X	±0.002%	W	±0.05%	F	±1%	M	±20%
E	±0.05%	B	±0.1%	G	±2%	N	±30%
L	±0.01%	C	±0.25%	J	±5%		

3. 电阻器的标注方法

电阻器的阻值和允许偏差的标注方法有三种：直标法、数码法和色标法。

（1）直标法。

在电阻器的表面直接标出电阻值大小和允许误差。图 8-5 所示电阻是一个标称阻值为 5Ω，额定功率为 30W 的线绕电阻器。直标法中可以用单位符号代替小数点，例如：0.22Ω 可标为 Ω22；8.2Ω 可标为 8Ω2；4.7kΩ 可标为 4K7。

直标法一目了然，但只适用于体积较大的电阻器。

（2）数码法。

当电阻值大于等于 10Ω 时，用三位数字表示电阻器标称值，如图 8-6 所示。从左至右，前两位表示有效数字，第三位为零的个数，即前两位数乘以 10^n（$n=0 \sim 9$），单位为 Ω；若阻值小于 10Ω 时，数值中的小数点用 R 表示，如 1Ω 可标为 1R0。图 8-6 中的示例表示电阻值为 $22 \times 10^3 \Omega$，即 22kΩ。

图 8-5   直标法示例   图 8-6   数码法示例

（3）色标法。

色标法也称为色环表示法，在电阻体上用不同颜色的色环来表示电阻器的阻值和允许偏差。表 8-6 列出了各种色环颜色所代表的含义。色标法表示的电阻值单位统一为欧姆。

表 8-6　各种色环颜色所代表的数值

颜色 含义	黑	棕	红	橙	黄	绿	蓝	紫	灰	白	金	银	无色
有效数字	0	1	2	3	4	5	6	7	8	9			
倍率（10^n）	0	1	2	3	4	5	6	7	8	9	–1	–2	
允许偏差 （±x%）		1	2			0.5	0.25	0.1			5	10	20
字母代号		F	G			D	C	B			J	K	M

用色标法表示的电阻主要有四环电阻（一般电阻）和五环电阻（精密电阻）两种。图 8-7 说明了色标法的标注规则。

8.1.2　电容器

电容器是具有储存一定电荷能力的元件，简称电容。它是由两个相互靠近的导体，中间为一层绝缘物质构成的，是电子产品中必不可少的元件。电容器具有通交流隔直流的性能，常用于信号耦合、平滑滤波或谐振选频电路。

电路原理图中电容用字母"C"表示。电容量大小的基本单位是法拉（F），简称法。常用单位还有毫法（mF）、微法（μF）、纳法（nF）、皮法（pF）。它们之间的换算关系是：$1F=10^3mF=10^6μF=10^9nF=10^{12}pF$。

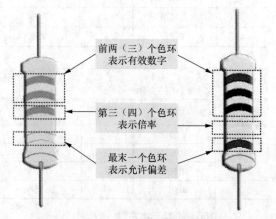

图 8-7　色环法的标注规则

1. 电容器的分类及符号

常见的电容器有无极性电容器、有极性电容器以及可变电容器三类。

（1）无极性电容器。

无极性电容器的两个金属电极没有正负极性之分，使用时两极可以进行交换连接。无极性电容器种类很多，常见的有独石电容器、涤纶电容器、瓷介电容器等。常见无极性电容器的实物外形及符号如图 8-8 所示。

    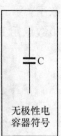

瓷介电容器　　　涤纶电容器　　　聚苯乙烯电容器　　　独石电容器　　　无极性电容器符号

图 8-8　常见无极性电容器的实物外形及符号

（2）有极性电容器。

有极性电容器也称电解电容器，其两个金属电极有正负极性之分，使用时，要使正极端连接电路的高电位，负极端连接电路的低电位，否则有可能引起电容器的损坏。

常见的有极性电容器包括铝电解电容器和钽电解电容器，它们的实物外形及符号如图 8-9 所示，其中铝电解电容器具有体积小、容量大等特点，适用于低频、低压电路中；钽电解电容器具有体积小、容量大、寿命长、误差小等特点，但成本较高。

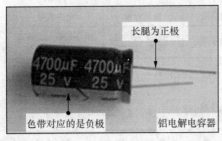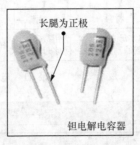

图 8-9　常见有极性电容器的实物外形及符号

（3）可变电容器

在电容器中，其电容量可以调整的电容器被称为可变电容器。可变电容器可以根据需要调节其电容量，主要应用在接收电路中，在选择信号（调谐）时使用。

常见的可变电容器主要有单联可变电容器、双联可变电容器以及微调可变电容器，它们的实物外形及符号如图 8-10 所示。

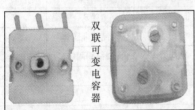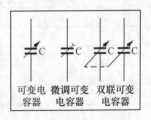

图 8-10　常见可变电容器的实物外形及符号

2. 电容器的参数

（1）耐压：电容的耐压是指在允许环境温度范围内，电容长期安全工作所能承受的最大电压有效值。常用固定式电容的直流工作电压系列为：6.3V、10V、16V、25V、35V、63V、100V、160V、250V、400V、500V、630V、1000V。

（2）允许偏差：电容的允许偏差是电容的标称容量与实际电容量的最大允许偏差范围。

（3）标称电容量：电容的标称容量指标示在电容表面的电容量。

3. 电容器的型号命名方法

虽然电容器的种类很多，但其型号的命名规则相同，都是由主称、材料、类型、耐压值、标称容量及允许偏差等六部分构成的，如图 8-11 所示，型号中的各个数字或字母均代表不同的含义。其中，材料、类型、允许偏差中字母所代表的含义见表 8-7、表 8-8 和表 8-9。

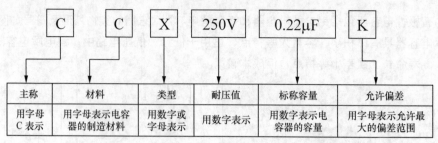

图 8-11 电容器型号的识读

表 8-7 电容器型号中材料部分字母表示的含义

字母	材料	字母	材料	字母	材料	字母	材料
A	钽电解	N	铌电解	G	合金电解	V	云母纸
B	聚苯乙烯等非极性有机薄膜	L	聚酯等极性有机薄膜	H	纸膜复合	Y	云母
C	高频瓷介	O	玻璃膜	I	玻璃釉	Z	纸介
D	铝电解	Q	漆膜	J	金属化纸介		
E	其他材料电解	T	低频陶瓷				

表 8-8 电容器型号中类型部分数字及字母所表示的含义

数字代号	类别				字母	含义
	瓷介电容器	云母电容器	有机电容器	电解电容器		
1	圆形	非密封	非密封	箔式	G	高功率
2	管形	非密封	非密封	箔式	J	金属化型
3	叠片	密封	密封	烧结粉非固体	Y	高压型
4	独石	密封	密封	烧结粉固体	W	微调型
5	穿心		穿心		T	叠片式
6	支柱等					
7				无极性		
8	高压	高压	高压			
9			特殊	特殊		

表 8-9 标识电容量允许偏差的文字符号及其含义

字母	允许偏差	字母	允许偏差	字母	允许偏差
Y	±0.001%	D	±0.5%	H	+100% ~ 0
X	±0.002%	F	±1%	R	+100% ~ -10%
E	±0.005%	G	±2%	T	+50% ~ -10%
L	±0.01%	J	±5%	Q	+30% ~ -10%
P	±0.02%	K	±10%	S	+50% ~ -20%
W	±0.05%	M	±20%	Z	+80% ~ -20%
B	±0.1%	N	±30%	C	±0.25%

4. 电容器的标识方法

电容器的品种、类型很多，为了使用方便，应统一标识各种类型电容器的容量、允许偏差、工作电压、等级等参数。电容器常用的规格标识方法有直标法、数码法和色标法。

（1）直标法。

直标法是指在电容器表面直接标出其主要参数和技术指标的一种标识方法，可以用阿拉伯数字、字母和文字符号标出。直标法示例如图 8-12 所示。

① 直接用数字和字母结合标识，例如：100nF 用 100n 标识；33μF 用 33μ 标识；10mF 用 10m 标识；3300pF 用 3300p 标识等。

② 用有规律的组合的文字及数字符号作为标识，例如：3.3pF 用 3p3 标识；4.7μF 用 4μ7 标识等。

（2）数码法。

数码法示例如图 8-13 所示。即用 3 位数字直接标识电容器的容量，其中第一、第二位数为容量的有效数值，第三位表示有效数字后边零的个数。当第 3 位数字为 9 时，表示的倍数为 10^{-1}，电容量的单位为 pF。例如：333 表示 33×10^3pF，即 0.033μF；101 表示 100pF；339 表示 33×10^{-1}pF 等。

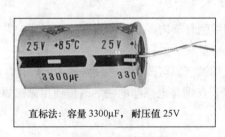

图 8-12　直标法示例

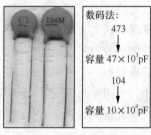

图 8-13　数码法示例

（3）色标法。

色标法是指用不同颜色的色带和色点在电容器表面上标出其主要参数的标识方法。电容器的标称值、允许偏差及工作电压均可用颜色标识，各种颜色代表的数字含义与色环电阻标识的方法相同，其单位为 pF。此外，颜色还可以用来表示电容器的耐压值，不同颜色所表示的电容器耐压值见表 8-10。

表 8-10　各种颜色所表示的电容器耐压值

颜色	黑	棕	红	橙	黄	绿	蓝	紫	灰
耐压值	4V	6.3V	10V	16V	25V	32V	40V	50V	63V

8.1.3　电感器

电感器是一种储能元件，它可以把电能转换成磁场能并储存起来，当电流通过导体时，会产生电磁场，电磁场的大小与电流成正比。电感器就是将导线绕制成线圈的形状而制成的。常见的电感器主要有固定式电感器和可调式电感器。

（1）固定式电感器。

固定式电感器的电感量是固定的，该类电感器适用于滤波、振荡以及延迟等电路中。固定式电感器是一种常用的电感器，为了减小体积，往往根据电感量和最大直流工作时电流的大小，选用相应直径的导线在磁芯上进行绕制，然后再装入塑料外壳中，用环氧树脂进行封装而成。常见固定式电感器的实物外形及符号如图 8-14 所示。

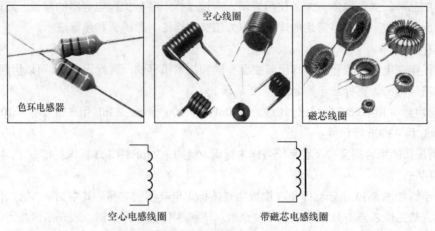

图 8-14　常见固定式电感器的实物外形及符号

（2）可调式电感器。

可调式电感器的磁芯是螺纹式的，可以旋到线圈骨架内，整体用金属外壳屏蔽起来，以增加机械强度，在磁芯帽上设有凹槽，可方便调整其电感量。

可调式电感器都有一个可插入的磁芯，用工具调节即可改变磁芯在线圈中的位置，从而实现调整电感量的大小，如图 8-15 所示。值得注意的是，在调整电感器的磁芯时要使用无感螺丝刀，即由非铁磁性金属材料如塑料或竹片等制成的螺丝刀。

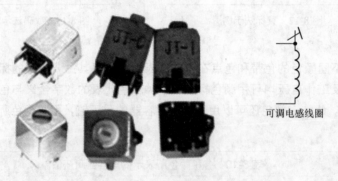

图 8-15　可调式电感器的实物外形及符号

1. 电感器的主要参数

（1）电感量。

穿过线圈中导磁介质的磁通量和线圈中的电流成正比，其比例常数简称电感。电感的电路符号为 L，基本单位是 H（亨利），实际常用单位有 mH（毫亨，即 10^{-3}H）、μH（微亨，即 10^{-6}H）、nH（纳亨，即 10^{-9}H）和 pH（皮亨，10^{-12}H）。

（2）电感量的允许偏差。

与电阻器、电容器一样，电感器的标称电感量也有一定的误差。常用电感器的误差为 Ⅰ 级、Ⅱ 级和Ⅲ级，分别表示误差为±5%、±10%以及±20%。精度要求较高的振荡线圈，其误差为±0.2%～±0.5%。

2. 电感器的型号命名方法

固定式电感器型号的命名由于生产厂家不同而有所区别，但大多数电感器是由产品名称、电感量和允许偏差三部分构成的，如图 8-16 所示。

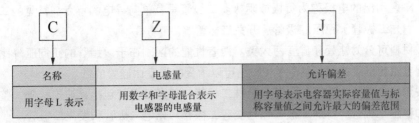

图 8-16　电感器型号的识读

3. 电感器的标识方法

为了便于生产和使用，常将小型固定电感器的主要参数标识在其外壳上，标识方法有直标法、数码法和色标法三种。

（1）直标法。

在小型固定电感线圈外壳上直接用文字标出电感线圈的电感量、偏差和最大直流工作电流等主要参数。

（2）数码法。

数码法一般用于标识电感器的容量，标识由三位数字组成，前两位数字表示电感量的有效数字，第三位数字表示有效数字后零的个数，单位为 μH。

（3）文字符号法。

文字符号法是将电感的标称值和偏差值用数字和文字符号按一定的规律进行组合标示在电感体上。采用文字符号法表示的电感通常是一些小功率电感，单位通常为 μH 或 nH。用 μH 做单位时，"R"表示小数点；用"nH"做单位时，"N"表示小数点。

（4）色标法。

色标法是用电感线圈的外壳上各种不同颜色的色环来表示其主要参数。第一条色环表示电感量的第一位有效数字；第二条色环表示电感量的第二位有效数字；第三条色环表示乘以 10 的次数；第四条色环表示允许的误差。数字与颜色的对应关系与色环电阻器标识法相同，可参阅电阻器部分的色标法，其单位为 μH。

电感器的实物标注方法如图 8-17 所示。

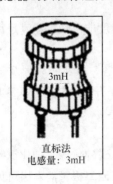

直标法
电感量：3mH

数码法
电感量：$33 \times 10^0 \mu H$

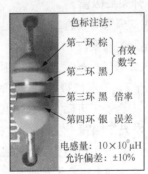

文字符号法
电感量：2.2μH

色标注法：

第一环 棕 ┐ 有效
第二环 黑 ┘ 数字

第三环 黑 倍率
第四环 银 误差

电感量：$10 \times 10^0 \mu H$
允许偏差：±10%

图 8-17　电感器的实物标注方法示例

8.1.4　二极管

二极管又称为晶体二极管，是一种常见的半导体器件。它是由一个 P 型半导体和 N 型半导体形成 PN 结，并在 PN 结两端引出相应的电极引线，再加上管壳密封制成的。由 P 区引出的电极称为正极或阳极，N 区引出的电极称为负极或阴极。二极管具有单向导电的特点。常见的二极管主要有整流二极管、发光二极管、稳压二极管、开关二极管等。

二极管按材料可分为锗管和硅管两大类。两者性能的区别在于：锗管的正向压降比硅管的小；锗管的反向漏电流比硅管的大；锗管的 PN 结可以承受的温度比硅管的低。

二极管按用途分可分为普通二极管和特殊二极管。普通二极管包括检波二极管、整流二极管、开关二极管和稳压二极管；特殊二极管包括变容二极管、光电二极管和发光二极管。

下面介绍几种常见的二极管，主要有整流二极管、发光二极管、稳压二极管、开关二极管等。

1. 整流二极管

整流二极管是一种将交流电流转变成直流电流的半导体器件，通常包含一个 PN 结，有正负两个端子。

整流二极管的外壳常采用金属外壳封装、塑料封装和玻璃封装等几种封装形式，如图 8-18 所示。由于整流二极管的正向电流较大，所以整流二极管多为面接触型晶体二极管，其具有结面积大、结电容大等特点，但工作频率低，主要用于整流电路中。

2. 稳压二极管

稳压二极管是一种特殊的面接触型硅二极管，具有反向击穿时两端电压基本不随电流大小变化的特性，因此一般工作于反向击穿状态，应用于稳压、限幅等场合。

稳压二极管与普通小功率二极管相似，主要有塑料封装、金属封装和玻璃封装等几种封装方式，稳压二极管的实物外形及符号如图 8-19 所示。

图 8-18　整流二极管的实物外形及符号　　　　图 8-19　稳压二极管的实物外形及符号

3. 开关二极管

开关二极管与普通二极管的性能相同，只是这种二极管导通、截止速度非常快，能满足高频和超高频电路的需要。

开关二极管一般采用玻璃或陶瓷外壳进行封装，从而减小管壳的电容，其实物外形及符号如图 8-20 所示。开关二极管的开关时间很短，是一种非常理想的无触点电子开关，具有开关速度快、体积小、寿命长、可靠性高等特点，主要应用于脉冲和开关电路中。

4. 发光二极管

发光二极管（LED）是一种将电能转换为光能的器件，是用磷化镓、磷砷化镓、砷化镓等材料制成的。当正向电压高于开启电压，PN 结有一定强度正向电流通过时，发光二极管能发出可见光或不可见光（红外光）。发光二极管发出的光线颜色主要取决于制造材料及其所掺杂质，常见发光颜色有红、黄、绿和蓝等，常见外形及符号如图 8-21 所示。

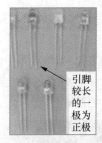

图 8-20　开关二极管的实物外形及符号　　　　图 8-21　几种发光二极管的常见外形及符号

发光二极管的种类很多，可分为普通单色发光二极管、高亮度发光二极管、超高亮度发光二极管、变色发光二极管、闪烁发光二极管、电压控制型发光二极管、红外发光二极管和负阻发光二极管等。

不同国家或地区生产的二极管型号命名与标注方法有所不同，国产二极管在对其型号进行命名时通常包括五部分，即名称、材料、类型、序号以及规格，如图 8-22 所示。不同的数字和字母代表的含义也有所不相同，见表 8-11 和表 8-12。

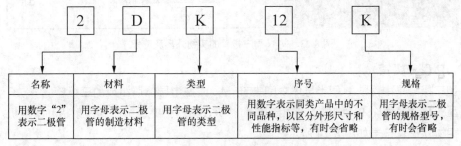

图 8-22　二极管型号的识读

表 8-11　国产二极管符号和意义对照

符号	意义	符号	意义	符号	意义	符号	意义
P	普通管	Z	整流管	U	光电管	H	恒流管
V	微波管	L	整流堆	K	开关管	B	变容管
W	稳压管	S	隧道管	JD	激光管	BF	发光二极管
C	参量管	N	阻尼管	CM	磁敏管		

表 8-12　国产二极管符号和意义对照

符号	意义	符号	意义	符号	意义
A	N 型锗材料	C	N 型硅材料	E	化合物材料
B	P 型锗材料	D	P 型硅材料		

8.1.5　晶体三极管

晶体三极管又称三极管或双极型晶体管，是在一块半导体基片上制作两个 PN 结，这两个 PN 结把整块半导体分成三部分，中间部分称为基极，两侧部分分别是发射极和集电极。

三极管的种类很多，根据结构不同可分为 NPN 型和 PNP 型三极管。根据半导体材料不同可分为锗管、硅管和化合物材料管；根据功率大小可分为大功率管和小功率管；根据截止频率可分为高频管和低频管；根据用途可分为普通管、复合管（包括达林顿管）和特殊用途三极管等。

1. NPN 型三极管

NPN 型三极管是由两块 N 型半导体中间夹着一块 P 型半导体所组成的三极管。

NPN 型三极管将两个 PN 结的 P 结相连作为基极，另两个 N 结分别为发射极和集电极。NPN 型三极管的实物外形及符号如图 8-23 所示。

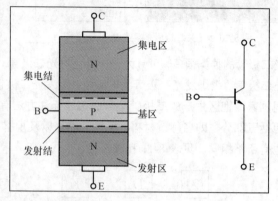

图 8-23　NPN 型三极管的实物外形及符号

2. PNP 型三极管

PNP 型三极管是由两块 P 型半导体中间夹着一块 N 型半导体所组成的三极管。

PNP 型三极管将两个 PN 结的 N 结相连作为基极，另两个 P 结分别为发射极和集电极。PNP 型三极管的实物外形及符号如图 8-24 所示。

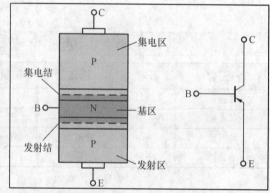

图 8-24　PNP 型三极管的实物外形及符号

国产三极管在对其型号进行命名时通常包括五部分，即名称、材料、类型、序号以及规格，如图 8-25 所示。不同的数字和字母代表的含义也有所不相同，见表 8-13 和表 8-14。

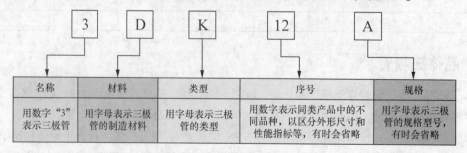

名称	材料	类型	序号	规格
用数字"3"表示三极管	用字母表示三极管的制造材料	用字母表示三极管的类型	用数字表示同类产品中的不同品种，以区分外形尺寸和性能指标等，有时会省略	用字母表示三极管的规格型号，有时会省略

图 8-25　三极管型号的识读

表 8-13 国产三极管类型含义对照

类型符号	意义	类型符号	意义
G	高频小功率管	V	微波管
X	低频小功率管	B	雪崩管
A	高频大功率管	J	阶跃恢复管
D	低频大功率管	U	光敏管
T	闸流管	J	结型场效应管
K	开关管		

表 8-14 国产三极管材料含义对照

符号	意义	符号	意义
A	锗材料，PNP 型	D	硅材料，NPN 型
B	锗材料，NPN 型	E	化合物材料
C	硅材料，PNP 型		

8.1.6 晶闸管

晶闸管的全称为晶体闸流管，又称可控硅整流器，是一种半导体器件，晶闸管最主要的特点是能用微小的功率控制较大的功率。因此，其常用于电动机驱动电路以及在电源中做过载保护器件等。

常见的晶闸管主要有单向晶闸管、双向晶闸管等。

1. 单向晶闸管

单向晶闸管（SCR）又称可控硅，是一种可控整流电子元器件，触发后只能单向导通，其阳极 A 与阴极 K 之间加有正向电压，同时控制极 G 与阴极间加上所需的正向触发电压时，方可被触发导通，该管导通后即使去掉触发电压，仍能保持导通状态。

单向晶闸管内有 3 个 PN 结，由 P-N-P-N 共 4 层组成，其实物外形及电路符号如图 8-26 所示。单向晶闸管被广泛应用于可控整流、交流调压、逆变器和开关电源电路中。

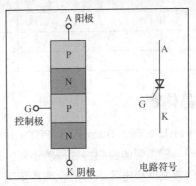

图 8-26 单向晶闸管的实物外形及电路符号

2. 双向晶闸管

双向晶闸管又称双向可控硅，与单向晶闸管相同，也具有触发控制特性。不过它的触发控制特性与单向晶闸管有很大的不同，它具有双向导通的特性，即无论在阳极和阴极间接入何种极性的电压，只要在它的控制极加上一个任意极性的触发脉冲，都可以使双向晶闸管导通。

双向晶闸管是由 N-P-N-P-N 共 5 层半导体组成的器件，包括第一电极（T1）、第二电极（T2）、控制电极（G）3 个电极，在结构上相当于两个单向晶闸管反极性并联。其实物外形及等效电路如图 8-27 所示。该类晶闸管在电路中一般用于调节电压、电流或用作交流无触点开关使用。

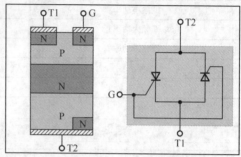

图 8-27　双向晶闸管的实物外形、符号及等效电路

晶闸管的命名根据各个国家的要求不同，其规格也不相同，国产晶闸管在对其型号进行命名时通常包括四部分，即名称、类型、序号以及规格，如图 8-28 所示。国产晶闸管信号类型对照表，见表 8-15。

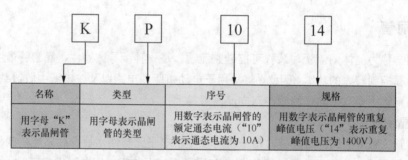

名称	类型	序号	规格
用字母"K"表示晶闸管	用字母表示晶闸管的类型	用数字表示晶闸管的额定通态电流（"10"表示通态电流为10A）	用数字表示晶闸管的重复峰值电压（"14"表示重复峰值电压为1400V）

图 8-28　国产晶闸管的命名规则

表 8-15　国产晶闸管型号类型对照表

符号	意义
P	普通反向阻断型
K	快速反向阻断型
S	双向型

8.1.7　场效应晶体管

场效应晶体管（Field-Effect Transistor，FET）也是一种具有 PN 结结构的半导体器件，它的外形与三极管相似，但与三极管的控制特性截然不同。三极管是电流控制型器件，通过控制基极电流达到控制集电极电流或发射极电流的目的，即需要信号源提供一定的电流才能工作，所以它的输入阻抗较低；而场效应晶体管则是电压控制型器件，它的输出电流取决于输入电压的大小，基本上不需要信号源提供电流，所以它的输入阻抗较高。此外，场效应管具有噪声小、功耗低、动态范围大、易于集成、没有二次击穿现象、安全工作区域宽等优点，特别适用于大规模集成电路，在高频、中频、低频、直流、开关及阻抗变换电路中应用广泛。

场效应晶体管的种类很多，按其结构可分为结型场效应晶体管（JFET）和绝缘栅型场效应晶体管（IGFET，其中以 MOS 管应用最为广泛）两大类。结型场效应晶体管是利用沟道两边的耗尽层宽窄来改变沟道导电特性，并用以控制漏极电流的。绝缘栅型场效应晶体管（MOSFET，简称 MOS 场效应晶体管）是利用感应电荷的多少，改变沟道导电特性来控制漏极电流的，其外形与结型场效应晶体管相似。场效应晶体管的实物外形如图 8-29 所示。

图 8-29　场效应晶体管的实物外形

场效应晶体管按其沟道所采用的半导体材料可分为 N 沟道型和 P 沟道型两类；按零栅压条件源-漏通断状态又可分为增强型和耗尽型两类，其中结型场效应管均为耗尽型。场效应管一般都有 3 个极，即栅极 G、漏极 D 和源极 S，为方便理解可以把它们分别对应于三极管的基极 B、集电极 C 和发射极 E。场效应管的源极 S 和漏极 D 结构是对称的，在使用中可以互换。场效应晶体管的电路符号如图 8-30 所示。

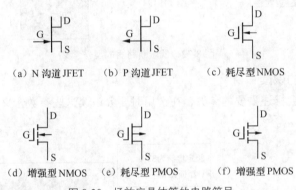

（a）N 沟道 JFET　　　（b）P 沟道 JFET　　　（c）耗尽型 NMOS

（d）增强型 NMOS　　　（e）耗尽型 PMOS　　　（f）增强型 PMOS

图 8-30　场效应晶体管的电路符号

8.2 常用电器的符号标识

8.2.1 低压断路器的符号标识

低压断路器又称为自动空气开关，它既能对电路进行不频繁的通断控制，又能在电路出现过载、短路和欠电压（电压过低）时自动掉闸（即自动切断电路），因此它既是一个开关电器，又是一个保护电器。

1. 外形符号

低压断路器种类较多，图 8-31（a）所示为常用的塑料外壳式断路器，低压断路器的电路符号如图 8-31（b）所示，从左至右依次为单极（1P）、双极（2P）和三极（3P）断路器。在断路器上标有额定电压、额定电流和工作频率等内容。

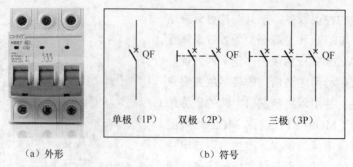

（a）外形　　　　　　　　　（b）符号

图 8-31　低压断路器的实物外形及符号

2. 型号含义

低压断路器的型号含义如图 8-32 所示。

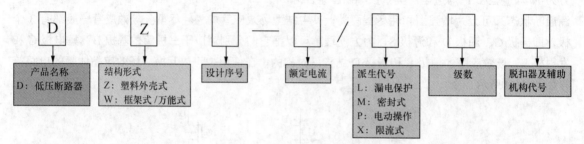

图 8-32　低压断路器的型号含义

3. 面板标注参数的识读

断路器面板上一般会标注重要的参数，在选用时要会识读这些参数含义。低压断路器面板标注参数的识读如图 8-33 所示。

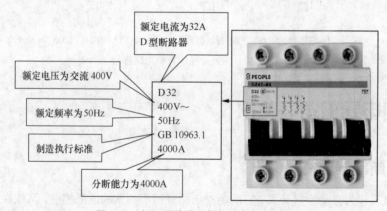

图 8-33　低压断路器面板标注参数的识读

8.2.2　开关部件符号标识

1. 刀开关

刀开关的实物外形及符号如图 8-34 所示。

  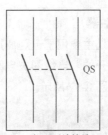

双极刀开关　　　　　　　三极刀开关　　　　　　三极刀开关符号

图 8-34　刀开关的实物外形及符号

2. 组合开关

组合开关又称转换开关，实质上也是一种刀开关，主要用作电源的引入开关。与普通刀开关不同的是，组合开关的刀片是旋转式的，比刀开关轻巧，是一种多触点、多位置，可控制多个回路的电器。组合开关的实物外形及符号如图 8-35 所示。

 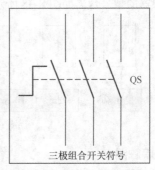

三极组合开关符号

图 8-35　组合开关的实物外形及符号

3. 按钮开关

按钮开关也称控制按钮，通常简称为按钮。它是一种手动操作的电气开关，用来控制线路中发出远距离控制信号或指令，去控制继电器、接触器或其他负载设备，实现控制电路的接通与断开，从而实现对负载设备的控制。图 8-36 所示为按钮开关的实物外形及符号。

常闭按钮开关　　　常开按钮开关　　　复合按钮开关　　　启停双按钮开关

图 8-36　按钮开关的实物外形及符号

8.2.3 接触器符号标识

1. 交流接触器

交流接触器是主要用于远距离接通或分断交流供电电路的器件。通过线圈得电控制常开触点闭合、常闭触点断开的。当线圈失电时，控制常开触点复位断开，常闭触点复位闭合。交流接触器实物外形及符号如图 8-37 所示。

 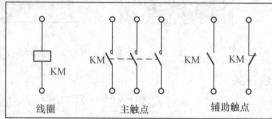

图 8-37 交流接触器实物外形及符号

交流接触器的型号含义如图 8-38 所示。

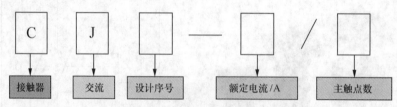

图 8-38 交流接触器的型号含义

2. 直流接触器

直流接触器是主要用于远距离接通或分断直流供电电路的器件。在控制电路中，直流接触器是由直流电源为其线圈提供工作条件，通过线圈得电来控制常开触点闭合、常闭触点断开；而线圈失电时，控制常开触点复位断开、常闭触点复位闭合。常见的直流接触器实物外形及符号如图 8-39 所示。

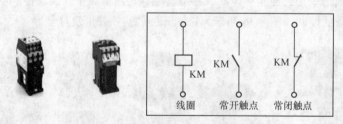

图 8-39 常见的直流接触器实物外形及符号

直流接触器的型号含义如图 8-40 所示。

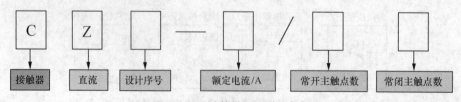

图 8-40 直流接触器的型号含义

交流接触器与直流接触器的区别如下。

铁芯不同：交流接触器的铁芯由彼此绝缘的硅钢片叠压而成，并做成双 E 形；直流接触器的铁芯多由整块软铁制成，多为 U 形。

灭弧系统不同：交流接触器采用栅片灭弧，而直流接触器采用磁吹灭弧装置。

线圈匝数不同：交流接触器的线圈匝数少，通入的是交流电；而直流接触器的线圈匝数多，通入的是直流电。交流接触器分断的是交流电路，直流接触器分断的是直流电路。交流接触器操作频率最高为 600 次/h，使用成本低，而直流接触器操作频率可达 2000 次/h，使用成本高。

8.2.4 继电器符号标识

1. 中间继电器

中间继电器的原理是将一个输入信号变成多个输出信号或将信号放大（即增大继电器触头容量）的继电器，其实质是电压继电器，但它的触头较多（可多达 8 对）、触头容量可达 5~10A、动作灵敏，当其他电器的触头对数不够时，可借助中间继电器来扩展它们的触头对数，也可通过中间继电器实现触点通电容量的扩展。

中间继电器有通用继电器、电子式小型通用继电器、接触器电磁式中间继电器、采用集成电路构成的无触点静态中间继电器等。图 8-41 所示为中间继电器的实物外形及符号。

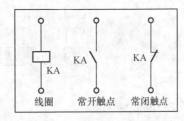

图 8-41 中间继电器的实物外形及符号

中间继电器的结构和原理与交流接触器基本相同，与交流接触器的主要区别在于，交流接触器的主触点可以通过大电流，而中间继电器的触点只能通过小电流。所以，它只能用于控制电路中。因为过载能力比较小，所以它用的全部都是辅助触点，数量比较多，一般没有主触点。

中间继电器的型号含义如图 8-42 所示。

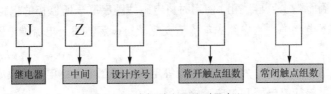

图 8-42 中间继电器的型号含义

选用中间继电器时，主要根据被控制电路的电压等级、所需触点数量、种类、容量等进行选择。

2. 电压继电器

电压继电器是指输入量为电压并当电压值达到规定值时做出相应的动作的一种继电器，即反映电压变化的控制器件。

电压继电器的线圈匝数多且线较细，使用时将电压继电器的电磁线圈并联于所监控的电路中。与负载并联时，将动作触点串联在控制电路中。当电路的电压值变化超过设定值时，电压继电器便会动作，触点状态产生切换，发出信号。

电压继电器按照结构类型可分为电磁式电压继电器、静态电压继电器（集成电路电压继电器）；按照动作类型可分为过电压继电器和欠电压继电器。

过电压继电器的线圈在额定电压时，衔铁不产生吸合动作。只有当线圈电压高于其额定电压时，衔铁才会产生吸合动作，同时其动断触点断开，从而实现电路过压保护功能。

欠电压继电器的线圈在额定电压时，衔铁处于吸合状态。一旦所接电气控制中的电压降低至线圈释放电压时，衔铁由吸合状态转为释放状态，欠电压继电器常闭触点断开，从而实现保护电器电源的目的。电压继电器的实物外形及符号如图 8-43 所示。

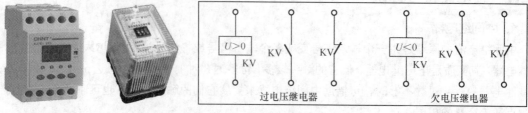

图 8-43　电压继电器的实物外形及符号

电压继电器的型号含义如图 8-44 所示。

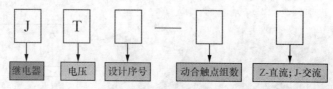

图 8-44　电压继电器的型号含义

3. 电流继电器

电流继电器是反映电流变化的控制电器，主要用于监控电气线路中的电流变化。

电流继电器一般由铁芯、线圈、衔铁、触点簧片等组成。只要在线圈两端加上一定的电压，线圈中就会流过电流，从而产生电磁效应，衔铁就会在电磁力吸引的作用下克服返回弹簧的拉力吸向铁芯，从而带动衔铁的动触点与静触点（动合触点）吸合，当线圈断电后，电磁的吸力也随之消失，衔铁就会在弹簧的反作用下返回原来的位置，使动触点与原来的静触点（动断触点）释放，这样的吸合、释放达到了电路导通、切断的目的。

电流继电器的线圈匝数少且导线粗，使用时将电磁线圈串联于所监控的电路中。与负载串联时，将动作触点串联在辅助电路中。当电路的电流值变化超过设定值时，电流继电器便会动作，触点状态产生切换，发出信号。

电流继电器按照结构类型可分为电磁式电流继电器、静态电流继电器（集成电路电流继电器）；按照动作类型可分为过电流继电器和欠电流继电器。

过电流继电器在正常工作时，线圈虽然有负载电流，但衔铁不产生吸合动作，只有负载电流超过整定电流时，衔铁才会产生吸合动作，同时利用其动断触点断开接触器线圈的通电回路，从而切断电气控制线路中电气设备的电源。

欠电流继电器在正常工作时，衔铁处于吸合状态。当电路中负载电流降低至释放电流时，衔铁由吸合状态转为释放状态，从而起到保护作用。电流继电器的实物外形及符号如图 8-45 所示。

  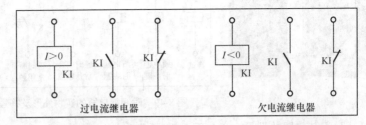

图 8-45　电流继电器的实物外形及符号

电流继电器的型号含义如图 8-46 所示。

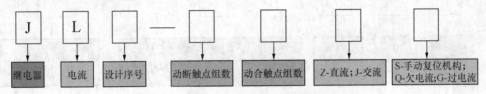

图 8-46　电流继电器的型号含义

4. 热继电器

热继电器也称为过热保护器或热保护继电器，是利用电流的热效应来推动动作机构使其内部触点闭合或断开的，用于电动机的过载保护、断相保护、电流不平衡保护和热保护。图 8-47 所示为热继电器的实物外形及符号。

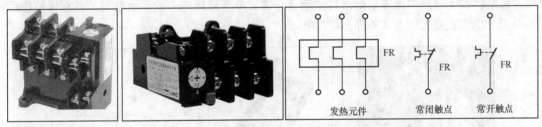

图 8-47　热继电器的实物外形及符号

热继电器的型号含义如图 8-48 所示。

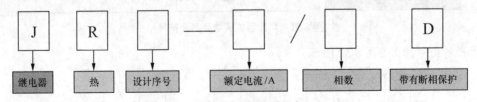

图 8-48　热继电器的型号含义

5. 时间继电器

时间继电器实质上是一个定时器，在定时信号发出之后，时间继电器按预先设定好的时间、时序延时接通和分断被控制电路。

时间继电器按工作方式可分为通电延时时间继电器和断电延时时间继电器两种，前者较为常用。图 8-49 所示为时间继电器的实物外形及符号。

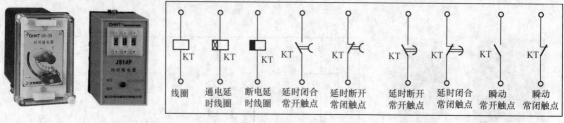

图 8-49　时间继电器的实物外形及符号

时间继电器的型号含义如图 8-50 所示。

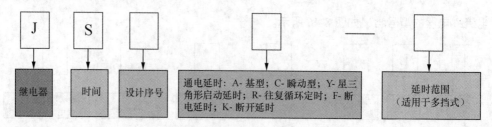

图 8-50　时间继电器的型号含义

8.2.5　熔断器符号标识

熔断器是一种在配电系统中用于线路和设备的短路及过载保护的器件，只允许安全限制内的电流通过，当系统正常工作时，熔断器相当于一根导线，起通路作用；当通过熔断器的电流大于规定值时，熔断器会使自身的熔体熔断而自动断开电路，从而对线路上的其他电气设备起保护作用。图 8-51 所示为常见熔断器的实物外形及符号。

图 8-51　熔断器的实物外形及符号

熔断器的型号含义如图 8-52 所示。

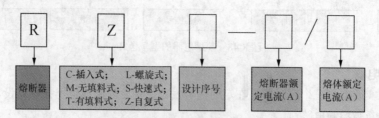

图 8-52　熔断器的型号含义

8.2.6　电动机符号标识

电动机是一种将电能转换成机械能的设备。从家庭用的电风扇、洗衣机、电冰箱，到企业生产用的各种电动加工设备（如机床等），到处可以见到电动机的身影。据统计，一个国家各种电动机消耗的电能占整个国家电能消耗的 60%～70%。随着社会工业化程度的不断提高，电动机的应用也越来越广泛，消耗的电能也会越来越大。电动机的种类很多，常见的有直流电动机、单相异步电动机、三相异步电动机、同步电动机、永磁电动机、开关磁阻电动机、步进电动机和直线电动机等，不同的电动机适用于不同的设备。

电动机一般会在外壳上安装一个铭牌，铭牌就相当于简单的说明书，标注了电动机的型号、主要技术参数等信息。这里给大家介绍三相异步电动机的铭牌识别。

下面以图 8-53 所示的铭牌为例来说明三相异步电动机铭牌上各项内容的含义。

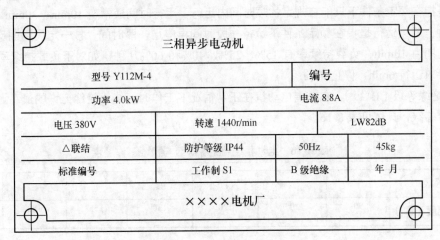

图 8-53　三相异步电动机的铭牌

（1）型号（Y112M-4）。型号通常由字母和数字组成，其含义如图 8-54 所示。

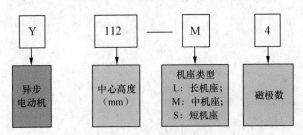

图 8-54　三相异步电动机的型号含义

（2）额定功率（功率 4.0kW）。该功率是在额定状态工作时电动机所输出的机械功率。

（3）额定电流（电流 8.8A）。该电流是在额定状态工作时流入电动机定子绕组的电流。

（4）额定电压（电压 380V）。该电压是在额定状态工作时加到定子绕组的线电压。

（5）额定转速（转速 1440r/min）。该转速是在额定工作状态时电动机转轴的转速。

（6）噪声等级（LW82dB）。噪声等级通常用 LW 值表示，LW 值的单位是 dB（分贝），LW 值越小表示电动机运转时噪声越小。

（7）连接方式（△连接）。该连接方式是指在额定电压下定子绕组采用的连接方式，连接方式有三角形（△）连接和星形（Y）连接两种。在电动机工作前，要在接线盒中将定子绕组接成铭牌要求的接法。

如果接法错误，轻则电动机工作效率降低，重则损坏电动机。例如，若按要求将星形连接的绕组接成三角形，那么绕组承受的电压会很高，流过的电流会增大而易使绕组烧坏；若按要求将三角形连接的绕组接成星形，那么绕组上的电压会降低，流过绕组的电流减小而使电动机功率下降。一般功率小于或等于 3kW 的电动机，其定子绕组应按星形连接；功率为 4kW 及以上的电动机，定子绕组应采用三角形连接。

（8）防护等级（IP44）。表示电动机外壳采用的防护方式。IP11 是开启式；IP22、IP33 是防护式；而 IP44 是封闭式。

（9）工作频率（50Hz）。表示电动机所接交流电源的频率。

（10）工作制（S1）。它是指电动机的运行方式，一般有 3 种：S1（连续运行）、S2（短时运行）和 S3（断续运行）。连续运行是指电动机在额定条件下（即铭牌要求的条件下）可长时间连续运行；短时运行是指在额定条件下只能在规定的短时间内运行，运行时间通常有 10min、30min、60min 和 90min 几种；断续运行是指在额定条件下运行一段时间再停止一段时间，按一定的周期反复进行，一般一个周期为 10min，负载持续率有 15%、25%、40% 和 60% 几种，如对于负载持续率为 60% 的电动机，要求运行 6min、停止 4min。

（11）绝缘等级（B 级）。它是指电动机在正常情况下工作时，绕组绝缘允许的最高温度值，通常分为 7 个等级，具体见表 8-16。

表 8-16 电动机绕组绝缘等级与极限工作温度

绝缘等级	Y	A	E	B	F	H	C
极限工作温度（℃）	90	105	120	130	155	180	180 以上

第 9 章

常用低压电器

电器是一种能根据外界信号（机械力、电动力和其他物理量）的要求，手动或自动地接通、断开电路以实现对电路或非电路对象的切换、控制、保护、检测、变换和调节的元件或设备。低压电器元件通常是指工作在交流电压小于1200V、直流电压小于1500V 的电路中起通、断、保护、控制或调节作用的各种电器元件。本章主要介绍低压断路器、接触器、继电器、熔断器、开关器件、主令电器等常用的低压电器元件。

9.1 低压断路器

9.1.1 低压断路器的分类

低压断路器俗称自动空气开关，是低压配电网中的主要电器开关之一。低压断路器应用十分广泛，不但能用于正常工作时不频繁接通和断开的电路，而且当电路发生过载、短路或失压等故障时，也能自动切断电路，起到保护作用。

低压断路器按照灭弧方式可分为空气式断路器和真空式断路器；按结构可分为框架式断路器和塑料外壳式断路器；按照用途可分为导线保护用断路器、配电用断路器、电动机保护用断路器和漏电保护断路器。低压断路器的实物外形如图 9-1 所示。

图 9-1 低压断路器的实物外形

断路器具有过电流、过热和欠电压保护功能，但当用电设备绝缘性能下降而出现漏电时却无保护功能，这是因为漏电电流一般较短路电流小得多，不足以使断路器跳闸。漏电保护器是一种具有断路器功能和漏电保护功能的电器，在线路出现过电流、过热、欠电压和漏电时，均会脱扣跳闸保护。漏电保护器的实物外形如图 9-2 所示。

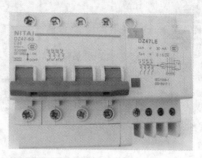

图 9-2　漏电保护器的实物外形

9.1.2　低压断路器的结构与原理

低压断路器的典型结构如图 9-3 所示。该断路器是一个三相断路器，内部主要由主触点、反力弹簧、搭钩、杠杆、电磁脱扣器、热脱扣器和欠电压脱扣器等组成。该断路器可以实现过电流、过热和欠电压保护功能。

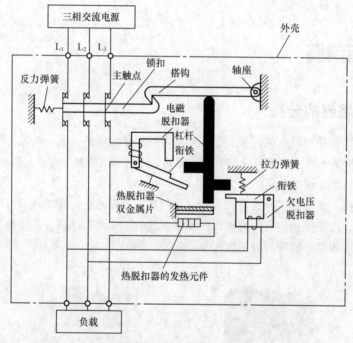

图 9-3　低压断路器的典型结构

（1）过电流保护。

三相交流电源经断路器的三个主触点和三条线路为负载提供三相交流电，其中一条线路中串联了电磁脱扣器线圈和发热元件。当负载出现严重短路时，流过线路的电流很大，流过电磁脱扣器线圈的电流也很大，线圈产生很强的磁场并通过铁芯吸引衔铁，衔铁动作，带动杠杆上移，两个搭钩脱离，依靠反力弹簧的作用，三个主触点的动、静触点断开，从而切断电源以保护短路的负载。

（2）过热保护。

如果负载没有短路，但若长时间超负荷运行，负载比较容易损坏。虽然在这种情况下电流也较正常时大，但还不足以使电磁脱扣器动作，断路器的热保护装置可以解决这个问题。若负载长时间超负荷运行，则流过发热元件的电流长时间偏大，发热元件温度升高，它加热附近的双金属片（热脱扣器），其中上面的金属片热膨胀小，双金属片受热后向上弯曲，推动杠杆上移，使两个搭钩脱离，三个主触点的动、静触点断开，从而切断电源。

（3）欠电压保护。

如果电源电压过低，则断路器也能切断电源与负载的连接，进行保护。断路器的欠电压、脱扣器线圈与两条电源线连接，当三相交流电源的电压很低时，两条电源线之间的电压也很低，流过欠电压脱扣器线圈的电流小，线圈产生的磁场弱，不足以吸住衔铁，在拉力弹簧的拉力作用下，衔铁上移，并推动杠杆上移，两个搭钩脱离，三个主触点的动、静触点断开，从而断开电源与负载的连接。

图 9-4 所示为漏电保护器的工作原理。其工作原理如下：220V 的交流电压经漏电保护器内部的触点在输出端接负载，在漏电保护器内部两根导线上缠有线圈 E_1，该线圈与铁芯上的线圈 E_2 连接，当人体没有接触导线时，流过两根导线的电流大小相等，方向相反，它们产生大小相等、方向相反的磁场，这两个磁场相互抵消，穿过线圈 E_1 的磁场为 0，线圈 E_1 不会产生电动势，衔铁不动作。一旦人体接触导线，一部分电流 I_3（漏电电流）会经人体直接到地，再通过大地回到电源的另一端，这样流过漏电保护器内部两根导线的电流 I_1、I_2 不相等，它们产生的磁场也不相等，不能完全抵消，即两根导线上的线圈 E_1 有磁场通过，线圈会产生电流，电流流入铁芯上的线圈 E_2，线圈 E_2 产生磁场吸引衔铁而脱扣跳闸，将触点断开，切断供电，触电的人就得到了保护。

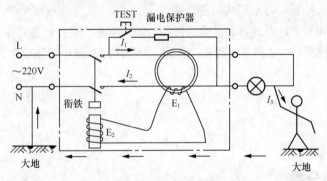

图 9-4 漏电保护器的工作原理

为了在不漏电的情况下检验漏电保护器的漏电保护功能是否正常，漏电保护器一般设有"TEST（测试）"按钮，当按下该按钮时，L 线上的一部分电流通过按钮、电阻流到 N 线上，这样流过线圈 E_1 内部的两根导线的电流不相等（$I_2 > I_1$），线圈 E_1 产生电动势，有电流过线圈 E_2，衔铁动作而脱扣跳闸，将内部触点断开。如果测试按钮无法闭合或电阻开路，测试时，漏电保护器不会动作，使用时，若发生漏电，漏电保护器动作。

9.1.3 低压断路器的选择和应用

1. 低压断路器的选择

选用低压断路器一般应遵循以下 3 个原则。

（1）额定电压和额定电流应不小于电路正常的工作电压和工作电流。

用于控制照明电路时，电磁脱扣器的瞬时脱扣整定电流通常应为负载电流的 6 倍。

用于电动机保护时，塑壳式断路器电磁脱扣器的瞬时脱扣整定电流应为电动机启动电流的 1.7 倍；框架式断路器电磁脱扣器的整定电流应为电动机启动电流的 1.35 倍。

用于分断或接通电路时，其额定电流和热脱扣器整定电流均应等于或大于电路中负载的额定电流值。

选用断路器作为多台电动机断路保护时，电磁脱扣器整定电流为容量最大一台电动机启动电流的 1.3 倍加上其余电动机额定电流之和。

（2）热脱扣整定电流要与所控制负载的额定电流一致；否则，应进行人工调节。

（3）选用低压断路器时，在类型、等级、规格等方面要配合上、下级开关的保护特性，不允许本级保护失灵导致越级跳闸，扩大停电范围。

2. 低压断路器的安装和使用

低压断路器在安装和使用中应注意下列几点。

（1）断路器应按规定垂直安装，其上、下导线端接点必须使用规定截面的导线或母线连接。若是用铝排搭接，则搭接端面最好用铜丝刷刮擦后涂一层高熔点的导电膏以保证端面接触良好，尤其在潮湿、盐雾及化学腐蚀性气体场合，即使铜排搭接，其端面也必须涂敷高熔点导电膏。

（2）裸露在箱体外部，且易触及的导线端子应加绝缘保护。

（3）操作手柄或传动杠杆的开、合位置应正确，操作力不应大于产品允许规定值。

（4）电动操作机构的接线应正确。在合闸过程中，开关不应跳跃；开关合闸后，限制电动机或电磁铁通电时间的联锁装置应及时动作，使电磁铁或电动机通电时间不超过允许规定值。

（5）触点在闭合、断开过程中，可动部分与灭弧室的零件不应有卡阻现象。

（6）触点接触面应平整，合闸后接触应紧密。

（7）有半导体脱扣装置的断路器，其接线应符合相序要求，脱扣装置动作可靠。

（8）在开关投入使用前，应将各电磁铁工作面（如失压脱扣器电磁铁吸合面）的防锈油漆擦净，以免影响开关的动作值。

9.2 接触器

9.2.1 接触器的分类

所谓接触器是指电气线路中利用线圈流过电流产生的磁场使触点闭合，达到控制负载的电器。接触器作为执行元件，是一种依赖频繁接通和切断电动机或其他负载电路的自动电磁开关。

接触器适用于远距离频繁地接通和切断交直流电路及大容量控制电路的一种自动控制电器。接触器的一端接控制信号，另一端连接被控制的负载线路，是实现小电流、低电压电信号对大电流、高电压负载进行接通、分断控制的最常用器件。在电力拖动和自动控制系统中，接触器是运用最广泛的控制电器之一。

接触器种类很多，具体分类方式如下。

（1）按主触点通过电流种类划分，接触器可分为交流接触器、直流接触器。

（2）按操作动作机构划分，接触器可分为电磁式接触器、永磁式接触器。

（3）按驱动方式划分，接触器可分为液压式接触器、气动式接触器、电磁式接触器。

（4）按动作方式划分，接触器可分为直动式接触器、转动式接触器。

常见接触器的实物外形如图 9-5 所示。

图 9-5　常见接触器的实物外形

9.2.2　接触器的结构与原理

接触器由电磁系统、触点系统、灭弧系统、释放弹簧机构、辅助触点及基座等几部分组成。接触器是利用电磁系统控制衔铁的运动来带动触点，使电路接通或断开的。交流接触器和直流接触器的结构和工作原理基本相同，下面仅介绍交流接触器的结构与原理。

交流接触器主要由四部分组成：

（1）电磁系统。其包括吸引线圈、铁芯和衔铁三部分。

（2）触点系统。其包括三组主触点和若干常开、常闭辅助触点。触点系统和衔铁是连接在一起互相联动的。

（3）灭弧装置。一般容量较大的交流接触器都设有灭弧装置，以便迅速切断电弧，避免烧坏主触点。

（4）绝缘外壳及附件。其包括各种弹簧、传动机构、短路环和接线柱等。

交流接触器的内部结构示意图如图 9-6 所示。

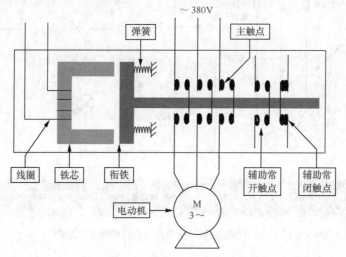

图 9-6　交流接触器的内部结构示意图

交流接触器电磁线圈得电，主触点闭合，辅助常开触点闭合，辅助的常闭触点断开，如图 9-7 所示；交流接触器电磁线圈一旦失电，主触点断开，辅助常开触点复位断开，辅助的常闭触点复位闭合。

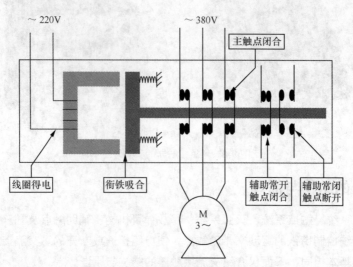

图 9-7　交流接触器线圈得电示意图

图 9-8 给出了交流接触器控制电动机启停的控制关系图。

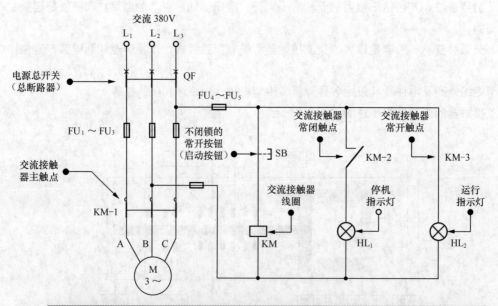

① 接通电源总开关 QS，按下按钮 SB，交流接触器线圈 KM 得电，交流接触器主触点 KM-1 闭合，三相交流电源为电动机供电，电动机启动运转；交流接触器辅助常闭触点 KM-2 断开，停机指示灯 HL_1 熄灭，常开触点 KM-3 闭合，运行指示灯 HL_2 点亮。

图 9-8　交流接触器控制电动机启停的控制关系图

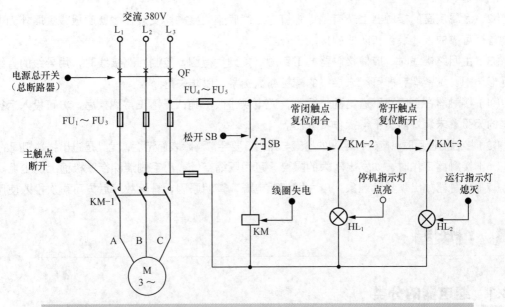

 松开按钮 SB，交流接触器线圈 KM 失电，交流接触器主触点 KM-1 断开，主回路断开，电动机停转；交流接触器辅助常闭触点 KM-2 复位闭合，常开触点 KM-3 复位断开，运行指示灯 HL₂ 熄灭，停机指示灯 HL₁ 点亮。

图 9-8 交流接触器控制电动机启停的控制关系图（续）

9.2.3 接触器的选择和应用

1. 接触器的选择

接触器的选择主要是选择型式、主电路参数、控制电路参数和辅助电路参数，并且按使用类别和工作制进行选择，另外需要考虑负载条件的影响。

（1）型式的确定。

型式的确定主要确定极数和电流种类。电流种类由系统主电流种类确定。三相交流系统中一般选用三极接触器，当需要同时控制中性线时，则选用四极交流接触器。单相交流和直流系统中则常有两极或三极并联的情况。一般场合下，选用空气电磁式接触器；易燃易爆场合应选用防爆型及真空接触器等。

（2）主电路参数的确定。

主电路参数主要确定额定工作电压、额定工作电流（或额定控制功率）、额定通断能力和耐受过载电流能力。接触器可以在不同的额定工作电压和额定工作电流下工作，但在任何情况下，额定工作电压都不得高于接触器的额定绝缘电压，额定工作电流（或额定控制功率）也不得高于接触器在相应工作条件下规定的额定工作电流（或额定控制功率）。接触器的额定通断能力应高于通断时电路中实际可能出现的电流值。耐受过载电流能力也应高于电路中可能出现的工作过载电流值。

（3）控制电路参数和辅助电路参数的确定。

接触器的线圈电压应按选定的控制电路电压确定。交流接触器的控制电路电流种类分交流和直流两种。一般情况下多用交流电流，当操作频繁时则常选用直流电流。接触器的辅助触点种类（常开或常闭）、数量和组合式一般应根据系统控制要求确定，同时应注意辅助触点的通断能力和其他额定参数。当接触器的辅助触点数量和其他额定参数不能满足系统要求时，可增加接触器式继电器以扩大功能。

2. 接触器的使用

（1）接触器应垂直安装于直立的平面上，与垂直面的倾斜不超过 5°。

（2）金属底座的接触器上备有接地螺钉，绝缘底座的接触器安装在金属底板或金属外壳中时，亦需备有可靠的接地装置和明显的接地符号。

（3）主回路接线时，应使接触器的下部触点接到负荷侧，控制回路接线时，用导线的直线头插入瓦形垫圈，旋紧螺钉即可。未接线的螺钉亦需旋紧，以防失落。

（4）接触器在主回路不通电的情况下，通电操作数次确认无不正常现象后，方可投入运行。接触器的灭弧罩未装好前，不得操作接触器。

（5）接触器使用时，应进行定期的检查与维修。要经常清除表面污垢，尤其是进出线端相间的污垢。

（6）接触器工作时，如发出较大的噪声，可用压缩空气或小毛刷清除衔铁极面上的尘垢。

（7）接触器如出现异常现象，应立即切断电源，查明原因，排除故障后方可再次投入使用。

9.3 继电器

9.3.1 继电器的分类

继电器是一种根据输入信号（电量或非电量）的变化，接通或断开小电流电路，实现自动控制和保护电力拖动装置的电器。一般情况下，它不直接控制电流较大的主电路，而是通过接触器或其他电器对主电路进行控制。

继电器是一种可控开关，但与一般开关不同，继电器并非以机械方式控制，而是一种以电流转换成电磁力来控制切换方向的开关。当继电器的线圈通电后，会使衔铁吸合从而接通触点或断开触点。

继电器种类较多，具体分类方式如下。

（1）按输入信号性质划分，继电器可分为电流继电器、电压继电器、速度继电器和压力继电器。

（2）按工作原理划分，继电器可分为电磁式继电器、电动式继电器、感应式继电器、晶体管式继电器和热继电器。

（3）按输出方式划分，继电器可分为有触点式继电器和无触点式继电器。

（4）按外形尺寸划分，继电器可分为微型继电器、超小型继电器和小型继电器。

（5）按防护特征划分，继电器可分为密封继电器、塑封继电器、防尘罩继电器和敞开式继电器。常见继电器的实物外形如图9-9所示。

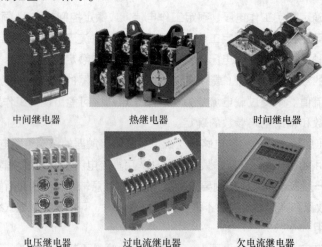

中间继电器　　　　　热继电器　　　　　时间继电器

电压继电器　　　　过电流继电器　　　　欠电流继电器

图9-9　常见继电器的实物外形

9.3.2 继电器的结构和原理

1. 继电器的触点

继电器控制关系大致相同，根据电路的需要，都可分为常开、常闭、转换触点三种形式。下面以通用继电器为例，分别介绍三种形式的控制关系。

（1）继电器的常开触点。

继电器常开触点是指继电器内部的动触点和静触点通常处于断开状态，当线圈得电时，其动触点和静触点立即闭合，接通电路；当线圈失电时，其动触点和静触点立即复位，切断电路，图 9-10所示为继电器常开触点的连接关系。

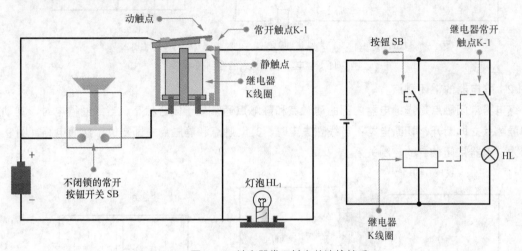

图 9-10 继电器常开触点的连接关系

图 9-11 所示为继电器常开触点的控制关系。

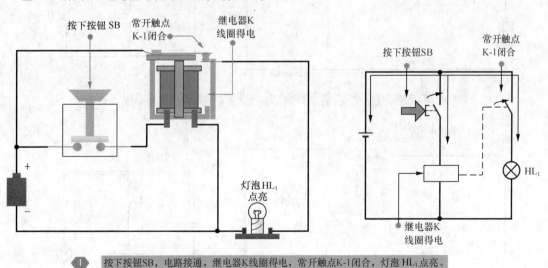

按下按钮SB，电路接通，继电器K线圈得电，常开触点K-1闭合，灯泡 HL₁ 点亮。

图 9-11 继电器常开触点的控制关系

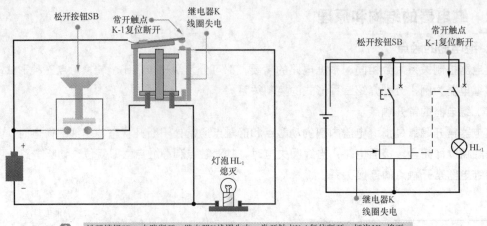

② 松开按钮SB，电路断开，继电器K线圈失电，常开触点K-1复位断开，灯泡HL₁熄灭。

图 9-11 继电器常开触点的控制关系（续）

（2）继电器的常闭触点。

继电器常闭触点是指继电器内部的动触点和静触点通常处于闭合状态，当线圈得电时，其动触点和静触点立即断开，切断电路；当线圈失电时，其动触点和静触点立即复位，接通电路，图 9-12 所示为继电器常闭触点的控制关系。

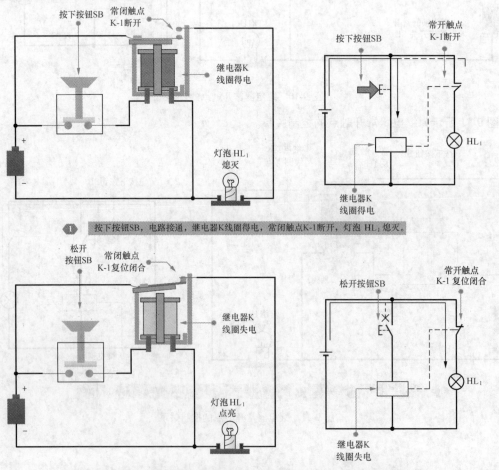

① 按下按钮SB，电路接通，继电器K线圈得电，常闭触点K-1断开，灯泡 HL₁熄灭。

② 松开按钮SB，电路断开，继电器K线圈失电，常闭触点K-1复位闭合，灯泡HL₁点亮。

图 9-12 继电器常闭触点的控制关系

（3）继电器的转换触点。

继电器转换触点是指继电器内部设有一个动触点和两个静触点，其中动触点与静触点 1 处于闭合状态，称为常闭触点；动触点与静触点 2 处于断开状态，称为常开触点，当线圈得电时，动触点与静触点 1 立即断开，并与静触点 2 闭合，切断静触点 1 的控制电路，接通静触点 2 的控制电路。图 9-13 所示为继电器转换触点的控制关系。

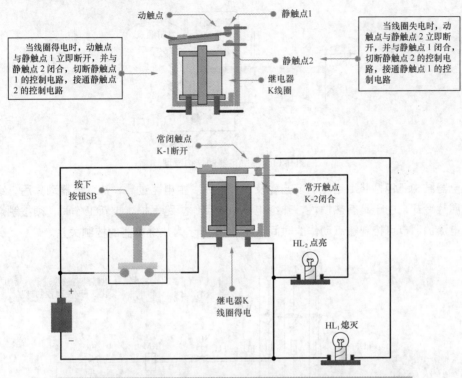

① 按下按钮 SB，电路接通，继电器 K 线圈得电，常闭触点 K-1 断开，切断灯泡 HL$_1$ 的供电电源，灯泡 HL$_1$ 熄灭；同时常开触点 K-2 闭合，接通灯泡 HL$_2$ 的供电电源，灯泡 HL$_2$ 点亮。

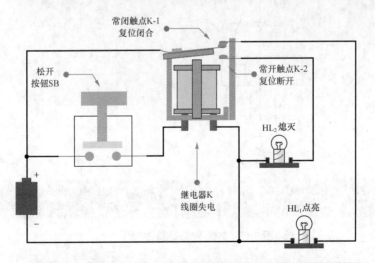

② 松开按钮 SB，电路断开，继电器 K 线圈失电，常闭触点 K-1 复位闭合，接通灯泡 HL$_1$ 的供电电源，灯泡 HL$_1$ 点亮；同时常开触点 K-2 复位断开，灯泡 HL$_2$ 熄灭。

图 9-13　继电器转换触点的控制关系

2. 热继电器的结构及工作原理

热继电器主要构件为发热元件和触点，发热元件接入电动机主电路，若长时间过载，双金属片被加热。因双金属片的下层膨胀系数大，使其向上弯曲，杠杆被弹簧拉回，常闭触点断开，而常闭触点串联于控制电路，切断了控制电路后，接触器的线圈断电，从而断开电动机的主电路，电动机得到保护。热继电器的结构原理如图 9-14 所示。

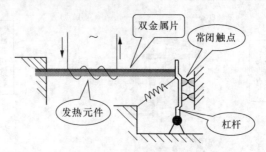

图 9-14　热继电器的结构原理

热继电器结构还包括整定电流调节凸轮及复位按钮。主电路过载，热继电器动作后，经一段时间后双金属片冷却，由于具有热惯性，热继电器不能用作短路保护。重新工作时，须按触点复位按钮。整定电流的调节可控制触点动作的时间。图 9-15 所示为热继电器的控制关系。

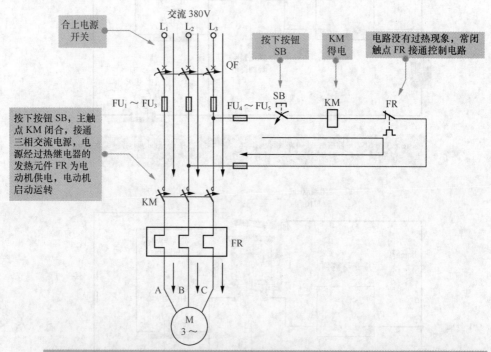

按下按钮 SB，电路没有过热等现象时，热继电器的发热元件 FR 接通电路，交流接触器线圈得电，主触点 KM 闭合，三相交流电源经过热继电器的发热元件为电动机供电，电动机启动运转。

图 9-15　热继电器的控制关系

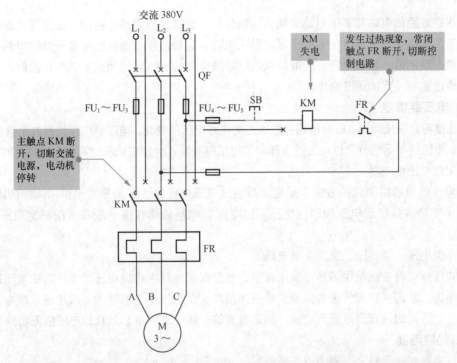

当电路中出现过载、断相、电流不平衡或三相电动机过热等现象时， 热继电器的发热元件 FR 产生的热效应推动动作机构使得常闭触点断开，继电器线圈失电从而控制交流接触器主触头断开，切断电源，电动机停转。

图 9-15　热继电器的控制关系（续）

9.3.3　继电器的选择和应用

1．接触继电器

选用此类继电器时主要是按规定要求选定触点型式和通断能力，其他原则均和接触器相同。在有些应用场合，如对继电器的触点数量要求不高，但对通断能力和工作可靠性（如耐震）要求较高的场合，最好选用小规格接触器。

2．时间继电器

选用时间继电器时要考虑的特殊要求主要是延时时间、延时类型、延时精度和工作条件。

3．电流继电器

电流继电器在使用时，应与电路串联来监测电路电流的变化。电流继电器线圈的匝数少、导线粗、阻抗小。电流继电器分为过电流继电器和欠电流继电器，分别在电流过大和电流过小时产生动作。

（1）过电流继电器。

过电流继电器主要用作电动机的短路保护，对其选择的主要参数是额定电流和动作电流。过电流继电器的额定电流应当大于或等于被保护电动机的额定电流，其动作电流可根据电动机的工作情况按其启动电流的 1.1～1.3 倍整定。一般绕线转子感应电动机的启动电流按 2.5 倍额定电流考虑；笼型感应电动机的启动电流按额定电流的 5～8 倍考虑。选择过电流继电器的动作电流时，应留有一定的调节余地。

（2）欠电流继电器。

欠电流继电器一般连接在直流电动机的励磁回路中，用于监视励磁电流，作为直流电动机的弱磁超速保护或励磁电路与其他电路之间的联锁保护。选择欠电流继电器时，应主要考虑额定电流和释放电流，其额定电流应大于或等于额定励磁电流，其释放电流整定值应低于励磁电路正常工作范围内可能出现的最小励磁电流。一般可取最小励磁电流的85%。选用欠电流继电器时，其释放电流的整定值应留有一定的调节余地。

4. 电压继电器

电压继电器在使用时，应与电路并联来监测电路电压的变化。电压继电器线圈的匝数多、导线细、阻抗大。电压继电器也分为过电压继电器和欠电压继电器，分别在电压过高和电压过低时产生动作。

（1）过电压继电器。

过电压继电器用来保护设备不受电源系统过电压的危害，多用于发电机-电动机机组系统中，选择的主要参数是额定电压和动作电压。过电压继电器的动作值一般按系统额定电压的1.1～1.2倍整定。

（2）欠电压（零电压、失压）继电器。

欠电压继电器在线路中多用作失压保护，当受保护电路中电源电压发生一定的电压降时，能自动切断电源，从而保护电气设备免受欠电压的损坏。欠电压继电器常用一般电磁式继电器或小型接触器充任，选用时只要满足额定电压、额定电流等一般要求即可，对释放电压值无特殊要求。

5. 热继电器

热继电器在选用时，可遵循以下原则。

（1）在大多数情况下，可选用两相热继电器（对于三相电压，热继电器可只接其中两相）。对于三相电压均衡性较差、无人看管的三相电动机，或与大容量电动机共用一组熔断器的三相电动机，应该选用三相热继电器。

（2）热继电器的额定电流应大于负载（一般为电动机）的额定电流。

（3）热继电器的发热元件的额定电流应略大于负载的额定电流。

（4）热继电器的整定电流一般与电动机的额定电流相等。对于过载容易损坏的电动机，整定电流可调小一些，为电动机额定电流的60%~80%；对于启动时间较长或带冲击性负载的电动机，所接热继电器的整定电流可稍大于电动机的额定电流，为其的1.1~1.15倍。

9.4 熔断器

9.4.1 熔断器的分类

熔断器是对电路、用电设备短路和过载进行保护的电器。熔断器一般串联在电路中，当电路正常工作时，熔断器就相当于一根导线；当电路出现短路或过载时，流过熔断器的电流很大，熔断器就会开路，从而保护电路和用电设备。

熔断器的种类很多，常见的有RC插入式熔断器、RL螺旋式熔断器、RM无填料封闭式熔断器、RT有填料管式熔断器、RS有填料快速熔断器和RZ自复式熔断器等。

9.4.2 熔断器的结构和原理

1. RC插入式熔断器

RC插入式熔断器主要用于电压在380V及以下、电流在5～200A之间的电路，如照明电路和小容量的电动机电路。图 9-16 所示为一种常见的 RC 插入式熔断器。这种熔断器用于额定电流在 30A 以下的电路时，保险丝一般采用铅锡丝；当用于电流为 30～100A 的电路时，保险丝一般采用铜丝；当用于电流达 100A 以上的电路时，一般用变截面的铜片作保险丝。

图 9-16 RC 插入式熔断器

2. RL 螺旋式熔断器

图 9-17 所示为一种常见的 RL 螺旋式熔断器。这种熔断器在使用时，要在内部安装一个螺旋状的熔管，在安装熔管时，先将熔断器的瓷帽旋下，再将熔管放入内部，然后旋好瓷帽。熔管上、下方为金属盖，熔管内部装有石英砂和保险丝，有的熔管上方的金属盖中央有一个红色的熔断指示器，当保险丝熔断时，指示器颜色会发生变化，以指示内部保险丝已断。指示器的颜色变化可以通过熔断器瓷帽上的玻璃窗口进行观察。

图 9-17 RL 螺旋式熔断器

RL 螺旋式熔断器具有体积小、分断能力较强、工作安全可靠、安装方便等优点，通常用在工厂 200A 以下的配电箱、控制箱和机床电动机的控制电路中。

3. RM 无填料封闭式熔断器

图 9-18 所示为一种典型的 RM 无填料封闭式熔断器，可以拆卸。这种熔断器的熔体是一种变截面的锌片，被安装在纤维管中，锌片两端的刀形接触片穿过黄铜帽，再通过垫圈安插在刀座中。这种熔断器通过大电流时，锌片上窄的部分首先熔断，使中间大段的锌片脱断，形成很大的间隔，从而有利于灭弧。

图 9-18 RM 无填料封闭式熔断器

RM 无填料封闭式熔断器具有保护性好、分断能力强、熔体更换方便和安全可靠等优点，主要用在交流 380V 以下、直流 440V 以下、电流 600A 以下的电力电路中。

4. RT 有填料封闭管式熔断器

RT 有填料封闭管式熔断器又称为石英熔断器，它常用作变压器和电动机等电气设备的过载和短路保护。图 9-19 所示是几种常见的 RT 有填料封闭管式熔断器，这种熔断器可以用螺钉、卡座等与电路连接起来。

图 9-19　RT 有填料封闭管式熔断器

RT 有填料封闭管式熔断器具有保护性好、分断能力强、灭弧性能好和使用安全等优点，主要用在短路电流大的电力电网和配电设备中。

5. RS 有填料快速熔断器

RS 有填料快速熔断器主要用于硅整流器件、晶闸管器件等半导体器件及其配套设备的短路和过载保护，它的熔体一般采用银制成，具有熔断迅速、能灭弧等优点。图 9-20 所示为两种常见的 RS 有填料快速熔断器。

图 9-20　两种常见的 RS 有填料快速熔断器

6. RZ 自复式熔断器

RZ 自复式熔断器如图 9-21 所示，其内部采用金属钠作为熔体，在常温下，钠的电阻很小，整个保险丝的电阻也很小，可以通过正常的电流，若电路出现短路，则会导致流过钠熔体的电流很大，钠被加热气化，电阻变大，熔断器相当于开路，当短路消除后，流过的电流减小，钠又恢复成固态，电阻又变小，熔断器自动恢复正常。

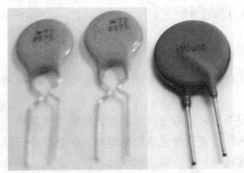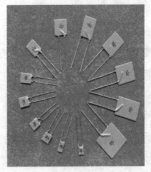

图 9-21　RZ 自复式熔断器

RZ 自复式熔断器通常与低压断路器配套使用，其中 RZ 自复式熔断器用作短路保护，断路器用作控制和过载保护，这样可以提高供电的可靠性。

9.4.3　熔断器的选择和应用

1. 熔断器的选择

熔断器的主要参数有额定电压、额定电流、额定分断电流等。选用时，应先根据实际使用条件确定熔断器的类型，包括选定合适的使用类别和分断范围。在保证使熔断器的最大分断电流大于线路中可能出现的峰值短路电流有效值的前提下，选定熔断器的额定电流，同时使熔断器的额定电压不低于线路的额定电压。但当熔断器用于直流电路时，应注意制造厂提供的直流电路数据或与制造厂协商，否则应降低电压使用。

选择熔断器的类型时，主要依据负载的保护特性和预期短路电流的大小。例如，对于用于保护照明和小容量电动机的熔断器，一般考虑它们的过电流保护；而对于大容量的照明线路和电动机，主要考虑短路保护及短路时的分断能力。除此以外，还应考虑加装过电流保护。

用作一般用途的熔断器的选用原则如下。

（1）用于保护负载电流比较平稳的照明或电热设备，以及一般控制电路的熔断器，其熔断器额定电流一般按线路计算电流确定。

（2）用于保护电动机的熔断器，应将电动机的启动电流倍数作为考虑因素，一般选择熔断器额定电流为电动机额定电流的 1.5 ~ 2.5 倍。对于不经常启动或启动时间不长的电动机，选较小倍数；对于频繁启动的电动机，选较大倍数。

对于给多台电动机供电的主干线母线处的熔断器的熔断体额定电流，可按下式计算：

$$I_{FN} \geqslant (2.0 \sim 2.5)I_{MN} + I_{MN\,max} + \sum I_{MN}$$

式中　I_{FN}——熔断器的额定电流；

　　　I_{MN}——电动机的额定电流；

　$I_{MN\,max}$——多台电动机中容量最大的一台电动机的额定电流；

　$\sum I_{MN}$——其余电动机额定电流之和。

为防止发生越级熔断，上、下级（即供电干、支线）熔断器间应有良好的协调配合，宜进行较详细的整定计算和校验。

2. 熔断器的应用

（1）安装熔断器除保证足够的电气距离外，还应保证足够的间距，以便于拆卸、更换熔体。

（2）安装时，应保证熔体和触刀，以及触刀和触刀座之间接触紧密可靠，以免由于接触处发热，使熔体温度升高发生误熔断。

（3）安装熔体时，必须保证接触良好，不允许有机械损伤，否则准确性将降低。

（4）安装螺旋式熔断器时，必须注意将电源线接到瓷底座的下接线端（即低进高出的原则），以保证安全。

（5）更换熔断器，必须先断开电源，一般不应带负载更换熔断器，以免发生危险。

（6）在运行中应经常注意熔断器的指示器，以便及时发现熔体熔断，防止缺相运行。

（7）更换熔体时，必须注意新熔体的规格尺寸、形状应与原熔体相同。

9.5　刀开关

9.5.1　刀开关的分类及结构

刀开关又称闸刀开关，是一种手动配电电器，常用作电源的引入开关或隔离开关，也可用于小容量的三相异步电动机不频繁地启动或停止的控制。

根据工作条件和用途的不同，刀开关有不同的结构形式，但其工作原理基本相似。具体分类如下。

（1）刀开关按极数划分，分为单极刀开关、双极刀开关和三极刀开关。

（2）刀开关按转换方式划分，分为单投刀开关和双投刀开关。

（3）刀开关按操作方式划分，分为中央手柄式刀开关和带杠杆机构操纵式刀开关等。

（4）刀开关按灭弧情况划分，分为带灭弧罩刀开关和不带灭弧罩刀开关。

（5）刀开关按接线方式划分，分为板前接线式刀开关和板后接线式刀开关。

常见刀开关主要有 HD 型单投刀开关、HS 型双投刀开关（刀形转换开关）、HR 型熔断器式刀开关、HZ 型组合刀开关、HK 型开启式刀开关、HY 型倒顺刀开关和 HH 型封闭式刀开关等。常见刀开关的实物外形及结构如图 9-22 所示。

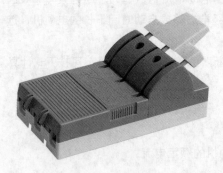 

（a）外形　　　　　　　　　　　　　（b）结构

图 9-22　刀开关的实物外形及结构

组合开关又称转换开关，实质上也是一种刀开关，主要用作电源的引入开关。与普通刀开关不同的是，组合开关的刀片是旋转式的，比刀开关轻巧，是一种多触点、多位置，可控制多个回路的电器。组合开关的实物外形及结构如图 9-23 所示。

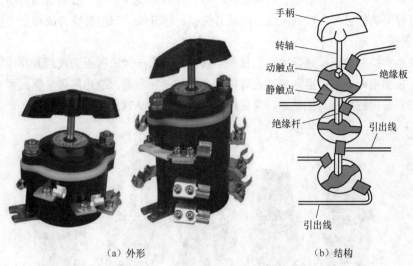

手柄
转轴
动触点
静触点
绝缘板
绝缘杆
引出线
引出线

（a）外形　　　　　　　　　　（b）结构

图 9-23　组合开关的实物外形及结构

9.5.2　刀开关的选择和应用

1. 刀开关的选择

选择刀开关的主要原则是保证其额定绝缘电压和额定工作电压不低于线路的相应数据，额定工作电流不小于线路的计算电流。当要求有通断能力时，必须选用具备相应额定通断能力的刀开关。如需接通短路电流，则应选用具备相应短路接通能力的刀开关。刀开关的额定电压应大于或等于线路的工作电压；刀开关的极数应与控制支路相同。用于照明、电热电路时，额定电流应略大于线路的工作电流；用于控制电动机时，额定电流应等于线路工作电流的 3 倍。

选择刀开关电路特性时，要根据线路要求决定电路数、触点种类和数量。

熔断器组合电器的选用，需在上述刀开关的选用要求之外再考虑熔断器的特点（参见熔断器的选用原则）。

2. 刀开关的应用

（1）刀开关应垂直安装在控制屏或开关板上，不得倒装，即"手柄向上为合闸，向下为断闸"，否则在分断状态下，若出现刀开关松动脱落，会造成误接通，引起安全事故。

（2）对刀开关接线时，电源进线和出线不能接反。开启式刀开关的上接线端应接电源进线，负载则接在下接线端，以便于安全地更换保险丝。

（3）封闭式刀开关的外壳应可靠接地，防止意外漏电使操作者发生触电事故。

（4）刀开关距地面的高度为 1.3~1.5m，在有行人通过的地方应加装防护罩。同时，刀开关在接线、拆线和更换保险丝时应先断开电路。

9.6　主令电器

9.6.1　主令电器的分类及结构

主令电器是用来频繁操纵多个控制回路以发布命令或对生产过程进行程序控制的开关电器。主令电器具有接通和断开电路的功能。利用这种功能，可以实现对生产机械的自动控制。

主令电器按其功能可分为控制按钮、接近开关、行程开关、万能转换开关和主令控制器等。

1. 按钮开关

按钮开关也称控制按钮，通常简称为按钮。按钮开关是一种短时接通或断开小电流电路的手动电器，常用于控制电路中发出启动或停止等指令，以控制接触器、继电器等电器线圈电流的接通或断开，再由它们去接通或断开主电路。常见的按钮开关如图 9-24 所示。

图 9-24　常见的按钮开关

按钮开关按用途和触点的结构不同可分为停止按钮、启动按钮及复合按钮。

按钮开关按结构可分为按钮式、紧急式、钥匙式、旋钮式和保护式 5 种。

按钮开关根据其内部结构的不同可分为不闭锁的按钮开关和可闭锁的按钮开关。不闭锁的按钮开关是指按下按钮开关时内部触点动作，松开按钮时其内部触点自动复位；而可闭锁的按钮开关是指按下按钮开关时内部触点动作，松开按钮时其内部触点不能自动复位，需要再次按下按钮开关，其内部触点才可复位。

按钮开关是电路中的关键控制部件，不论是不闭锁的按钮开关还是闭锁按钮开关，根据电路的需要，都可以分为常开、常闭和复合三种形式，下面以不闭锁的按钮开关为例，分别介绍一下这三种形式按钮开关的控制功能。

（1）不闭锁的常开按钮开关。

如图 9-25 所示，不闭锁的常开按钮连接在电池和灯泡（负载）之间，用于控制灯泡的点亮和熄灭，在未对其进行操作时，灯泡处于熄灭状态。

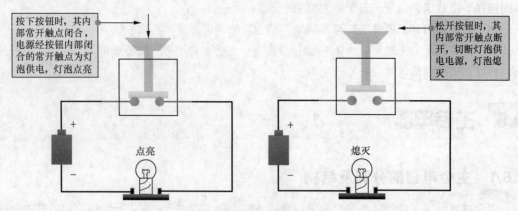

图 9-25　不闭锁的常开按钮的控制关系

（2）不闭锁的常闭按钮开关。

不闭锁的常闭按钮操作前，内部常闭触点处于闭合状态，按下按钮后，内部常闭触点断开，松开按钮后，按钮自动复位闭合。图 9-26 所示为不闭锁的常闭按钮的控制关系。

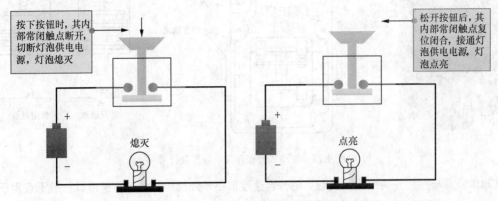

图 9-26　不闭锁的常闭按钮的控制关系

（3）不闭锁的复合按钮开关。

如图 9-27 所示，不闭锁的复合按钮内部有两组触点，分别为常开触点和常闭触点。操作前，常闭触点闭合，常开触点断开；按下按钮后，常闭触点断开，常开触点闭合；松开按钮后，常闭触点自动复位闭合，常开触点自动复位断开。

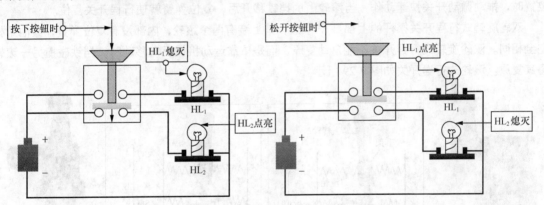

图 9-27　不闭锁的复合按钮的控制关系

2. 行程开关

行程开关又称限位开关，是把机械信号转变为电气信号的电气开关，是一种常用的小电流主令电器。它是利用机械运动部件的碰撞使其触点动作来实现接通或分断控制电路，达到一定的控制目的。通常，这类开关被用来限制机械运动的位置或行程，使运动机械按一定位置或行程自动停止、反向运动、变速运动或自动往返运动等。

行程开关的种类很多，根据结构可分为直动式（或称按钮式）行程开关、滚轮式行程开关、微动式行程开关等。

（1）直动式行程开关。

直动式行程开关由推杆、弹簧、动断触点（常闭触点）、动合触点（常开触点）等组成。由外部机械运动部件的撞块碰撞按钮使其触点动作，当运动部件离开后，在弹簧作用下，其触点自动复位。直动式行程开关的外形及符号如图 9-28 所示。

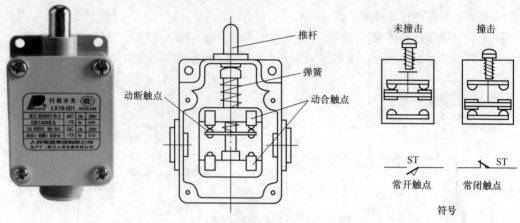

图 9-28　直动式行程开关的外形及符号

其动作原理与按钮开关相同，其触点的分合速度取决于外部机械的运行速度，一般不宜用于速度低于 0.4m/min 的场所。当运行速度低于 0.4m/min 时，触点分断的速度将会很慢，触点易受电弧烧灼。

（2）滚轮式行程开关。

滚轮式行程开关由滚轮、上转臂、弹簧、套架、滑轮、压板、触点、横板等组成。滚轮式行程开关包括单轮自动恢复式行程开关和双轮旋转式行程开关。单轮自动恢复式行程开关是当运动机械的撞块压到行程开关的滚轮上时，传动杠连同转轴一同转动，使凸轮推动撞块，当撞块碰压到一定位置时，推动微动开关快速动作；当滚轮上的挡铁移开后，复位弹簧就使行程开关复位。

双轮旋转式行程开关摆杆的上部是 V 字形，其上装有两个滚轮，内部没有复位弹簧，其他结构完全相同。双轮旋转式行程开关不能自动复原，而是依靠运动机械反向移动时，挡铁碰撞另一滚轮将其复原。滚轮式行程开关如图 9-29 所示。

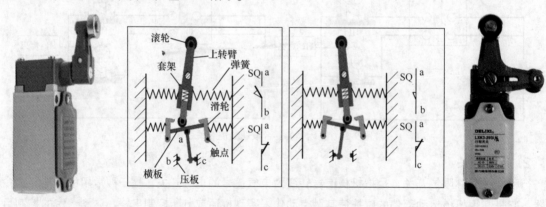

图 9-29　滚轮式行程开关

滚轮式行程开关的优点是触点的通断速度不受撞块运动速度的影响，动作较快；其缺点是结构较复杂，价格较贵。常用的滚轮式行程开关有 LX1、LX19 等系列。

（3）微动式行程开关。

微动式行程开关是当推杆有微小的移动时，带动开关内的压缩弹簧动作，加速触点的打开与关闭。和直动式、滚轮式的行程开关相比较，微动式行程开关的动作行程小，定位精度高，但触点的容量较小。其推杆（探测头）通常为一个小凸台或者一个探出的板，压下凸台或探出板则内部的开关动作，如图 9-30（a）所示。常用的有 LXW-11 系列，它由推杆、弹簧、压缩弹簧、动断触点、动合触点等组成，如图 9-30（b）所示。微动式行程开关适用于食品机械、自动包装机、机床设备、输送机械、自动生产线控制、对防护要求严格的轻工业机械等。

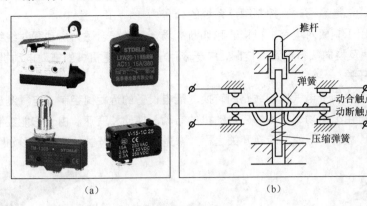

图 9-30 微动式行程开关

（4）组合式行程开关。

组合式行程开关具有较高的定位精度、防护等级高、寿命长、动作可靠等特点，适用于要求精度准确的场合，可广泛应用于各类数控机床、组合机床，各种动力、液压滑台及自动流水等机械设备的电气控制系统中。

常用的组合式行程开关有 LXZ1 系列，适用于交流 50~60Hz，电压 220V~380V，或直流电压 220V 的控制电路中，作为控制、限位、定位、信号、程序转换等用途。本系列组合式行程开关由防护外壳、操作系统及触点元件三个主要部分组成，常用的推杆数量有 2、3、4、5、6、8 六种，推杆采用双重弹簧结构，具有较好的缓冲作用，推杆的外形有屋脊形（锥角式）（W）、滚轮形（N）和滚球形（C）。组合式行程开关如图 9-31 所示。

图 9-31 组合式行程开关

3. 主令控制器

主令控制器亦称主令开关，如图 9-32 所示，是一种按照预定程序来转换控制电路接线的主令电器。由触点系统、操作机构、转轴、齿轮减速机构、凸轮、外壳等部件组成。主令控制器的控制对象是二次电路，其触点工作电流不大。

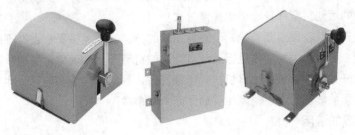

图 9-32 主令控制器的实物外形

主令控制器按凸轮的结构形式可分为凸轮调整式和凸轮非调整式主令控制器两种，动作原理与万能转换开关相同，都是靠凸轮来控制触点系统的分合。

主令控制器适用于频繁对电路进行接通和切断的场合，常配合磁力启动器对绕线式异步电动机的启动、制动、调速及换向实行远距离控制，广泛应用于各类起重机械的拖动电动机的控制系统中。

4．万能转换开关

万能转换开关主要用于电气控制线路的转换、配电设备的远距离控制、电气测量仪表的转换和微电机的控制，也可用于小功率笼型感应电动机的启动、换向和变速。由于它能控制多个回路，适应复杂线路的要求，故有"万能"转换开关之称。常见万能转换开关的实物外形如图 9-33 所示。

图 9-33　常见万能转换开关的实物外形

9.6.2　主令电器的选择和应用

1．按钮开关的选用

（1）应根据使用场合和具体用途选择按钮的种类。例如，控制柜、控制箱和控制台面板上的按钮一般可用开启式按钮开关；如需要显示工作状态则用带指示灯的按钮开关；在非常重要位置，为防止无关人员误操作宜用钥匙式按钮开关；在有腐蚀性气体位置要用防腐式的按钮开关，在有爆炸性气体位置要用防爆式的按钮开关。

（2）应根据工作状态指示和工作情况的要求选择按钮和指示灯的颜色。如停止或分断用红色；启动或接通用绿色；应急或干预用黄色。

（3）应根据控制回路的需要确定按钮及其触点的数量。

2．行程开关的选用

（1）根据使用场合和控制对象确定行程开关的种类。当生产机械速度不是太快时，可选用一般用途的行程开关；若生产机械行程通过的路径上不宜装设直动式行程开关时，就应选用凸轮轴转动式的行程开关；而在工作频率很高、对可靠性及精度要求也很高时，宜选用接近开关。

（2）根据安装环境选择防护形式，如开启式或保护式。

（3）根据控制回路的电压和电流及所要求的触点数量选择行程开关的规格。

（4）根据机械的运动特征选择合适的操作方式。

（5）位置开关安装时，位置要准确，应注意滚轮的方向，不能接反，否则不能实现控制要求。

（6）应经常检查行程开关的动作是否灵活可靠，螺钉有无松动现象，发现故障要及时排除。

（7）由于行程开关一般都装在生产机械的运动部位，易沾上尘垢和油污，也容易磨损，应及时清除或更换过度磨损的零部件，以免发生误动作而引起事故。

3．主令控制器的选用

（1）根据控制电源、控制电路数，确定额定电压和额定电流。

（2）根据使用环境选择主令控制器的防护形式。

（3）根据控制要求选择控制及操作挡位。

（4）根据触点合断需求情况特征确定主令控制器的产品型号。

（5）根据操作方式选择凸轮调整式或非调整式主令控制器。

4．万能转换开关的选用

万能转换开关主要根据用途、接线方式、所需触点挡数和额定电流来选择。

万能转换开关的安装与使用注意事项如下。

（1）安装位置应与其他电器元件或机床的金属部件有一定的间隙，以免在通断过程中因电弧喷出而发生对地短路故障。

（2）开关应水平安装在屏板上，但也可以倾斜或垂直安装。

（3）开关用来控制电动机时，LW5 系列只能控制 5.5kW 以下的小容量电动机。若用于控制电动机的正反转，则只有在电动机停止后才能反向启动。

（4）开关本身不带保护，使用时必须与其他电器配合。

（5）当万能转换开关有故障时，必须立即切断，检查有无妨碍可动部分正常转动的故障，检查弹簧有无变形或失效，触点工作状态和触点状况是否正常等。

第10章

电器部件的检测方法

电器部件在电工电路中起着重要的作用，对于学习电工知识的人员，掌握一些电气部件的检测方法是非常必要的。本章详细介绍了开关、熔断器、低压断路器、漏电保护器、接触器、继电器、电动机等的检测方法。

10.1 开关的检测方法

10.1.1 常开开关的检测方法

常开开关位于接触器线圈和供电电源之间，用来控制接触器线圈的得电，从而控制用电设备的工作。若该常开开关损坏，应对其触点的断开和闭合阻值进行检测。

常开开关的检测步骤如下。

第一步：将模拟万用表置于"R×1"挡，红、黑表笔短接进行短路调零。

第二步：常态下（未按下按钮）对常开开关触点之间的电阻进行检测，如图10-1所示。将万用表的红、黑表笔分别接在常开按钮的两个接线端子上，正常情况下按钮触点处于断开状态，触点间的电阻值为无穷大。

图 10-1　未按下按钮时检测常开开关

第三步：按下按钮时检测常开触点是否变化。测试过程如图10-2所示，保持红、黑表笔不动，按下按钮，再次检测触点间的电阻值。如果测试结果约为0Ω，则说明常开开关是好的；如果测试结果仍然是无穷大，则说明开关损坏。

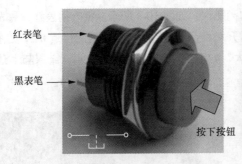

红表笔

黑表笔

按下按钮

图 10-2　按下按钮时检测常开开关

10.1.2　复合按钮开关的检测方法

复合按钮开关是将常开和常闭按钮组合为一体的按钮开关，即具有常开触点和常闭触点。在未按下按钮时，复合按钮开关内部的常闭触点处于闭合状态，常开触点处于断开状态。按下按钮时，复合按钮开关内部的常闭触点断开，常开触点闭合。根据此特性，使用万用表分别检测复合按钮开关的常开、常闭触点间的电阻即可。具体检测步骤如下。

第一步：将模拟万用表置于 "R×1" 挡，红、黑表笔短接进行短路调零。

第二步：在常态下（未按下按钮）时检测常开、常闭触点，如图 10-3 所示。将万用表的红、黑表笔分别接在常开触点的两个接线端子上，正常情况下，按钮的常开触点处于断开状态，触点间的电阻值为无穷大，如图 10-3（a）所示，用同样的方法检测常闭触点间的电阻，正常情况下，按钮的常闭触点处于接通状态，触点间的电阻值应约为 0Ω，如图 10-3（b）所示。

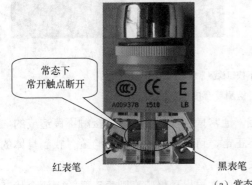

常态下
常开触点断开

红表笔　　　　　　　　　黑表笔

（a）常态下检测常开触点

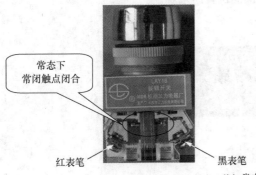

常态下
常闭触点闭合

红表笔　　　　　　　　　黑表笔

（b）常态下检测常闭触点

图 10-3　常态下检测复合按钮开关

第三步：按下按钮开关，再次检测常开、常闭触点，如图 10-4 所示。将万用表红、黑表笔分别接在常闭触点的两个接线端子上，此时开关按下常开触点闭合，检测其电阻值应接近 0Ω，如图 10-4（a）所示；常闭触点断开，检测其电阻值应为无穷大，如图 10-4（b）所示。如测试结果与上述不符，则表明复合按钮开关损坏。

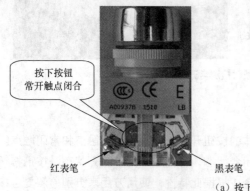

（a）按下按钮检测常开触点

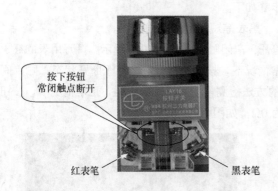

（b）按下按钮检测常闭触点

图 10-4 按下按钮时检测复合按钮开关

测量常闭或常开触点时，如果出现阻值不稳定，通常是由于相应的触点接触不良造成的。因为开关的内部结构比较简单，如果检测时发现开关不正常，可将开关拆开进行检查，找到具体的故障原因，并进行排除，无法排除的则要更换新的开关。

利用数字式万用表进行检测时，可以选择蜂鸣挡，如果出现蜂鸣声则表示开关为闭合状态，否则为断开状态。数字式万用表的蜂鸣挡如图 10-5 圆圈位置所示。

图 10-5 数字式万用表的蜂鸣挡示意图

10.2　熔断器的检测方法

熔断器是对电路、用电设备短路或严重过载进行保护的电器。熔断器是串联接在电路中使用的，当电路正常工作时，熔断器相当于一根导线；当电路出现短路或严重过载时，熔断器就会开路，从而保护电路和用电设备。

熔断器常见故障是开路和接触不良。熔断器的种类很多，但检测方法基本相同。正常情况下，如果熔断器的电阻值接近 0Ω，则说明熔断器良好；若熔断器的电阻值为无穷大，则表明熔断器开路；若阻值不稳定（时大时小），则表明熔断器内部接触不良。具体检测步骤如下。

第一步：将模拟万用表置于 "R×1" 挡，红、黑表笔短接进行短路调零。

第二步：将红、黑表笔分别接在被测熔断器两端的金属壳上，测量熔断器的电阻，若测得的电阻值接近 0Ω，则说明熔断器正常，如图 10-6 所示。

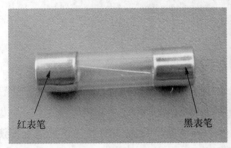 

图 10-6　检测正常的熔断器

图 10-7 测试的是一个损坏的熔断器，测得熔断器的阻值为无穷大，说明该熔断器的熔丝已经熔断。

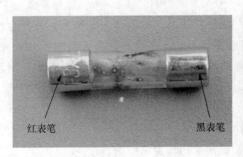 

图 10-7　检测损坏的熔断器

10.3　低压断路器的检测方法

低压断路器是一种既可以通过手动，也可以自动控制的低压开关，它不仅能对电路进行不频繁的通断控制，还能在电路出现过载、短路和欠压时自动切断电路。

检测低压断路器时，可以通过万用表测量断路器两端的电压或者各组开关的电阻来判断断路器是否正常。对于正常使用的断路器判断是否存在故障时，常用电压测试法。

10.3.1　电压测试法

电压测试法是利用万用表的电压挡测试电压的检测方法，下面具体介绍使用模拟万用表检测低压断路器的步骤。

第一步：将模拟万用表置于电压挡，注意交直流电压的区分以及量程的选择，选择的电压量程要大于被测电压。以测量交流 380V 电压为例，选择交流挡 500V，如图 10-8 所示。

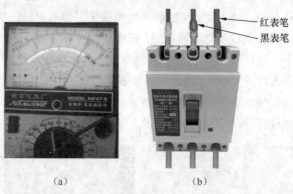

红表笔
黑表笔

（a）　　　　　　　　（b）

图 10-8　测量断路器电压示意图

第二步：确认低压断路器处于闭合位置（处于"ON"位置），将红、黑表笔分别接在断路器上端的两个接线端子上[见图 10-8（b）]，正常情况下测得的电压值应为 380V，如图 10-8（a）所示。如果三相电压正常，用万用表红、黑表笔接断路器下端的两个接线端子上，正常情况下测得的电压值应为 380V，采用同样的方法测量另外的接线端子间的电压，正常电压均应为 380V，若某两相中间的电压为 0V 或时有时无，则表明断路器的该路触点损坏或接触不良。

10.3.2　电阻测试法

采用电阻测试法测得低压断路器的各组触点在断开状态下阻值均为无穷大，在闭合状态下均接近 0Ω，则表明低压断路器正常；若测得低压断路器的触点在断开状态下阻值为 0Ω，则表明低压断路器内部触点粘连损坏；若测得低压断路器的触点在闭合状态下阻值为无穷大，则表明低压断路器内部触点断路损坏；若测得低压断路器内部的各组触点有任一组损坏，均说明低压断路器损坏。

下面具体介绍用模拟万用表检测低压断路器的步骤。

第一步：将模拟万用表置于"R×1"挡，红、黑表笔短接进行短路调零。

第二步：低压断路器处于断开位置（处于"OFF"位置），将红、黑表笔分别接在断路器一组开关的两个接线端子上，正常情况下电阻值应为无穷大，如图 10-9 所示。采用同样的方法测量其他触点的接线端子间的电阻值，正常电阻值均应为无穷大，若某路触点的电阻为 0Ω 或时大时小时，则表明断路器的该路触点短路或接触不良。

第三步：低压断路器处于闭合位置（处于"ON"位置），将红、黑表笔分别接在断路器一组开关的两个接线端子上，正常情况下电阻值应接近 0Ω，如图 10-10 所示。采用同样的方法测量其他触点的接线端子间的电阻值，正常电阻值均应接近 0Ω，若某路触点的电阻为无穷大或时大时小时，则表明断路器的该路触点开路或接触不良。

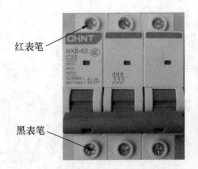

红表笔

黑表笔

图 10-9　低压断路器处于断开位置的检测

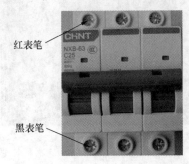

红表笔

黑表笔

图 10-10　低压断路器处于闭合位置的检测

10.4　漏电保护器的检测方法

　　漏电保护器是一种具有漏电保护功能的断路器。漏电保护器的面板结构如图 10-11 所示，左边为断路器部分，右边为漏电保护部分，漏电保护部分的主要参数有漏电保护的动作电流和动作时间。

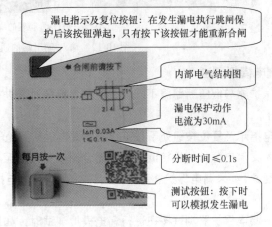

漏电指示及复位按钮：在发生漏电执行跳闸保护后该按钮弹起，只有按下该按钮才能重新合闸

内部电气结构图

漏电保护动作电流为30mA

分断时间≤0.1s

测试按钮：按下时可以模拟发生漏电

图 10-11　漏电保护器的面板结构

　　漏电保护器的检测包括输入/输出端的通断测试和漏电模拟测试。

1. 输入/输出端的通断测试

　　漏电保护器输入/输出端的通断测试与低压断路器基本相同，即将开关分别置于"OFF"和"ON"位置，分别测量每组输入端与输出端的电阻值。

　　具体检测步骤如下。

第一步：将模拟万用表置于"R×1"挡，红、黑表笔短接进行短路调零。

第二步：先将漏电保护器的开关置于"OFF"位置，将红、黑表笔分别接在断路器一组开关的两个接线端子上，测量输入端与对应输出端之间的电阻值，正常情况下电阻值应为无穷大，如图 10-12（a）所示。

第三步：将漏电保护器的开关置于"ON"位置，将红、黑表笔分别接在断路器一组开关的两个接线端子上，测量输入端与对应输出端之间的电阻值，正常情况下电阻值约为 0Ω，如图 10-12（b）所示，若检测与上述不符，则漏电保护器损坏。

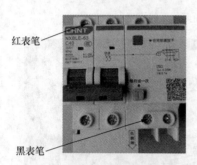 

（a）置于"OFF"位置的检测

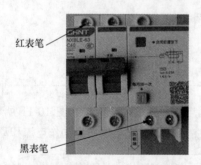 

（b）置于"ON"位置的检测

图 10-12　输入/输出端的通断测试

2. 漏电模拟测试

漏电保护器与低压断路器不同，在使用之前要对其进行漏电测试。漏电保护器的漏电测试的具体步骤如下。

使漏电指示及复位按钮处于按下状态，漏电保护器处于断开状态（开关拨至"OFF"位置），在输入端接入交流电源，然后将漏电保护器合闸（开关拨至"ON"位置）。按下测试按钮，模拟线路出现漏电现象，如果漏电保护器正常，则会跳闸，同时漏电指示及复位按钮弹起。测试过程如图 10-13 所示。

在按下漏电保护器测试按钮进行漏电模拟测试时，如果漏电保护器没有进行跳闸保护，可能是漏电测试线路故障，也可能是其他故障（如内部机械类故障）。如果仅是内部漏电测试线路出现故障导致漏电测试不跳闸，这样的漏电保护器是可以继续使用的，在实际线路出现漏电时仍会执行跳闸保护。

漏电保护器的漏电测试线路由一个测试按钮和一个电阻构成。漏电保护器的漏电测试线路的检测如图 10-14 所示，具体检测步骤如下。

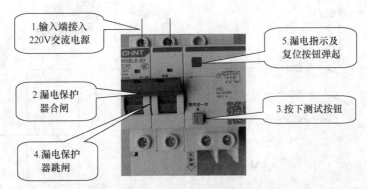

图 10-13　漏电保护器的漏电模拟测试

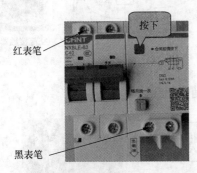

图 10-14　漏电保护器的漏电测试线路的检测

第一步：将模拟万用表置于"R×100"挡，红、黑表笔短接进行短路调零。

第二步：将红、黑表笔分别接一组开关的输入端和输出端。

第三步：将漏电保护器手柄置于"ON"位置，再按下测试按钮。

第四步：读取电阻值为 350Ω，该电阻值就是内部漏电测试线路的电阻值，如果按下按钮测得的电阻值为无穷大，则可能是按钮开关开路或电阻开路。

10.5　接触器的检测方法

　　交流接触器位于热继电器的上一级，用来频繁接通或断开用电设备的供电电路。图 10-15 所示为典型的电动机控制线路图，接触器的主触头连接在电动机所在的主回路中，线圈则连接在控制回路。可以对接触器触点和线圈的阻值进行检测，来判断接触器是否正常。

　　检测之前，先根据接触器外壳上的标识对接触器的接线端子进行识别。如图 10-16 所示，接线端子 1/L1、2/T1 为相线 L1 的接线端，3/L2、4/T2 为相线 L2 的接线端，5/L3、6/T3 为相线 L3 的接线端。13、14 为辅助触点的接线端，A1、A2 为线圈的接线端。

　　图 10-16 中的交流接触器只有一个常开辅助触点，如果希望增加一个常开辅助触点和一个常闭辅助触点，则可以在该接触器上安装一个辅助触点组，安装时只要将辅助触点组底部的卡扣套在交流接触器的联动架上即可。安装了辅助触点的交流接触器如图 10-17 所示。当交流接触器的控制线圈通电时，除了自身各个触点会动作外，还通过联动架带动辅助触点组内部的触点动作。

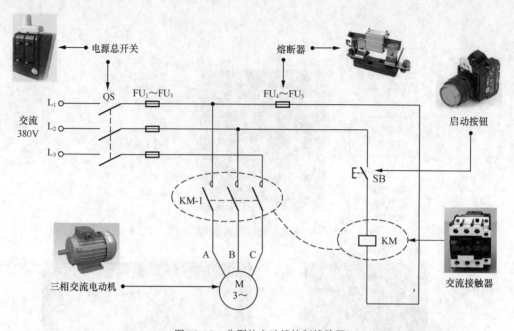

图 10-15 典型的电动机控制线路图

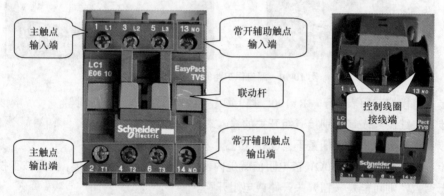

图 10-16 交流接触器端子识别

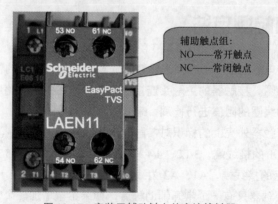

图 10-17 安装了辅助触点的交流接触器

　　线圈不通电时,主触点断开电阻值为无穷大,辅助常开触点断开电阻值为无穷大,辅助常闭触点接通电阻值接近 0Ω。因此,我们可以使用万用表检测接触器的阻值判断其好坏。交流和直流接触器的检测方法基本相同,下面以交流接触器为例进行说明。

交流接触器的检测步骤如下。

（1）检测控制线圈的电阻值。

正常情况下，接触器内部线圈的电阻值一般为几百到几千欧姆，不同型号线圈的电阻值有所不同，可以通过这一特点检测线圈的电阻值判断其好坏，具体检测步骤如下。

第一步：将模拟万用表置于"R×100"挡，红、黑表笔短接进行短路调零。

第二步：将红、黑表笔分别接在控制线圈的接线端 A1 和 A2 上，如图 10-18 所示。实测控制线圈的电阻值约为 850Ω。

一般来说，交流接触器功率越大，要求线圈对触点的吸合力越大（即要求线圈流过的电流大），线圈电阻更小。若线圈的电阻值为无穷大，则线圈开路；若线圈的电阻值为 0Ω，则线圈短路。

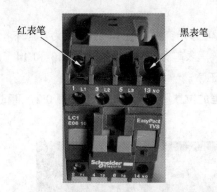

图 10-18　检测控制线圈的电阻值

（2）检测主触点。

因为常态下主触点处于开路状态，故正常电阻值应为无穷大，而当接触器动作时，主触点立即吸合，主触点间的电阻值约为 0Ω，利用这一特点可以使用万用表检测主触点的好坏。具体检测步骤如下。

第一步：将模拟万用表置于"R×1"挡，红、黑表笔短接进行短路调零。

第二步：将红、黑表笔接在 1/L1 和 2/T1 引脚上，此时万用表显示阻值为无穷大，如图 10-19 所示，即表明第一组触点正常；采用同样的方法测量 3/L2 与 4/T2、5/L3 与 6/T3 接线端子间的电阻，正常电阻值均应为无穷大；若某路触点的电阻值为 0Ω 或时大时小时，则表明接触器的该路触点短路或接触不良。

第三步：用改锥按下联动杆，主触头闭合，将红、黑表笔接在 1/L1 和 2/T1 引脚上，此时万用表显示电阻值约为 0Ω，如图 10-20 所示，表明第一组触点正常。采用同样的方法测试其他触点。

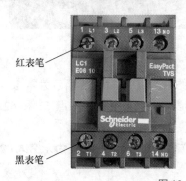

图 10-19　常态下检测主触点

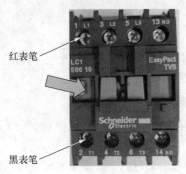

红表笔

黑表笔

图 10-20　按下联动杆检测主触点

（3）检测常开触点和常闭触点。

① 常态下接触器的常开触点断开，触点间的电阻值为无穷大，图 10-21 所示为常态下检测接触器常开触点电阻，将模拟万用表置于 "R×1" 挡，红、黑表笔分别接在常开触点 13 和 14 引脚上，此时万用表显示阻值为无穷大，即表明被测常开触点正常。

当用改锥按下联动杆，常开触点闭合，红、黑表笔的位置不动，测试阻值变为 0Ω，测试过程如图 10-22 所示。

红表笔

黑表笔

图 10-21　常态下检测常开触点

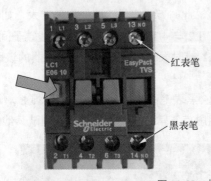

红表笔

黑表笔

图 10-22　按下联动杆检测常开触点

② 常态下接触器的常闭触点接通，触点间的电阻值约为 0Ω，图 10-23 所示为常态下检测接触器常闭触点电阻，将模拟万用表置于 "R×1" 挡，红、黑表笔分别接在常闭触点 61 和 62 引脚上，此时万用表显示阻值约为 0Ω，即表明被测常闭触点正常。

当用改锥按下联动杆，常闭触点断开，红、黑表笔的位置不动，测试阻值变为无穷大，如图 10-24 所示。

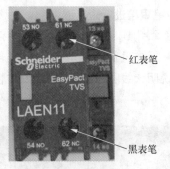

图 10-23　常态下检测常闭触点

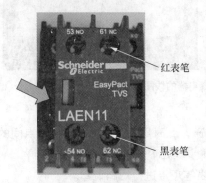

图 10-24　按下联动杆检测常闭触点

10.6　继电器的检测方法

10.6.1　电磁继电器的检测方法

　　电磁继电器是最常用的继电器，它是依靠电磁线圈在通过直流或交流电流时产生的磁场吸引衔铁或铁芯带动触点动作，实现电路的接通或断开。在电力拖动控制、保护及各类电器的遥控和通信领域用途广泛。

　　对于外壳透明的电磁继电器，检测线圈正常后，可直接观察内部的触点等部件是否损坏，根据情况进行维修或更换。而对于封闭式电磁继电器，则需要检测线圈和触点的阻值来判断继电器是否损坏。若发现继电器损坏则需要进行整体更换。图 10-25 所示为 T73 型电磁继电器的外形及引脚排列。

图 10-25　T73 型电磁继电器的外形及引脚排列

1. 检测电磁继电器线圈

可使用万用表测量继电器线圈的阻值来判断继电器线圈的好坏，具体检测步骤如下。

第一步：将模拟万用表置于"R×100"挡，红、黑表笔短接进行短路调零。

第二步：将万用表红、黑表笔分别接继电器线圈的两个引脚，如图 10-26 所示。测试电阻值应与该继电器的线圈电阻基本相符，实测值为 1700Ω。如果阻值明显偏小，说明线圈局部短路；如果阻值为 0Ω，说明两线圈引脚间短路；如阻值为无穷大，说明该线圈已断路，以上三种情况都说明该继电器已经损坏。

图 10-26　检测电磁继电器的线圈

2. 检测触点

未加上工作电压时，常开触点断开，常闭触点接通，此时用万用表测试常开触点间的电阻值应为无穷大，而常闭触点间的电阻值约为 0Ω，具体检测步骤如下。

第一步：将模拟万用表置于"R×1"挡，红、黑表笔短接进行短路调零。

第二步：将万用表红、黑表笔分别接继电器常开触点的两个引脚，正常情况下电阻值为无穷大，如图 10-27 所示。

图 10-27　检测电磁继电器的常开触点

第三步：将万用表红、黑表笔分别接继电器常闭触点的两个引脚，正常情况下电阻值约为 0Ω，如图 10-28 所示。

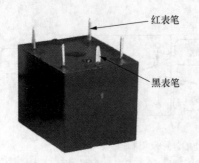

图 10-28　检测电磁继电器的常闭触点

除了通过检测电阻值判断电磁继电器好坏外，还可使用直流电源为其供电，当加上工作电压时，应听到继电器吸合声，常开触点应导通，常闭触点应断开，此时再使用万用表测试常开触点间的电阻值应约为 0Ω，而常闭触点间的电阻值应为无穷大。继电器线圈的工作电压都标在铭牌上（如 12V、24V 等），继电器线圈使用电压检测时，必须符合线圈的额定值。

10.6.2　热继电器的检测方法

热继电器是利用电流通过发热元件时产生的热量而使内部触点动作的。热继电器主要用于电气设备发热保护，如电动机过载保护等。

通常利用万用表电阻挡检测热继电器发热元件电阻值和触点电阻值来判断其好坏。

检测之前，先根据接触器外壳上的标识对热继电器的接线端子进行识别。热继电器端子对应关系及符号如图 10-29 所示。热继电器上有三组相线接线端子，即 L_1 和 T_1、L_2 和 T_2、L_3 和 T_3，其中 L 侧为输入端，T 侧为输出端。接线端子 95、96 为常闭触点接线端，97、98 为常开触点接线端。

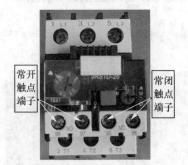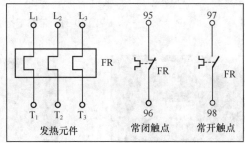

图 10-29　热继电器端子对应关系及符号

1. 检测发热元件

发热元件由电热丝或电热片组成，其电阻很小（接近 0Ω）。三组发热元件的正常电阻值均应接近 0Ω，如果电阻值无穷大，则为发热元件开路。测试的具体步骤如下。

第一步：将模拟万用表置于"R×1"挡，红、黑表笔短接进行短路调零。

第二步：将万用表红、黑表笔分别接热继电器发热元件的 L_1 和 T_1 接线端子，测得电阻值约为 0Ω，如图 10-30 所示。采用相同的方法检测 L_2、T_2 以及 L_3、T_3 端子之间的电阻值，阻值接近 0Ω，表明相应的发热元件正常；若电阻值为无穷大，表明该组发热元件断路，热继电器损坏，应更换。

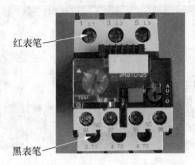

图 10-30　检测发热元件

2. 检测触点

热继电器一般有一个常闭触点和一个常开触点，触点检测包括未动作时检测和动作时检测，具体测试步骤如下。

第一步：将模拟万用表置于 "R×1" 挡，红、黑表笔短接进行短路调零。

第二步：常态下检测常开、常闭触点。将万用表红、黑表笔接在热继电器的常开触点 97 和 98 接线端子上，测得常开触点的阻值为无穷大，如图 10-31 所示。同样的方法测试热继电器的常闭触点 95 和 96 接线端子之间的电阻值，正常情况下电阻值约为 0Ω，如图 10-32 所示。

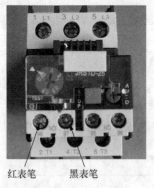

图 10-31　常态下检测常开触点

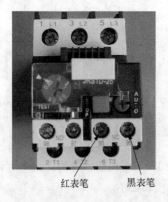

图 10-32　常态下检测常闭触点

第三步：按下 TEST 键，模拟过载环境，重新测试触点的电阻值，此时常开触点闭合电阻值应为 0Ω，如图 10-33 所示。常闭触点断开电阻值应为无穷大，如图 10-34 所示。

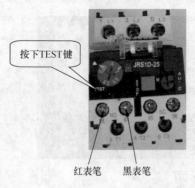

图 10-33　模拟过载情况下检测常开触点

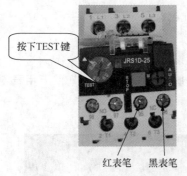

图 10-34　模拟过载情况下检测常闭触点

按下TEST键

红表笔　黑表笔

10.6.3　时间继电器的检测方法

　　时间继电器是一种延时控制继电器，当得到动作信号后它并不是立即使触点动作，而是延迟一定时间才使触点动作。时间继电器主要用于各种自动控制系统和电动机的启动控制线路中。

　　时间继电器通常有多个引脚，如图 10-35 所示。2 脚、7 脚为线圈；1 脚、3 脚和8 脚、6 脚为延时常开触点；1 脚、4 脚和8 脚、5 脚为延时常闭触点。不同时间继电器触点分布不同，但是功能类同。

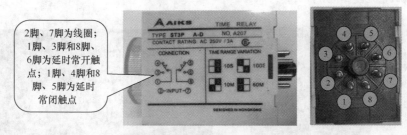

2脚、7脚为线圈；1脚、3脚和8脚、6脚为延时常开触点；1脚、4脚和8脚、5脚为延时常闭触点

图 10-35　时间继电器的外形及引脚识别

　　时间继电器可通过调节旋钮进行时间的设置，根据需要进行相应延时时间的整定，如图 10-36 所示。

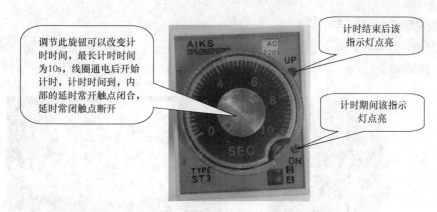

调节此旋钮可以改变计时时间，最长计时时间为10s，线圈通电后开始计时，计时时间到，内部的延时常开触点闭合，延时常闭触点断开

计时结束后该指示灯点亮

计时期间该指示灯点亮

图 10-36　时间继电器的外形及时间设置

时间继电器的检测主要是常态下对触点的检测和线圈通电后对触点的检测。

1. 触点常态检测

触点常态检测是指控制线圈没有通电的情况下检测触点的电阻值。正常情况下，时间继电器常开触点断开，电阻值为无穷大，常闭触点接通，电阻值接近0Ω。

测试的具体步骤如下。

第一步：将模拟万用表置于"R×1"挡，红、黑表笔短接进行短路调零。

第二步：将红、黑表笔分别接在时间继电器的1脚和3脚上（或8脚和6脚），万用表测得两引脚间阻值为无穷大，如图10-37所示。

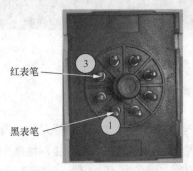 

图10-37　常态下检测常开触点

第三步：将红、黑表笔分别接在时间继电器的1脚和4脚上（或8脚和5脚），万用表测得两引脚间阻值约为0Ω，如图10-38所示。

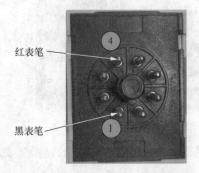 

图10-38　常态下检测常闭触点

2. 线圈通电后检测触点

给线圈接通额定电压，再次检测触点的电阻值。正常情况下，线圈通电后常开触点闭合，电阻值约为0Ω，如图10-39所示。常闭触点断开，电阻值为无穷大，如图10-40所示。

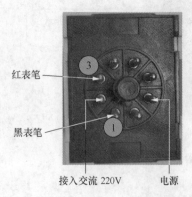 

图10-39　线圈通电情况下检测常开触点

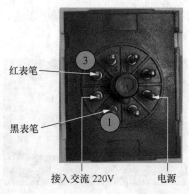

红表笔

黑表笔

接入交流 220V　　　电源

图 10-40　线圈通电情况下检测常闭触点

若确定时间继电器损坏，可将其拆开后分别对内部的控制电路和机械部分进行检查。若控制电路中有元器件损坏，将损坏元器件更换即可；若机械部分损坏，可更换内部损坏的部件或直接将机械部分更换。

10.7　电动机的检测方法

10.7.1　直流电动机的检测方法

普通的直流电动机内部一般只有一相绕组，可以从电动机中引出两个引线，正常情况下直流电动机的两个绕组间的阻值为一个定值。检测直流电动机是否正常时，可以使用万用表检测直流电动机的绕组阻值是否正常。

直流电动机的检测步骤如下。

第一步：将模拟万用表置于"R×100"挡，红、黑表笔短接进行短路调零。

第二步：将万用表的红、黑表笔分别接在直流电动机的两个绕组的引脚端，实际检测的阻值为800Ω，测试过程如图 10-41 所示。若实测阻值为无穷大，则说明该电动机的绕组存在断路故障。

红表笔

黑表笔

图 10-41　直流电动机的检测

10.7.2　单相交流电动机的检测方法

单相交流电动机由单相电源提供电能，通常额定工作电压为单相交流 220V。

单相交流电动机内部多数包含两相绕组，但从电动机中引出三根引线，分别为公共端、启动绕组、运行绕组，检测交流电动机是否正常，可以使用万用表检测单相交流电动机绕组阻值进行判断。

单相交流电动机的检测步骤如下。

第一步：将模拟万用表置于"R×100"挡，红、黑表笔短接进行短路调零。

第二步：将万用表的红、黑表笔分别接在交流电动机的任意两个引线端测量电阻值，如图 10-42 所示。

图 10-42　单相交流电动机的检测过程

正常情况下，单相交流电动机（三根引线）两两引线之间的 3 组阻值，应满足其中两个数值之和等于第三个值，如图 10-43 所示。若 3 组阻值中任意一组阻值为无穷大，说明绕组内部存在断路故障。

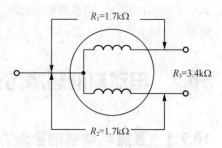

图 10-43　单相交流电动机的检测示意图

10.7.3　三相交流电动机的检测方法

1. 检测三相交流电动机是否有故障

检测三相交流电动机的方法与检测单相交流电动机的方法类似，可先对三相交流电动机 3 组绕组阻值进行测量，结果应基本相同，若任意一组阻值为无穷大或 0Ω，则说明绕组内部存在断路或短路的故障。检测的具体步骤如下。

第一步：将模拟万用表置于"R×100"挡，红、黑表笔短接进行短路调零。

第二步：将万用表的红、黑表笔分别接在交流电动机同一相绕组两个接线端测量其电阻值，如图 10-44 所示，实测 V_1、V_2 之间的电阻值为 1500Ω，同样的方法测试 U_1、U_2 和 W_1、W_2 之间的阻值也约等于 1500Ω，说明电动机三相绕组正常。若 3 组阻值中任意一组阻值为无穷大，说明绕组内部存在断路故障。

图 10-44　检测三相交流电动机的绕组

2. 判别三相绕组的首尾端

电动机在使用过程中，可能会出现接线盒的接线板损坏，从而导致无法区分 6 个接线端子与内部绕组的连接关系，采用下列方法可以解决这个问题。

（1）判别各相绕组的两个端子。

电动机内部有三相绕组，每相绕组有两个接线端子，可以使用万用表欧姆挡判别各相绕组的接线端子。将万用表置于 R×100 挡，测量电动机接线盒中的任意两个端子的电阻，如果阻值很小，表明当前所测的两个端子为某相绕组的端子，再用同样的方法找出其他两相绕组的端子，由于各相绕组结构相同，故可将其中某一组端子标记为 U 相，其他两组端子则分别标记为 V、W 相。

（2）判别各绕组的首尾端。

电动机可不用区分 U、V、W 相，但各相绕组的首尾端必须区分出来。判别绕组首尾常用的方法有直流法和交流法。

① 使用直流法区分各绕组首尾端时，必须已判明各绕组的两个端子。

直流法判别绕组首尾端如图 10-45 所示，将万用表置于最小的直流电流挡（图示为 0.05mA 挡），将红、黑表笔分别接一相绕组的两个端子，然后给其他一相绕组的两个端子接电池和开关，在开关闭合的瞬间，如果表针往右摆动，表明电池正极所接端子与红表笔所接端子为同名端（电池负极所接端子与黑表笔所接端子也为同名端），如果表针往左摆动，表明电池负极所接端子与红表笔所接端子为同名端。图中用万用表红表笔接 U₁ 端，黑表笔接 U₂ 端，W₁ 和 W₂ 端接入电池和开关，当开关接通时表针往右摆动，表明 W₁ 端与 U₁ 端为同名端，再断开开关，将两表笔接剩下的一相绕组的两个端子，用同样的方法判别该相绕组端子。找出各相绕组的同名端后，将性质相同的三个同名端作为各绕组的首端，余下的三个端子则为各绕组的尾端。由于电动机绕组的阻值较小，故开关闭合时间不要过长，以免电池很快耗尽或烧坏。

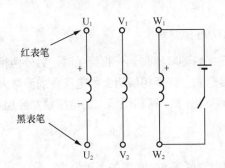

图 10-45　直流法判别绕组首尾端

直流法判断同名端的原理是：当闭合开关的瞬间，W 绕组因突然有电流通过而产生电动势，电动势极性为 W₁ 正、W₂ 负，由于其他两相绕组与 W 相绕组相距很近，W 相绕组上的电动势会感应到这两相绕组上，如果 U₁ 端与 W₁ 端为同名端，则 U₁ 端的极性也为正，U 相绕组与万用表接成回路，U 相绕组的感应电动势产生的电流从红表笔流入万用表，表针会往右摆动，开关闭合一段时间后，流入 W 相绕组的电流基本稳定，W 相绕组无电动势产生，其他两相绕组也无感应电动势，万用表表针会停在 0 刻度处不动。

② 交流法区分各绕组首尾端时，也要求已判明各绕组的两个端子。

交流法判别绕组首尾端如图 10-46 所示，先将两相绕组的两个端子连接起来，万用表置于交流电压挡（图示为交流 50V 挡），红、黑表笔分别接此两相绕组的另两个端子，然后给余下的一相绕组接灯泡和 220V 交流电源，如果表针有电压指示，如图 10-46（a）所示，表明红、黑表笔接的两个端子为异名端（两个连接起来的端子也为异名端）；如果表针提示的电压值为 0V，表明红、黑表笔接的两个端子为同名端（两个连接起来的端子也为同名端），再更换绕组采用相同的方法进行测试。图 10-46（b）中的万用表指示电压值为 0V，表明 U₁、W₂ 为同名端（U₂，W₁ 为同名端）。找出各相绕组的同名端后，将性质相同的一个同名端作为各绕组的首端，余下两个端子则为各绕组的尾端。

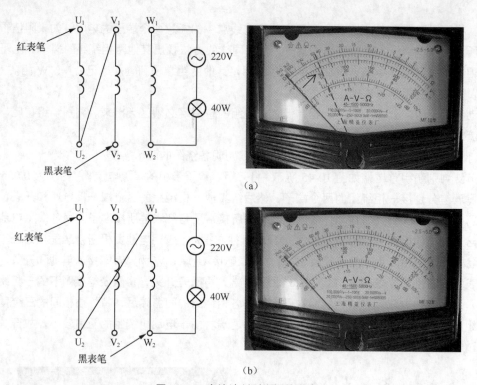

图 10-46　交流法判别绕组首尾端

交流法判断同名端的原理是：当 220V 交流电压经灯泡降压加到一相绕组时，另外两相绕组会感应出电压，如果这两相绕组是同名端与异名端连接起来，则两相绕组上的电压叠加而增大一倍，万用表会有电压指示，如果这两相绕组是同名端与同名端连接，两相绕组上的电压叠加会相互抵消，万用表测得的电压为 0V。

3. 判断电动机的磁极对数和转速

对于三相异步电动机，其转速 n、磁极对数 p 和电源频率 f 之间的关系近似为

$$n=60f/p \quad 或 \quad p=60f/n \quad f=pn/60$$

电动机铭牌一般不标注磁极对数 p，但会标注转速 n 和电源频率 f，根据 $p=60f/n$ 可求出磁极对数。例如，电动机的转速为 1440r/min，电源频率 f 为 50Hz，则该电动机的磁极对数 $p=60f/n=60\times50/1440\approx2$。

如果电动机的铭牌脱落或磨损，无法了解电动机的转速，也可使用万用表来判断。判断时，万用表选择直流 50mA 以下的挡位，红、黑表笔分别接一相绕组的两个接线端，如图 10-47 所示，然后匀速旋转电动机转轴一周，同时观察表针摆动的次数，表针摆动一次表示电动机有一对磁极，即表针摆动的次数与磁极对数是相同的，再根据 $n=60f/p$ 即可求出电动机的转速。

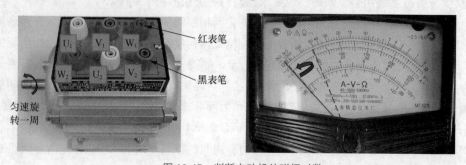

图 10-47　判断电动机的磁极对数

4. 测量绕组的绝缘电阻

对于新安装或停用 3 个月以上的三相异步电动机，使用前都要用兆欧表测量绕组的绝缘电阻，具体包括测量绕组对地的绝缘电阻和绕组间的绝缘电阻。

（1）测量绕组对地的绝缘电阻。

测量电动机绕组对地的绝缘电阻使用兆欧表（500V），测量如图 10-48 所示。测量时，先拆掉接线端子的电源线，端子间的连线保持连接，将兆欧表的 L 测量线接任一接线端子，E 测量线接电动机的机壳，然后摇动兆欧表的手柄进行测量，对于新电动机，绝缘电阻大于 1MΩ 为合格，对于运行过的电动机，绝缘电阻大于 0.5MΩ 为合格。若绕组对地的绝缘电阻不合格，应烘干后重新测量，达到合格要求后方能使用。

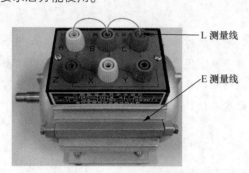 

图 10-48　测量电动机绕组对地的绝缘电阻

（2）测量绕组间的绝缘电阻。

测量电动机绕组间的绝缘电阻使用兆欧表（500V），测量如图 10-49 所示。

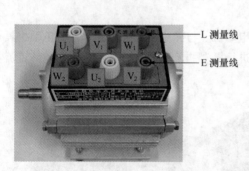 

图 10-49　测量电动机绕组间的绝缘电阻

测量时，先拆掉接线端子的电源线和端子间的连接线，将兆欧表的 L 测量线接某相绕组的一个接线端子，E 测量线接另一相绕组的一个接线端子，然后摇动兆欧表的手柄进行测量，绕组间的绝缘电阻大于 1MΩ 为合格，最低限度不能低于 0.5MΩ。再用同样的方法测量其他相之间的绝缘电阻。

第 11 章

电动机

电动机是把电能转换成机械能的一种设备。电动机作为主要的动力设备，广泛运用于冶金、化工、纺织、交通、机械加工、造纸、医药等各行各业，因此掌握电动机的相关知识非常重要。本章介绍了电动机的基本知识，包括电动机的分类、结构以及工作原理，阐述了电动机的日常维护和检修方法，为从事电工维修的技术人员提供了理论基础。

11.1 电动机的分类

1. 按工作电源分类

根据电动机工作电源分类的不同，可分为直流电动机和交流电动机。其中，交流电动机又分为单相电动机和三相电动机。

（1）直流电动机。

直流电动机是将直流电能转换为机械能的电动机。与交流电动机相比，直流电动机具有良好的启动性能，启动转矩较大，能在较宽的范围内进行平滑的无极调速，适宜频繁启动。直流电动机如图 11-1 所示。

图 11-1　直流电动机

直流电动机根据有无电刷可分为无刷直流电动机和有刷直流电动机。

有刷直流电动机根据励磁方式不同又分为永磁直流电动机和电磁直流电动机两大类。永磁直流电动机的励磁磁场是由永久磁铁产生的，而电磁直流电动机的励磁磁场是由励磁绕组产生的。根据励磁绕组方式的不同，电磁直流电动机又分为他励直流电动机、并励直流电动机、串励直流电动机和复励直流电动机。

（2）交流电动机。

采用单相交流电源的异步电动机称为单相异步电动机。单相异步电动机由于只需要单相交流电，故使用方便、应用广泛，并且具有结构简单、成本低廉、噪声小、对无线电系统干扰小等优点，因此广泛用于工农业、公共场所、家用电器等方面，有"家用电器心脏之称"。单相异步电动机如图 11-2 所示。

图 11-2　单相异步电动机

三相电动机是指用三相交流电驱动的交流电动机。三相电动机具有结构简单、运行可靠、价格低廉、效率较高等一系列优点，是广泛应用于工农业生产中的一种动力机械，如图 11-3 所示。

图 11-3　三相电动机

2. 按结构和工作原理分类

电动机按结构及工作原理可分为异步电动机和同步电动机。

异步电动机可分为感应电动机和交流换向器电动机两大类。感应电动机有单相异步电动机、三相异步电动机和罩极异步电动机。三相异步电机是同时接入 380V 三相交流电（相位差 120°）供电的一类电动机，由于三相异步电动机的转子与定子旋转磁场以相同的方向、不同的转速旋转，存在转差率，所以叫三相异步电动机。三相异步电动机转子的转速低于旋转磁场的转速，转子绕组因与磁场间存在着相对运动而产生电动势和电流，并与磁场相互作用产生电磁转矩，实现能量变换。

同步电动机的转子磁场随定子旋转磁场同步旋转，即转子与定子旋转磁场以相同的速度、方向旋转，所以称为同步电动机。同步电动机还可分为永磁同步电动机、磁阻同步电动机和磁滞同步电动机。永磁同步电动机如图 11-4 所示，大型同步电动机如图 11-5 所示。

图 11-4　永磁同步电动机

图 11-5　大型同步电动机

3. 按启动与运行方式分类

电动机按启动与运行方式可分为电容启动式单相异步电动机、电容运转式单相异步电动机、电容启动运转式单相异步电动机、分项式单相异步电动机。

4. 按用途分类

电动机按用途可分为驱动用电动机和控制用电动机。

驱动用电动机又分为电动工具（包括钻孔、抛光、磨光、开槽、切割、扩孔等工具）用电动机、家电（包括洗衣机、电风扇、电冰箱、空调器、录音机、吸尘器、电吹风、电动剃须刀等）用电动机及其他通用小型机械设备（包括各种小型机床、小型机械、医疗器械、电子仪器等）用电动机。

控制用电动机又分为步进电动机和伺服电动机等。

步进电动机是利用电磁铁原理，将脉冲信号转换成线位移或角位移的电动机。每有一个电脉冲，电动机转动一个角度，带动机械移动一小段距离。步进电动机的应用非常广泛，如在数控机床、自动绘图仪等设备中都得到了应用。步进电动机如图 11-6 所示。

图 11-6　步进电动机

伺服电动机是一种把输入的电信号转换为转轴上的角位移或角速度来执行控制任务的电动机，又称执行电动机，如图 11-7 所示。

图 11-7　伺服电动机

伺服电动机的特点：一是响应快速，有控制信号就旋转，无控制信号就停转；二是有较大的调速范围，转速的大小与控制信号成正比。伺服电动机可分为交流和直流两种。小功率的自动控制系统多采用交流伺服电动机，稍大功率的自动控制系统多采用直流伺服电动机。

5. 按转子的结构分类

三相异步电动机由定子和转子两个基本部分组成。定子是电动机的固定部分，用于产生旋转磁场，主要由定子铁芯、定子绕组和基座等部件组成。转子是电动机的转动部分，由转子铁芯、转子绕组和转轴等部件组成，其作用是在旋转磁场作用下获得转动力矩。转子按其结构的不同分为笼式转子和绕线式转子。鼠笼式转子为笼式的导条，通常为铜条，且安装在转子铁芯槽内，两端用端环焊接，形状像鼠笼，故称之为鼠笼式异步电动机，如图 11-8 所示。绕线式转子的绕组和定子绕组相似，三相绕组连接成星形，三根端线连接到装在转轴上的三个铜滑环上，通过一组电刷与外电路相连接，如图 11-9 所示。

图 11-8　鼠笼式异步电动机

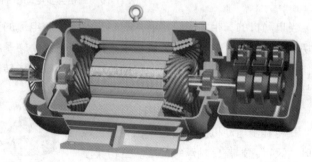

图 11-9　线绕式异步电动机

6. 按运转速度分类

电动机按运转速度可分为低速电动机、高速电动机、恒速电动机和调速电动机。

低速电动机又分为齿轮减速电动机、电磁减速电动机、力矩电动机和爪极同步电动机等。调速电动机除可分为有级恒速电动机、无极恒速电动机、有级变速电动机和无级变速电动机外，还可分为电磁调速电动机、直流调速电动机、PWM 变频调速电动机和开关磁阻调速电动机。

7. 按防护型式分类

电动机按防护型式可分为开启式电动机、防护式电动机、封闭式电动机、隔爆式电动机、防水式电动机、潜水式电动机。

8. 按安装结构型式分类

电动机按安装结构型式可分为卧式电动机、立式电动机、带底脚电动机、带凸缘电动机等。

11.2 电动机的结构及工作原理

11.2.1 三相异步电动机

1. 三相异步电动机的原理

异步电动机主要是利用旋转磁铁对导体的作用制作而成的。当磁铁旋转时，磁铁产生的磁场随之旋转，处于磁场中的闭合导体会因为切割磁力线而产生感应电流，而有感应电流流过的导体在磁场中会受到磁场力，在磁场的作用下，导体就旋转起来了。

三相异步电动机的转动原理如图11-10所示。

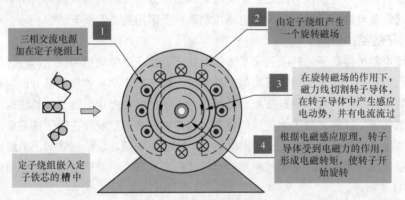

图 11-10 三相异步电动机的转动原理

当电动机的三相定子绕组通入三相交流电后，电流的变化就能产生旋转的合成磁场，该旋转磁场切割转子绕组，从而在转子绕组中产生感应电流，转子绕组是闭合通路，转子导体在定子旋转磁场作用下将产生电磁力，从而在电动机转轴上形成电磁转矩，驱动电动机旋转，并且电动机旋转方向与旋转磁场方向相同。

2. 三相异步电动机的结构

三相异步电动机主要由定子、转子、风扇叶、风罩、端盖、轴承等构成。三相异步电动机的结构如图11-11所示。

（1）外壳。

三相异步电动机的外壳主要由机座、轴承盖、端盖、接线盒、风扇和罩壳等组成。

（2）定子。

定子由定子绕组、定子铁芯和机座组成。

定子绕组是异步电动机的电路部分，在异步电动机的运行中起着很重要的作用，是

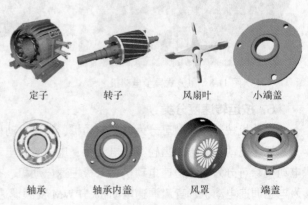

图 11-11 三相异步电动机的结构

把电能转换为机械能的关键部件。定子三相绕组的结构是对称的，三相异步电动机的定子绕组由 U、V、W 三相绕组组成，这三相绕组有 6 个接线端，它们与接线盒的 6 个接线柱连接。在接线盒上，可以通过将不同的接线柱短接，将定子绕组接成星形或三角形。

定子铁芯是异步电动机磁路的一部分，由于主磁场以同步转速相对定子旋转，为减小在铁芯中引起的损耗，铁芯采用 0.5mm 厚的高导磁硅钢片叠成，硅钢片两面涂有绝缘漆以减小铁芯的涡流损耗。

机座又称机壳，它的主要作用是支撑定子铁芯，同时也承受整个电动机负载运行时产生的反作用力，运行时由于内部损耗所产生的热量也是通过机座向外散发。中、小型电动机的机座一般采用铸铁制成。大型电动机因机身较大，浇注不便，常用钢板焊接成型。

（3）转子。

转子由转子铁芯、转子绕组及转轴组成。

转子铁芯也是用硅钢片叠成，与定子铁芯冲片不同的是，转子铁芯是在冲片的外圆上开槽，叠装后的转子铁芯外圆柱面上均匀地形成许多形状相同的槽，用以放置转子绕组。

转子绕组根据结构可分为笼型绕组和绕线式绕组两种类型。

转轴嵌套在转子铁芯的中心。当定子绕组接通三相交流电后会产生旋转磁场，转子绕组受旋转磁场作用而旋转，它通过转子铁芯带动转轴转动，将动力从转轴传递出去。

3．三相绕组的接线方式

（1）星形接线法。

要将定子绕组接成星形，可按图 11-12（a）所示的方法接线。接线时，用短路线把接线盒中的 W_2、U_2、V_2 接线柱短接起来，这样就将电动机内部的绕组接成了星形，如图 11-12（b）所示。

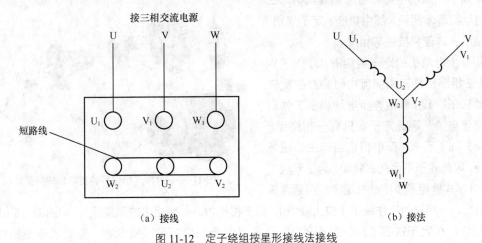

（a）接线　　　　　　　　　　　　　　　　　（b）接法

图 11-12　定子绕组按星形接线法接线

（2）三角形接线法。

要将电动机内部的三相绕组接成三角形，可用短路线将接线盒中的 U_1 和 W_2、V_1 和 U_2、W_1 和 V_2 接线柱按图 11-13 所示连接，然后从 U_1、V_1、W_1 接线柱分别引出导线，与三相交流电源的 3 根相线连接。如果三相交流电源相线之间的电压是 380V，则对于定子绕组按星形连接的电动机，其每相绕组承受的电压为 220V；对于定子绕组按三角形连接的电动机，其每相绕组承受的电压为 380V。因此，三角形接线法的电动机在工作时，其定子绕组将承受更高的电压。

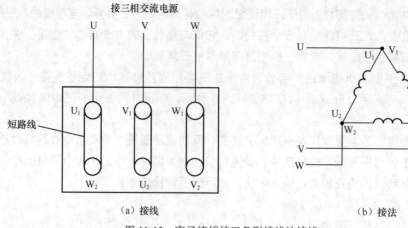

（a）接线　　　　　　　　（b）接法

图 11-13　定子绕组按三角形接线法接线

11.2.2　单相异步电动机

单相异步电动机是一种采用单相交流电源供电的小容量电动机，它具有供电方便、成本低廉、运行可靠、结构简单和振动噪声小等优点，广泛应用在家用电器、工业和农业等领域的中小功率设备中。单相异步电动机可分为分相式单相异步电动机和罩极式单相异步电动机。

（1）分相式单相异步电动机的基本结构与原理。

分相式单相异步电动机是指将单相交流电转变为两相交流电来启动单相异步电动机。

分相式单相异步电动机种类很多，但结构基本相同。分相式单相异步电动机的典型结构如图 11-14 所示。从图中可以看出，其结构与三相异步电动机基本相同，都由机座、定子绕组、转子、轴承、端盖和接线等组成。

三相异步电动机的定子绕组有 U、V、W 三相，当三相绕组接三相交流电时会产生旋转磁场推动转子旋转。单相异步电动机在工作时接单相交流电源，因此定子应只有一相绕组，如图 11-15（a）所示，而单相绕组产生的磁场不会旋转，因此转子不会产生转动。为了解决这个问题，分相式单相异步电动机定子绕组通常采

端盖　定子　轴承　转子　风扇叶　端盖　单相异步电动机

图 11-14　分相式单相异步电动机的典型结构

用两相绕组，一相称为工作绕组（或主绕组），另一相称为启动绕组（或副绕组），如图 11-15（b）所示，两相绕组在定子铁芯上的位置相差 90°，并且给启动绕组串联接电容，将交流电源相位改变 90°（超前移相 90°）。当单相交流电源加到定子绕组时，有 i_1 电流直接流入主绕组，电流 i_2 经电容超前移相 90°后流入启动绕组，两个相位不同的电流分别流入空间位置相差 90°的两个绕组，两绕组就会产生旋转磁场，处于旋转磁场内的转子就会随之旋转起来。转子运转后，如果断开启动开关切断启动绕组，转子仍会继续运转，这是因为单个主绕组产生的磁场不会旋转，但由于转子已转动起来，若将已转动的转子看成不动，那么主绕组的磁场就相当于发生了旋转，因此转子会继续运转。

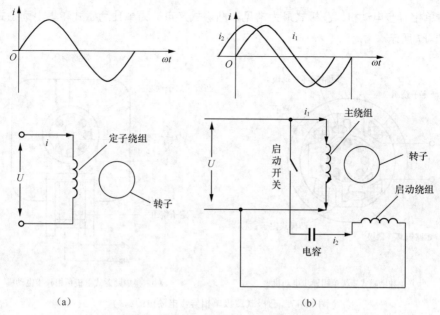

（a） （b）

图 11-15 分相式单相异步电动机工作原理

由此可见，启动绕组的作用就是启动转子旋转，转子继续旋转依靠主绕组就可单独实现，因此有些分相式单相异步电动机在启动后就将启动绕组断开，只让主绕组工作。对于主绕组正常、启动绕组损坏的单相异步电动机，通电后不会运转，但若用人工的方法使转子运转，电动机可仅在主绕组的作用下一直运转下去。

（2）罩极式单相异步电动机的基本结构与原理。

罩极式单相异步电动机是一种结构简单，无启动绕组的电动机，它分为隐极式和凸极式两种，两者工作原理基本相同。凸极式罩极单相异步电动机的定子铁芯外形为圆形、方形或矩形的磁场框架，磁极凸出，每个磁极上均有 1 个或多个起辅助作用的短路铜环，即罩极绕组。凸极磁极上的集中绕组作为主绕组。

隐极式罩极单相异步电动机的定子铁芯与普通单相电动机的铁芯相同，其定子绕组采用分布绕组，主绕组分布于定子槽内，罩极绕组不用短路铜环，而是用较粗的漆包线绕成分布绕组（串联后自行短路）嵌装在定子槽中（约为总槽数的 1/3），起辅助绕组的作用，也称副绕组。主绕组与罩极绕组在空间相距一定的角度。当罩极单相异步电动机的主绕组通电后，副绕组也会产生感应电流，从而产生磁场，副绕组所产生的磁场与主绕组的磁场存在一定的相位差，两者相互作用后就形成了一个圆形或椭圆形旋转磁场，从而产生启动力矩带动电动机旋转。罩极式单相异步电动机的外形如图 11-16 所示。

图 11-16 罩极式单相异步电动机的外形

罩极式单相异步电动机以凸极式最为常见，凸极式又可分为单独励磁式和集中励磁式两种，其结构如图 11-17 所示。

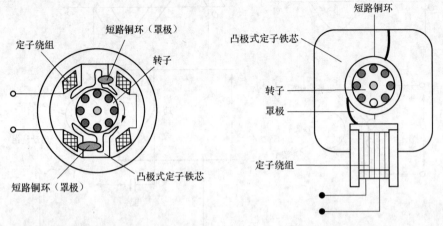

（a）单独励磁式罩极单相异步电动机　　　　（b）集中励磁式罩极单相异步电动机

图 11-17　凸极式罩极单相异步电动机的结构

图 11-17（a）所示为单独励磁式罩极单相异步电动机。该形式电动机的定子绕组绕在凸极式定子铁芯上，在定子铁芯每个磁极的 1/4~1/3 处开有小槽，将每个磁极分成两部分并在较小部分套有铜制的短路铜环（又称罩极）。当定子绕组通电时，绕组产生的磁场经铁芯磁极分成两部分，由于短路铜环的作用，套有短路铜环的铁芯通过的磁场与无短路铜环的铁芯通过的磁场不同，两磁场类似于分相式异步电动机主绕组和启动绕组产生的磁场，两磁场形成旋转磁场并作用于转子，转子就运转起来。

图 11-17（b）所示为集中励磁式罩极单相异步电动机。该形式电动机的定子绕组集中绕在一起，定子铁芯分成两大部分，每部分又分成一大一小两部分，在小部分铁芯上套有短路铜环（罩极）。当定子绕组得电时，绕组产生的磁场通过铁芯，由于短路铜环的作用，套有短路铜环的铁芯通过的磁场与无短路铜环的铁芯通过的磁场不同，这种磁场形成的旋转磁场会驱动转子运转。

罩极式单相异步电动机结构简单、成本低廉、运行噪声小，但启动转矩较小，常用于对启动转矩要求不高的设备中，如风扇、吹风机等。

11.2.3　直流电动机

1. 直流电动机的工作原理

直流电动机是根据通电导体在磁场中受力旋转来工作的。直流电动机的工作原理如图 11-18 所示。N、S 为定子磁极，a、b、c、d 是固定在可旋转导磁圆柱体上的线圈，线圈连同导磁圆柱体称为电动机的转子或电枢。线圈的首末端 a、d 连接到两个相互绝缘并可随线圈一同旋转的换向片上。转子线圈与外电路的连接是通过放置在换向片上固定不动的电刷进行的。

从图中可以看出，直流电动机主要由磁铁、转子绕组（又称电枢绕组）、电刷和换向器组成。电动机的换向器与转子绕组连接，换向器再与电刷接触，电动机在工作时，换向器与转子绕组同步旋转，而电刷静止不动。当直流电源通过导线、电刷、换向器为转子绕组供电时，通电的转子绕组在磁铁产生的磁场作用下会旋转起来。

把电刷 A、B 接到直流电源上，电刷 B 接正极，电刷 A 接负极。此时电枢线圈中将有电流流过。由于线圈处在主磁极（图中的 N 和 S）的磁场中，线圈会受到电磁力的作用，线圈的两个边由于电流的方向不同，所以两个线圈边受到大小相同方向相反的电磁力，这两个电磁力刚好形成了电磁转矩，在电磁转矩的拉动下，线圈开始转动，线圈嵌放在转子槽中，电动机就开始转动了。直流电动机外加的电源是直流的，但由于电刷和换向片的作用，线圈中流过的电流却是交流的，因此产生的转矩方向保持不变。

2. 直流电动机的结构

直流电动机的典型结构如图 11-19 所示，主要由定子、转子、联接器、端盖等构成。定子包括主磁极、换向磁极、电刷装置、机座和端盖等；转子包括电枢铁芯、电枢绕组、换向器、轴和风扇等。

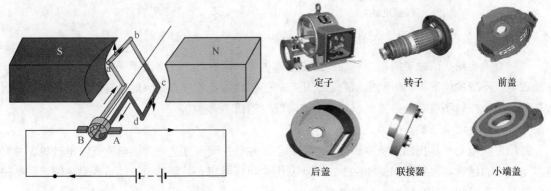

图 11-18　直流电动机的工作原理　　　　图 11-19　直流电动机的典型结构

定子部分的主磁极由铁芯和励磁绕组构成，用以产生恒定的气隙磁通；电刷装置与转子的换向片配合，完成直流与交流的互换；换向磁极用以换向。

转子电枢铁芯部分的作用是嵌放电枢绕组和作为电机磁路的一部分。

电枢绕组由许多线圈或玻璃丝包扁钢铜线或强度漆包线绕制而成。

换向器与电刷装置配合，完成直流与交流的互换。

3. 五种类型直流电动机的接线及特点

（1）永磁直流电动机。

永磁直流电动机是指采用永久磁铁作为定子来产生励磁磁场的电动机。永磁直流电动机的结构如图 11-20 所示。从图中可以看出，这种直流电动机定子为永久磁铁，当给转子绕组通直流电时，在磁铁产生的磁场作用下，转子会运转起来。

永磁直流电动机具有结构简单、价格低廉、体积小、效率高和使用寿命长等优点，永磁直流电动机开始主要用在一些小功率设备中，如电动玩具、小电器和家用音像设备等。近年来，由于强磁性的钕铁硼永磁材料的应用，一些大功率的永磁直流电动机开始出现，使永磁直流电应用更为广泛。

（2）他励直流电动机。

他励直流电动机是指励磁绕组和转子绕组分别由不同直流电源供电的直流电动机，他励直流电动机的结构与接线图如图 11-21所示。从图中可以看出，他励直流电动机的励磁绕组和转子绕组分别由两个单独的直流电源供电，两者互不影响。

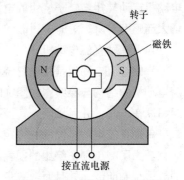

图 11-20　永磁直流电动机的结构

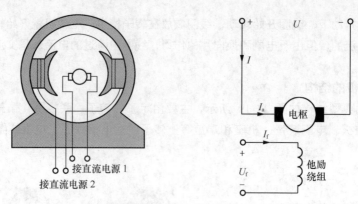

图 11-21　他励直流电动机的结构与接线图

他励直流电动机的励磁绕组由单独的励磁电源供电,因此其励磁电流不受转子绕组电流影响,在励磁电流不变的情况下,电动机的启动转矩与转子绕组的电流成正比。他励直流电动机可以通过改变励磁绕组或转子绕组的电流大小来提高或降低电动机的转速。

(3)并励直流电动机。

并励直流电动机是指励磁绕组和转子绕组并联,并且由同一直流电源供电的直流电动机,并励直流电动机的结构与接线图如图 11-22 所示。从图中可以看出,并励直流电动机的励磁绕组和转子绕组并联接在一起,并且接同一直流电源。

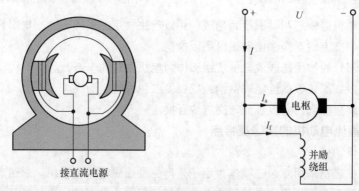

图 11-22　并励直流电动机的结构与接线图

并励直流电动机的励磁绕组采用较细的导线绕制而成,其匝数多、电阻大且励磁电流较恒定。电动机启动转矩与转子绕组的电流成正比,启动电流约为额定电流的 2.5 倍,转速随电流及转矩的增大而略有下降,短时间过载转矩约为额定转矩的 1.5 倍。

(4)串励直流电动机。

串励直流电动机是指励磁绕组和转子绕组串联,再接同一直流电源供电的直流电动机,串励直流电动机的结构与接线图如图 11-23 所示。从图中可以看出,串励直流电动机的励磁绕组和转子绕组串联在一起,并且接同一直流电源。

串励直流电动机的励磁绕组与转子绕组相互串联,因此励磁磁场随着转子电流的改变有显著的变化。为了减小励磁绕组的损耗和电压降,要求励磁绕组的电阻应尽量小,因此励磁绕组常用较粗的导线绕制而成,并且匝数较少。串励直流电动机的转矩近似与转子电流的平方成正比,转速随转矩或电流的增加而迅速下降,其启动转矩可达额定转矩的 5 倍以上,短时间过载转矩可达额定转矩的 4 倍以上。串励直流电动机轻载或空载时转速很高,为了安全起见,一般不允许空载启动,不允许用传送带或链条传动。

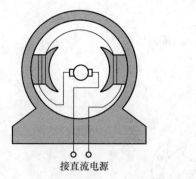
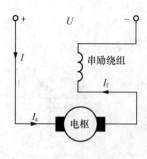

接直流电源

图 11-23　串励直流电动机的结构与接线图

串励直流电动机还是一种交直流两用电动机，既可用直流供电，也可用单相交流供电，因为交流供电更为方便，所以串励直流电动机又称单相串励电动机。由于串励直流电动机具有交直流供电的优点，因此其应用较广泛，如电钻、电吹风、电动缝纫机和吸尘器中常采用串励直流电动机作为动力源。

（5）复励直流电动机。

复励直流电动机有两个励磁绕组，一个与转子绕组串联，另一个与转子绕组并联，复励直流电动机的结构与接线图如图 11-24 所示。从图中可以看出，复励直流电动机的一个励磁绕组和转子绕组串联接在一起，另一个励磁绕组与转子绕组并联接在一起。

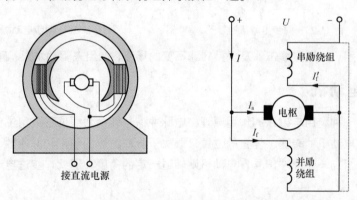

接直流电源

图 11-24　复励直流电动机的结构与接线图

复励直流电动机的串联励磁绕组匝数少，并联励磁绕组匝数多。两个励磁绕组产生磁场方向相同的电动机称为积复励电动机，反之称为差复励电动机，由于积复励电动机工作稳定，所以应用更为广泛，复励直流电动机启动转矩约为额定转矩的 4 倍，短时间过载约为额定转矩的 3.5 倍。

11.2.4　同步电动机

同步电动机是一种转子转速与定子旋转磁场的转速相同的交流电动机。对于一台同步电动机，在电源频率不变的情况下，其转速始终保持恒定，不会随电源电压和负载变化而变化。

同步电动机主要由定子和转子构成，其定子结构与一般的异步电动机相同，并且有定子绕组。同步电动机的转子与异步电动机的转子不同：异步电动机的转子一般为笼型，转子不带磁性；而同步电动机的转子是磁极，由直流电励磁、直流电经电刷和滑环流入励磁绕组，如图 11-25 所示。在磁极的极掌上装有和笼型绕组相似的启动绕组，当将定子绕组接到三相电源产生旋转磁场后，同步电动机就像异步电动机那样转动起来（这时转子尚未励磁）。当电动机的转速接近同步转速 n_0 时，才对转子励磁。这时，旋转磁场就能紧紧地引着转子一起转动，如图 11-26 所示。以后，两者转速

便保持相等（同步），即

$$n=n_0=60f/p$$

这就是同步电动机名称的由来。

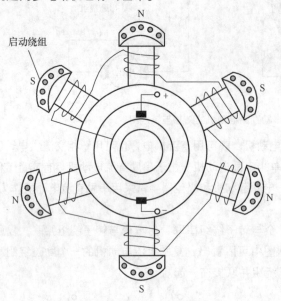

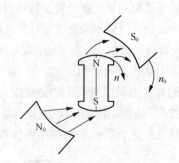

图 11-25　同步电动机的转子　　　　图 11-26　同步电动机的工作原理

同步电动机常用于长期连续工作及保持转速不变的场所，如用来驱动水泵、通风机、压缩机等。

11.2.5　步进电动机

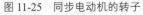

步进电动机是一种利用电磁铁的作用原理将电脉冲信号转换为线位移或角位移的电动机。在非超载情况下，步进电动机的转速、停止的位置只取决于脉冲信号的频率和脉冲数，而不受负载变化的影响，即给电动机加一个脉冲信号，电动机则转过一定的角度。因此，步进电动机又称脉冲电动机。它的特点如下。

（1）来一个脉冲，转一个步距角。

（2）控制脉冲频率，可控制电动机的转速。

（3）改变脉冲顺序，即可改变转动方向。

步进电动机有励磁式步进电动机和反应式步进电动机两种。两种步进电动机的区别在于励磁式步进电动机的转子上有励磁线圈，反应式步进电动机的转子上没有励磁线圈。步进电动机的应用非常广泛，如应用在数控机床、自动绘图仪等设备中。

步进电动机的外形如图 11-27 所示。

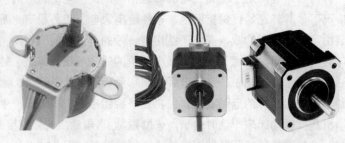

图 11-27　步进电动机的外形

下面以三相反应式单三拍为例来讲述步进电动机的结构和工作原理。

1. 三相反应式单三拍步进电动机的结构

三相反应式单三拍步进电动机主要由凸极式定子、定子绕组和带有四个齿的转子组成。其定子上装有六个均匀分布的磁极，每个磁极上均有控制绕组，绕组采用三相星形接法，其中每两个相对的磁极组成一相。步进电动机的结构如图 11-28 所示。

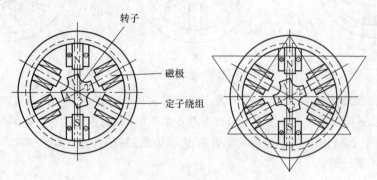

图 11-28　步进电动机的结构

2. 三相反应式单三拍步进电动机的工作原理

当 U 相绕组通入电脉冲时，U 方向的磁通经转子形成闭合回路，气隙中产生一个沿 aa'轴线方向的磁场，形成磁拉力，如图 11-29（a）所示。若转子和磁场轴线方向原有一定角度，如图 11-29（b）所示，则在磁场的作用下转子被磁化，吸引转子转过一个角度，使转子铁芯齿 1 和齿 3 与轴线 aa'对齐，停止转动，如图 11-29（c）所示。此时，转子只受沿 aa'轴线上的拉力作用，且具有自锁能力。

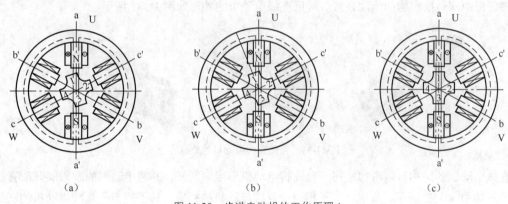

（a）　　　　　　　　　　（b）　　　　　　　　　　（c）

图 11-29　步进电动机的工作原理 1

同理，如果将通路的电脉冲从 U 相换到 V 相绕组时，转子铁芯齿 2 和齿 4 将与轴线 bb'对齐。即转子顺时针转过 30°，当 W 相绕组通电而 V 相绕组断电时，转子铁芯齿 1 和齿 3 又转到 cc'轴线对齐，转子又顺时针转过 30°，如定子三相绕组按 U、V、W、U 的顺序通电，则转子就沿顺时针方向一步一步转动起来，如图 11-30 所示。

如定子三相绕组按 U→V→W→U 顺序通电，则转子就沿顺时针方向一步一步转动，每一步转动 30°。从一相通电换接到另一相通电称作一拍，每一拍转子转过一个步距角。如果通电顺序改为 U→W→V→U，则步进电动机将反方向一步一步转动。上述通电方式称为三相三单拍，"单"指每次只有一相绕组通电，"三拍"指一次循环只换接三次。

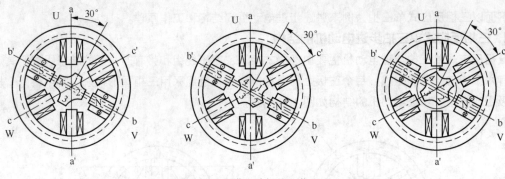

图 11-30　步进电动机的工作原理 2

步进电动机的定子绕组每切换一相电源，转子就会旋转一定的角度，该角度称为步进角 θ。图 11-30 所示的步进电动机定子圆周上平均分布着 6 个凸极，任意两个凸极之间的角度为 60°，转子的每个齿由一个凸极移到相邻的凸极需要前进两步，因此该转子的步进角为 30°。步进电动机的步进角可用下面的公式计算：

$$\theta = \frac{360°}{ZN}$$

式中，Z 为转子的齿数；N 为一个通电循环周期的拍数。图 11-30 中步进电动机转子的齿数 $Z=4$，一个通电循环周期的拍数 $N=3$，则步进角 $\theta=30°$。

11.2.6　直线电动机

直线电动机是一种通过将封闭磁场展开为开放磁场，将电能直接转化为直线运动的机械能，而不需要任何中间转换机构的传动装置。常见直线电动机的外形如图 11-31 所示。

图 11-31　常见直线电动机的外形

直线电动机的结构可以看作是将一台旋转电动机沿径向剖开，并将电动机的圆周展开成直线而形成的，如图 11-32 所示。其中，定子相当于直线电动机的初级，转子相当于直线电动机的次级。当给初级通入电流后，在初次级之间的气隙中产生行波磁场，在行波磁场与次级永磁体的作用下产生驱动力，从而实现运动部件的直线运动。

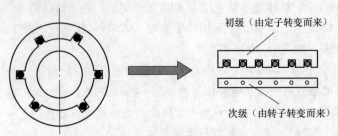

初级（由定子转变而来）

次级（由转子转变而来）

图 11-32　直线电动机的结构

若将电动机的初级固定，则次级会做直线运动，这种电动机称为动次级直线电动机，反之为动初级直线电动机。改变初级绕组的电源相序可以转换电动机的运行方向，改变电源的频率可以改变电动机的运行速度。另外，为了保证在运动过程中直线电动机的初、次级能始终耦合，初级或次级必须有一个做得比另一个更长。

直线电动机初、次级结构形式主要有单边型、双边型和圆筒型等几种。

1. 单边型

单边型直线电动机的结构如图 11-33 所示。

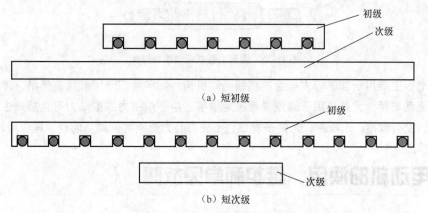

图 11-33　单边型直线电动机的结构

单边型直线电动机又可以分为短初级和短次级两种形式。由于短初级的制造、运行成本比短次级的低很多，所以一般情况下，直线电动机均采用短初级形式。单边型直线电动机的优点是结构简单，但初、次级存在很大吸引力，这对初、次级相对运动是不利的。

2. 双边型

双边型直线电动机的结构如图 11-34 所示，这种直线电动机在次级的两边都安装了初级，两初级对次级的吸引力相互抵消，有效地克服了单边型电动机的单边吸引力。

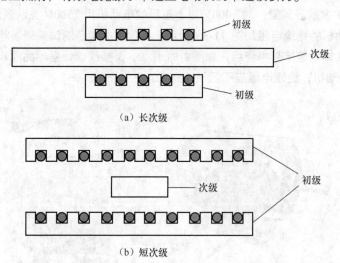

图 11-34　双边型直线电动机的结构

3. 圆筒型

圆筒型（或称管型）直线电动机的结构如图 11-35 所示。这种电动机可以看成是平板式直线电动机的初、次级卷起来构成的，当初级绕组得电时，圆形次级就会径向运动。

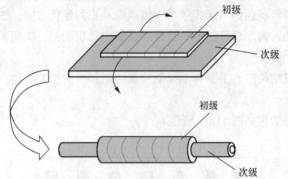

图 11-35　圆筒型直线电动机的结构

　　直线电动机主要用于功率较大场合的直线运动机构，如自动门开闭装置、起吊、传递和升降的机械设备，驱动车辆，尤其是用于高速或超速运输等。由于牵引力或推动力可直接产生，不需要中间联动部分，没有摩擦，无噪声，无转子发热，不受离心力影响等问题。因此，其应用越来越广泛。

11.3　电动机的使用、维护和常见故障

11.3.1　电动机的使用与维护

　　为了保证电动机的正常运行，延长其使用寿命，保障安全生产，电动机正常使用和周期性维护是确保其安全运行的基础。

1. 电动机启动前的检查

　　新安装的电动机或长期停用的电动机，使用前应先用兆欧表检查绕组间和绕组对地的绝缘电阻。使用兆欧表测量绝缘电阻时，通常 500V 以下电压的电动机用 500V 兆欧表测量；对 500～1000V 电压的电动机用 1000V 兆欧表测量；对 1000V 以上的电动机用 2500V 兆欧表测量。

　　兆欧表测量电动机的绝缘电阻如图 11-36 所示。兆欧表的黑色测试夹或表笔与电动机的接地端相连，红色的测试夹或表笔接某相绕组，如图中的 1、2、3 接线端，摇动兆欧表的手柄进行测量，对于 380V 的异步电动机，绝缘电阻应不低于 $0.5M\Omega$。

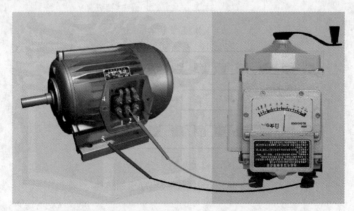

图 11-36　兆欧表测量电动机的绝缘电阻

还要检查电动机基础是否稳固，螺栓是否拧紧，轴承是否少油，油是否合格；铭牌所示的数据，如电压、功率、频率、联结、转速等与电源、负载比较是否相符；拨动电动机转轴，检查电动机传动机构的工作是否可靠，转子能否自由转动，转动时有无杂声；检查电动机的电刷装配情况及举刷机构是否灵活，举刷手柄的位置是否正确；电动机和启动设备的金属外壳是否可靠接地或接零。

2. 电动机的日常检查

（1）监督检查电动机的温度，电动机温度不能超过其允许值。

（2）检查电动机的电流，电流表指示稳定，不超过允许值。

（3）检查电源电压的变化，电源电压的变化是影响电动机发热的原因之一，三相电压的不平衡也会引起电动机的额外发热。在额定功率下，允许相间电压差应不大于5%。

（4）检查电动机的声音和气味，电动机正常运行时，声音应均匀，无杂音和特殊声，没有过热的特殊的绝缘漆气味。当发现电动机有异常和异味时，应停机检查，找出原因，消除故障，才能继续运行。

（5）检查轴承的工作及润滑情况，轴承应无漏油、发热现象。滑动轴承油位在规定范围内，且油质良好。

（6）外壳接地线及各部连接螺钉应牢靠。

3. 电动机的例行维护

（1）检查电动机的接线端子。接线盒和接线端的螺钉是否松动，接线端是否有过热现象，引出线和配线是否有损伤和老化。

（2）定期清理电动机。及时清除电动机机座外部的灰尘、油泥。如使用环境灰尘较多，最好每天清扫一次，及时清除启动设备外部的灰尘。

（3）定期检查各固定部分螺钉，包括地脚螺钉、端盖螺钉、轴承盖螺钉等的紧固情况，如有松动的螺母及时拧紧。

（4）绝缘情况的检查，电动机在使用中，应经常检查绝缘电阻，检查电动机的接地线是否良好。

（5）检查电刷、集电环磨损情况，电刷在刷握内是否灵活等。

（6）检查传动装置、皮带轮或联轴器有无损坏，安装是否牢固，皮带及其联结扣是否完好。

（7）检查和更换润滑剂，必要时要解体电动机进行轴心检查，清扫或清洗油垢。轴承在使用一段时间后应该清洗，更换润滑脂或润滑油。清洗和换油的时间，应视电动机的工作情况、工作环境、清洁程度、润滑剂种类而定，一般每工作 3~6 个月，应该清洗一次，重新换润滑脂。油温较高时，或者环境条件差、灰尘较多的电动机要经常清洗、换油。

（8）定期清理散热风扇，防止积灰。

除了按上述几项内容对电动机进行定期维护外，电动机还要进行年度大修，每年要大修一次。对电动机进行一次彻底、全面的检查、维护，增补电动机缺少、磨损的元件，彻底消除电动机内外的灰尘、污物，检查其绝缘情况，清洗轴承并检查其磨损情况。

11.3.2 电动机的常见故障

电动机的故障包括电动机本身、拖动机械、控制电路、保护装置、电源及线路等几部分内容。出现故障时必须按程序进行判断和处理，以免事故进一步扩大而产生其他影响。

1. 电动机故障处理的程序及要点

（1）检查电源电压是否正常。检查盘柜上的电压表，使用万用表检查电源总开关、断路器或熔断器式刀开关的上闸和母线上的电压。三相电源电压应平衡（380±10）V，三相的电源指示灯点亮且亮度相同，否则说明电源或线路有故障。

（2）检查保护装置是否已动作。检查低压断路器或接触器下闸口是否有电，三相电压是否平衡，跳闸指示灯是否点亮。检查每相熔断器的保险丝是否熔断，还可从熔室的状态初步判断故障的原因，如熔室烧成漆黑一片并有保险丝金属颗粒或熔珠，基本判断为电动机或负荷线有短路可能；如熔室内保险丝被烧断且保险丝上下基本完好，只有中间段熔化，基本判断为电动机过载。

2. 电动机常见的故障

电动机故障是影响安全生产最主要因素之一，熟悉电动机的常见故障并能及时排除非常重要。电动机常见的故障如下。

（1）通电后电动机不能转动，但无异响，也无异味和冒烟。

产生这种故障的原因可能有：电源未通（至少两相未通）；熔断器熔断（至少两相熔断）；过流继电器的整定值过小；控制设备接线错误等。

故障排除的方法如下。

① 检查电源电压是否正常。用万用表的 500V 电压挡测量电源开关两侧的电压，两相线之间的电压是否为 380V，判断供电电源和回路开关是否有故障。测量电源电压示意图如图 11-37 所示。

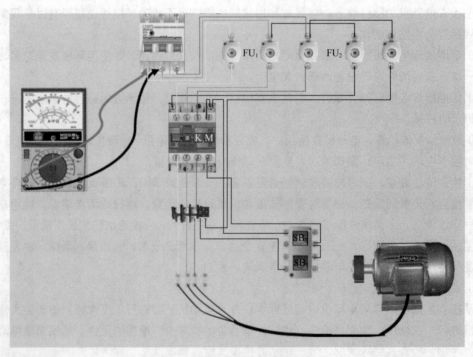

图 11-37　测量电源电压示意图

② 检查保险丝是否熔断。使用万用表的欧姆挡测量熔断器是否断路，如果断路应进行更换，如图 11-38 所示。

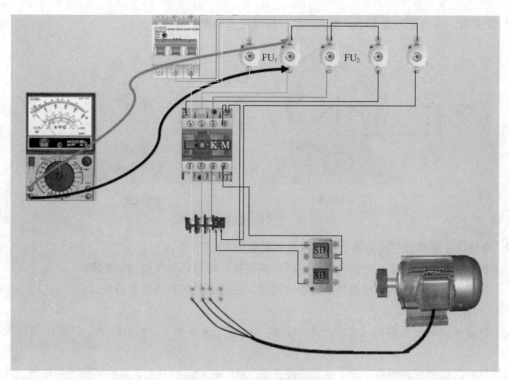

图 11-38　熔断器测试示意图

③ 调节热继电器整定值使之与电动机的运行参数相配合。

④ 检查二次回路是否有接线错误，如果有，改正错误的接线。

（2）电动机温升过高或冒烟。

电动机温升过高有电动机本身内部原因，也可能因电源供电质量差、负载过大、环境温度高和通风不良等引起。

电动机本身内部原因：定子绕组匝间或相间短路或接地；绕组接法错误，误将星形接成三角形或相反；轴承有松动，定、转子装配不良；电动机风扇故障，通风不良；定子一相绕组断路，或并联绕组中某一支路断线，引起三相电流不平衡而使绕组过热；转子断条等。

故障排除的方法如下。

① 使用兆欧表检查定子绕组间和绕组对地的绝缘电阻，判断是否有相间短路或接地故障。测量方法见图 11-38。若故障不严重，只需要重包绝缘；若故障严重，应更换绕组。

② 检查绕组接法是否正确。

③ 定子绕组断路故障多发生在绕组端部线圈接头或绕组与引出线连接的地方。原因是绕组端部易受机械或外力损伤，或由于接头焊接不良。在查找断路故障时，可先进行外观检查，检查绕组端部有没有明显的断点，如果没有可使用绝缘电阻表、万用表或试验灯分别测试每相定子绕组，如图 11-39 所示。若定子绕组为三角形连接时，应将连接接点拆开。

对于中等容量电动机，定子绕组为多根导线并绕或多支路并联时，若其中几根导线断线，检查比较复杂，通常用以下两种方法：

a. 三相电流平衡法：对于 Y 连接的电动机，将三相并联后，接通低电压大电流的交流电（通过变压器或电焊机供电），逐相测量电流。如果三相电流表的读数相差 5% 以上时，电流小的一相可能断路。对于三角形连接的电动机，则先将绕组的一个引脚的连接点断开，然后逐相通入低电压、大电流的交流电，并测量电流大小，电流小的一相可能有断路故障。

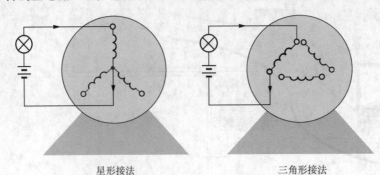

星形接法　　　　　　　三角形接法

图 11-39　定子绕组断路故障检测

b. 电阻法：用双臂电桥测量三相绕组的每相电阻。

④ 如果出现转子断条，对铜条转子可焊补或更换，对铸铝转子应加以更换。

⑤ 如果定、转子相擦，检查轴承是否有松动，定子、转子是否装配不良。

（3）电动机噪声异常。

① 当定子、转子相擦时，也会产生刺耳的"嚓嚓"碰擦声，应检查轴承，对损坏的轴承进行更新。

② 风扇叶碰壳或周围有杂物，会发出撞击声。此时应校正风扇叶，清除其周围的杂物。打开风扇罩进行检查，如图 11-40 所示。

图 11-40　电机风扇叶故障

③ 当轴承严重缺油，电动机发出"呦呦"声时，应清洗轴承，添加新油。

④ 当电动机缺相运行，或者定子绕组首末端接线错误，就会出现低沉的吼声。使用万用表电压挡测量供电电源是否正常，检查开关及接触器的触点是否接通，检查绕组接线是否错误。

⑤ 转子导条断裂，发出时高时低的"嗡嗡"声，转速也变慢，电流增大。

⑥ 定子、转子铁芯松动。

（4）轴承过热。

当电动机滚动轴承温度超过 95℃，滑动轴承温度超过 80℃，就是轴承过热。轴承过热可能有以下原因：

① 轴承润滑脂过少或有杂质。此时应添加油或换新油，修理或更换油环。

② 轴承与端盖配合过紧或过松。如果过紧时，加工轴承室；过松时，在端盖内镶钢套，如图 11-41 所示。

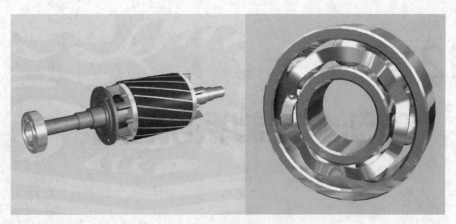

图 11-41　轴承过紧或过松

③ 电动机两端盖或轴承盖装配不良。

④ 传动带过紧或联轴器装配不良。调整传动带张力，校正联轴器。

⑤ 电动机轴弯曲。

第12章
电动机控制系统设计

电动机在各行各业得到了广泛的应用，因此掌握电动机控制系统的原理并进行电路系统的设计就尤为重要。本章通过直流电动机、单相异步电动机和三相电动机控制系统的设计，讲解电动机的常用控制电路，分析它们的工作原理，包括直接启动、降压启动等多种启动方式，进一步阐述多台电动机的顺序启动和多地控制启动等内容，对从事电气工作的人员具有指导意义。

12.1 直流电动机的控制电路

直流电动机常用的启动方法：直接启动、电枢回路串联电阻启动和降电压启动。直接启动设备简单、启动速度快，但是冲击电流较大，适用于小型电动机，如家用电器中的直流电动机。电枢回路串联电阻启动设备成本低，冲击电流小，随转速增加慢慢切除串联的电阻，广泛应用于各种中小型直流电动机中。但由于启动过程中能量消耗大，不适合经常启动的电动机和中、大型直流电动机。对容量较大的直流电动机，通常采用降电压启动，即由单独的可调压直流电源对电动机电枢供电，通过控制电源电压使电动机平滑启动，且能实现调速。降电压启动是电枢电压慢慢升高，只是调压设备成本高。本节通过几个常用的典型控制电路来讲解直流电动机的控制系统。

12.1.1 并励直流电动机串联电阻正、反转启动控制电路

在生产应用中，常常要求直流电动机既能正转又能反转。例如：直流电动机拖动龙门刨床的工作台往复运动；矿井提升机的上下运动等。直流电动机反转有两种方法，一是电枢反接法，即改变电枢电流方向，保持励磁电流方向不变；二是励磁绕组反接法，即改变励磁电流方向，保持电枢电流方向不变。在实际应用中，并励直流电动机的反转常采用电枢反接法来实现。

并励直流电动机串联电阻正、反转启动控制电路原理图如图 12-1 所示。

并励直流电动机串联电阻正、反转启动控制电路的工作过程如下。

（1）合上电源总开关 QS 时，欠电流保护继电器 KA 通电闭合，断电延时时间继电器 KT 通电，其常闭触点断开。按下直流电动机正转启动按钮 SB$_1$，接触器 KM$_1$ 线圈得电，其常开触点闭合，常闭触点断开，KT 断电开始计时，直流电动机 M 串联电阻 R 启动运转，如图 12-2 所示。

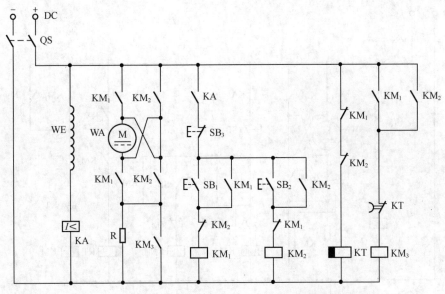

图 12-1　并励直流电动机串联电阻正、反转启动控制电路原理图

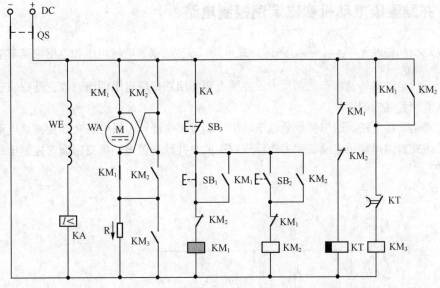

图 12-2　并励直流电动机串联电阻启动运转

（2）时间继电器 KT 计时时间到，常闭触点（断电延时闭合）闭合，接通接触器 KM₃ 线圈电源，接触器 KM₃ 的常开触点闭合，切除串联电阻 R，直流电动机 M 全压全速正转运行，如图 12-3 所示。

同理，按下直流电动机 M 反转启动按钮 SB₂，接触器 KM₂ 通电闭合，断电延时时间继电器 KT 断电开始计时，直流电动机 M 串联电阻 R 启动运转。经过一定时间，时间继电器 KT 常闭触点闭合，接通接触器 KM₃ 线圈电源，接触器 KM₃ 通电闭合，切除串联电阻 R，直流电动机 M 全压全速反转运行。

直流电动机 M 在运行中，如果励磁线圈 WE 中的励磁电流不够，欠电流继电器 KA 将欠电流释放，其常开触点断开，直流电动机 M 停止运行。

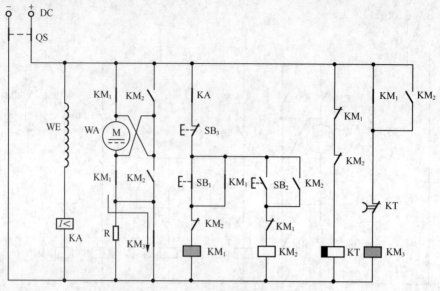

图 12-3 并励直流电动机全压启动运转

12.1.2 并励直流电动机变磁调速控制电路

直流电动机的转速 $n = \dfrac{U - I_a R_a}{C_e \varPhi}$ ，通过公式可知，改变磁通、电枢电压和电枢电阻都能改变电动机的转速。直流电动机转速调节的常用方法主要有电枢回路串联电阻调速、改变励磁磁通调速、改变电枢电压调速和混合调速四种。

并励直流电动机变磁调速控制是通过电动机控制电路中接入串联电阻 R 改变直流电动机的励磁电流，进而改变直流电动机的励磁主磁通实现调速的。并励直流电动机变磁调速控制电路原理图如图 12-4 所示。

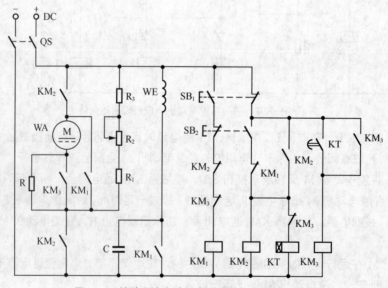

图 12-4 并励直流电动机变磁调速控制电路原理图

该控制线路主电路由电源开关 QS、接触器主触点 $KM_1 \sim KM_3$、启动电阻器 R、调速电阻器 $R_1 \sim$

R_3 和并励直流电动机 M 组成；控制电路由启动按钮 SB_1、停止按钮 SB_2、时间继电器 KT 线圈及其通电延时闭合触点、接触器 $KM_1 \sim KM_3$ 线圈及其对应的辅助动合（常闭）、动断（常开）触点组成。

并励直流电动机变磁调速控制电路具体工作过程如下。

（1）合上电源开关 QS，按下启动按钮 SB_1，接触器 KM_2 线圈得电，其主触点闭合，常开触点闭合，常闭触点断开，并励直流电动机串联电阻 R 启动，如图 12-5 所示。同时，时间继电器 KT 得电工作，开始计时。

（2）当时间继电器 KT 延时时间到，其闭合触点（通电延时）闭合，接触器 KM_3 线圈得电，其辅助常闭触点断开，从而实现与接触器 KM_1 互锁控制并使定时继电器 KT 线圈失电释放。主电路中接触器 KM_3 的主触点闭合，切除启动电阻 R，并励直流电动机 M 全压运行，如图 12-6 所示。在电动机 M 正常运行状态下，调节调速电阻 R_2 的阻值，即改变励磁电流大小，即可达到改变并励直流电动机的运转速度。

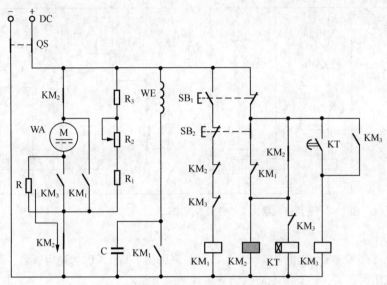

图 12-5　并励直流电动机串联电阻 R 启动

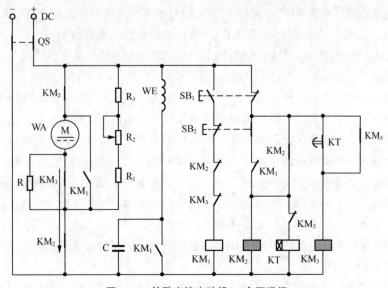

图 12-6　并励直流电动机 M 全压运行

当需要并励直流电动机制动停止运转时，按下制动停止按钮 SB_2，接触器 KM_2、KM_3 均失电释放，主电路中 KM_2、KM_3 主触点断开，切断并励直流电动机的电枢回路电源，并励直流电动机脱离电源惯性运行。同时，接触器 KM_2、KM_3 的辅助动断触点复位闭合，接触器 KM_1 得电闭合，主电路中接触器 KM_1 主触点闭合，接通能耗制动回路，串联电阻 R 实现能耗制动。同时短接电容 C，实现制动过程中的强励作用，松开制动停止按钮 SB_1，制动结束。

12.1.3 并励直流电动机能耗制动控制电路

直流电动机常用的电气制动方法有能耗制动、反接制动和发电制动三种。利用接触器构成的并励直流电动机能耗制动控制电路原理图如图 12-7 所示。该方式具有制动力矩大、操作方便、无噪声等特点。

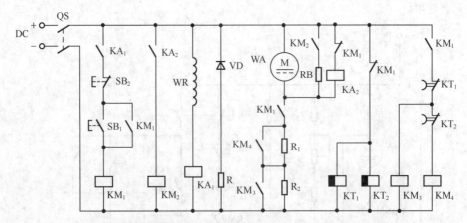

图 12-7 利用接触器构成的并励直流电动机能耗制动控制电路原理图

工作过程如下。

（1）合上电源开关 QS，中间继电器 KA_1、时间继电器 KT_1、KT_2 均通电吸合，其中中间继电器 KA_1 的动合触点闭合，为并励直流电动机启动运转做好准备。

（2）按下启动按钮 SB_1，接触器 KM_1 通电闭合并自锁，接通并励直流电动机电枢绕组 WA 电源，此时并励直流电动机串联电阻 R_1、R_2 启动，同时 KM_1 的常闭触点打开，断电延时时间继电器 KT_1、KT_2 开始计时，经过一段时间，时间继电器 KT_1、KT_2 的断电延时闭合常闭触点依次闭合，顺序接通接触器 KM_3、KM_4 的线圈电源，KM_3、KM_4 的主触点闭合，分别切除串联电阻 R_1、R_2，直流电动机 M 全压全速正转运行。

当需要并励直流电动机制动停止时，按下制动停止按钮 SB_2，接触器 KM_1 失电释放，主电路中 KM_1 主触点断开，切断并励直流电动机电枢绕组 WA 电源，即电枢绕组 WA 失电。但由于惯性的作用，直流电动机转子仍然旋转，此时并励直流电动机工作于发电机状态，在电枢绕组中产生感应电动势，该感应电动势使中间继电器 KA_2 得电吸合，中间继电器 KA_2 的动合触点闭合，接触器 KM_2 通电闭合，接触器 KM_2 的辅助动合触点处于闭合状态，将制动电阻 RB 串联接在电枢绕组 WA 回路中，电枢绕组 WA 中所产生的感应电流消耗在制动电阻 RB 上，使并励直流电动机转速迅速下降，当转速下降到一定值，其产生的感应电动势不足以维持中间继电器 KA_2 吸合时，中间继电器 KA_2 释放，其动合触点复位断开，接触器 KM_2 失电释放，其动合触点复位断开，并励直流电动机逐渐停止转动，完成能耗制动过程。

电阻 R 和二极管 VD 是励磁绕组的放电回路，以防止励磁绕组在电源断开瞬间产生较大的自感电动势而损坏有关元器件。在正常工作时，由于二极管处于反偏截止状态，不会有电能损耗，更不会对电动机正常工作产生影响。

12.1.4 串励直流电动机正、反转启动控制电路

串励直流电动机常采用励磁绕组反接法来实现正、反转，该方法是保持电枢电流方向不变而改变励磁电流方向使电动机反转。串励直流电动机正、反转启动控制电路原理图如图 12-8 所示。

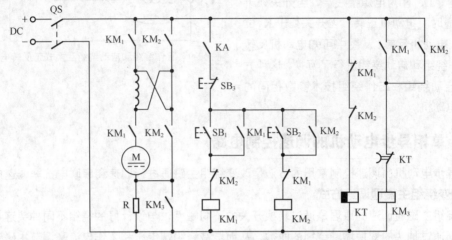

图 12-8　串励直流电动机正、反转启动控制电路原理图

工作过程如下。

（1）正转控制电路。

合上电源开关 QS，按下启动按钮 SB_1，KM_1 线圈通电闭合，继电器 KT 断电，接触器 KM_3 线圈断电，电动机串联电阻 R 接入，电动机正转启动。KT 动断触点延时闭合，KM_3 线圈通电，启动过程结束。

（2）反转控制电路。

合上电源开关 QS，按下启动按钮 SB_2，KM_2 线圈通电闭合，电动机串联电阻 R 反转启动，KT线圈失电，KT 动断触点延时闭合，KM_3 线圈通电，启动过程结束。

当需要电动机停止运转时，按下停止按钮 SB_3，接触器 KM_1（反转时为接触器 KM_2）失电，KM_1（反转时为接触器 KM_2）主触点断开，电动机停止运转。

12.2 单相异步电动机的控制电路

单相异步电动机是利用单相交流电源供电的小容量交流电动机，由于它具有结构简单、成本低廉、运行可靠、移动安装方便，并可以直接在单相 220V 交流电源上使用等特点，因此广泛应用于工业、农业、医疗、家用电器以及办公场所等。日常生活中常用的排气扇、洗衣机、吸尘器等都采用单相异步电动机。

12.2.1 单相异步电动机正、反转控制电路

单相异步电动机定子有两个绕组，一是主绕组，即工作绕组，产生主磁场，二是副绕组，即启动绕组，用来与主绕组共同作用产生旋转磁场，使电动机产生启动转矩。这两个绕组空间上相差 90°，

通常启动绕组串联一个适当的电容器。

将启动电容器从一个绕组改接到另一个绕组上，将启动绕组和工作绕组互换就可实现电动机的正、反转，如图 12-9 所示。这种方法适合于频繁正、反转的情况，比如洗衣机的电动机。

U_1U_2、V_1V_2 分别为工作绕组和启动绕组，C 为启动电容，L、N 为电源接线端，当开关处于 K_1 位置接通时，电动机正转；当开关处于 K_2 位置接通时，电动机反转。从图中可知电动机反转时，其工作绕组和启动绕组进行了互换，这种方法适用于启动绕组和工作绕组技术参数相同的电容启动电动机。

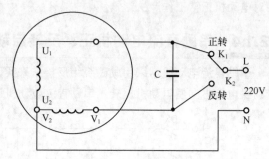

图 12-9　工作绕组和启动绕组互换式正反转电路原理图

12.2.2　单相异步电动机的调速控制电路

单相异步电动机的调速控制常用的方法是改变绕组主磁通进行调速和串联电抗器调速电路。

1. 改变绕组主磁通调速方式

改变绕组主磁通调速的原理是通过转换开关的不同触点，与设计好的绕组不同抽头连接，在电动机的外部通过抽头的变换增减绕组的匝数，从而增减绕组端电压和工作电流来调节主磁通，实现调速的目的。绕组抽头调速电路如图 12-10 所示。

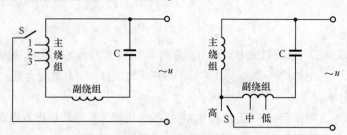

图 12-10　绕组抽头调速电路

2. 串联电抗器调速

串联电抗器调速是通过在电动机外面串联带抽头的电抗器，并通过转换开关将不同匝数的电抗器绕组与电动机绕组串联，当开关在 1 挡时，串联的电抗器匝数最多，电抗器上的压降最大，因而电动机的转速最低；当开关在 5 挡时，电动机的转速最高。串联电抗器调速电路图如图 12-11 所示。这种方法在电扇调速器中应用最多，电扇调速器如图 12-12 所示。

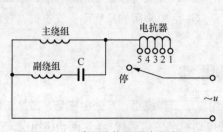

图 12-11　串联电抗器调速电路图　　　　图 12-12　电扇调速器

12.3　三相电动机的启动方式控制电路

12.3.1　电动机全压启动电路

电动机的全压启动也称直接启动，是最常用的启动方式，它是将电动机的定子绕组直接接入电源，在额定电压下启动，具有启动转矩大，操作方便，启动迅速的优点，但是它的启动电流较大，一般是额定电流的 4~7 倍。容量 10kW 以下的电动机，且小于供电变压器容量的 20% 时，可采取直接启动的方式。

电动机全压启动的原理图及主回路实物连接示意图如图 12-13 所示。

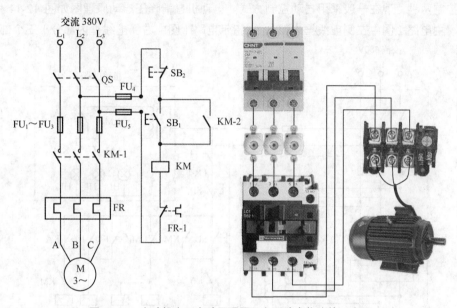

图 12-13　电动机全压启动原理图及主回路实物连接示意图

主电路由隔离开关 QS、熔断器 FU、接触器 KM 的常开主触点，热继电器 FR 的热元件和电动机 M 组成。控制电路由启动按钮 SB_1、停止按钮 SB_2、接触器 KM 线圈和常开辅助触点、热继电器 FR 的常闭触点构成。

电动机全压启动电路的工作过程如下。

（1）电动机启动。

合上三相隔离开关 QS，按下控制回路启动按钮 SB_1，接触器 KM 的吸引线圈得电，三对常开主触点 KM-1 闭合，将电动机 M 接入电源，电动机开始启动。同时，与 SB_1 并联的 KM 的常开辅助触点 KM-2 闭合，这样即使按钮 SB_1 断开，吸引线圈 KM 通过其辅助触点可以继续保持通电，维持吸合状态。

接触器（或继电器）利用自己的辅助触点来保持其线圈带电的，称之为自锁（自保），这个触点称为自锁（自保）触点。由于 KM 的自锁作用，当松开启动按钮 SB_1 后，电动机 M 仍能继续启动，最后达到稳定运转。

（2）电动机停止。

按下停止按钮 SB_2，接触器 KM 的线圈失电，其主触点和辅助触点均断开，电动机脱离电源，停止运转。这时，即使停止按钮断开，由于自锁触点断开，接触器 KM 线圈不会再通电，电动机不会自行启动。只有再次按下启动按钮 SB_1 时，电动机才能再次启动运转。

12.3.2 电动机自耦降压启动电路

大功率电动机如果采取直接启动方式，启动电流很大，可能会影响其他负荷的正常运行，而且电动机启动时，机械部分不能承受全压启动的冲击转矩，因此大功率电动机经常采用降压启动。降压启动包括电阻降压启动、自耦降压启动、Y-△降压启动三种启动方式，电阻降压启动的电阻损耗大，不能频繁启动，较少采用。因此，本章主要介绍自耦降压启动和 Y-△降压启动。

自耦降压启动方式启动电流与电压平方成比例减小，应用较多但是不宜频繁启动。

自耦降压启动是指电动机启动时利用自耦变压器来降低加在电动机定子绕组上的启动电压。待电动机启动后，再使电动机与自耦变压器脱离，从而在全压下正常运动。这种降压启动分为手动控制和自动控制两种，现在一般采用自动控制方式。电动机自耦降压启动原理图如图 12-14 所示。由控制电路、主电路（图中左侧虚线框内部分）、指示电路（图中右侧虚线框内部分）三个部分组成。

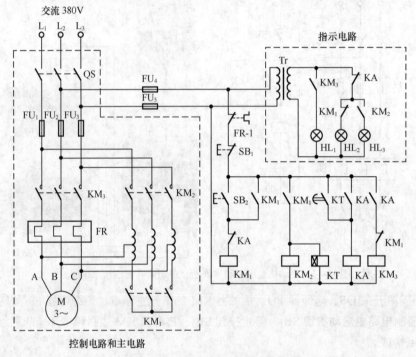

图 12-14　电动机自耦降压启动原理图

电动机自耦降压启动电路的工作过程如下。

（1）电动机启动。

合上电源开关 QS 接通三相电源，电源引入，指示灯 HL₂ 亮。按下启动按钮 SB₂，交流接触器 KM₁ 线圈通电，其动断辅助触点断开，电源指示电路（HL₂）和全压启动支路（KM₃）实现互锁。同时其动合辅助触点闭合，一是实现自锁；二是使时间继电器 KT 和接触器 KM₂ 线圈得电，时间继电器开始计时，KM₂ 的动合辅助触点闭合，降压运行指示灯 HL₃ 亮；三是自耦变压器线圈接成星形，同时 KM₂ 的动合主触点闭合，电动机串联接入自耦变压器降压启动。

时间继电器 KT 线圈通电，并按已整定好的时间开始计时，当时间到达后，KT 的延时常开触点闭合，使中间继电器 KA 线圈通电吸合并自锁，其常闭触点断开使 KM₁ 线圈断电，KM₁ 常开触点全部释放，主触点断开，使自耦变压器线圈封星端打开；同时 KM₂ 线圈断电，其主触点断开，切断自耦变压器电源。KA 的常开触点闭合，通过 KM₁ 已经复位的常闭触点，使 KM₃ 线圈得电吸合，主触点接通电动机在全压下运行，KM₃ 的动合辅助触点闭合，全压运行指示灯 HL₁ 亮。

KM₁ 的常开触点断开也使时间继电器 KT 线圈断电，其延时闭合触点释放，也保证了在电动机启动任务完成后，使时间继电器 KT 处于断电状态。

（2）电动机停止。

按下停止按钮 SB₁，接触器 KM₃、中间继电器 KA 的线圈失电，其主触点和辅助触点均断开，电动机脱离电源，停止运转。这时，即使松开停止按钮，由于自锁触点断开，接触器 KM₁ 线圈不会再通电，电动机不会自行启动。只有再次按下启动按钮 SB₂ 时，电动机才能再次启动运转。电动机的过载保护由热继电器 FR 完成。

12.3.3 电动机 Y–△ 降压启动电路

Y-△ 降压启动用于定子绕组三角形接法的电动机，设备简单，可频繁启动，应用比较广泛。

电动机 Y-△ 降压启动是指电动机启动时定子绕组连接成星形，启动后转速升高，当转速基本达到额定值时，切换成三角形连接的启动方式。这种启动方式用于正常运行时为三角形接法的电动机。启动控制方式可以利用复合按钮手动控制线路和利用时间继电器自动控制的启动线路。

1. 手动控制的 Y-△ 降压启动电路

手动控制的 Y-△ 降压启动电路原理图如图 12-15 所示。这种启动方式需要两次操作，由星形接法向三角形接法转换时需人工操作完成，切换时间不易准确把握。

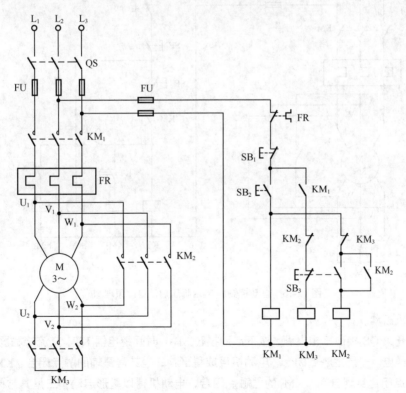

图 12-15 手动控制的 Y-△ 降压启动电路原理图

手动控制的 Y-△ 降压启动电路的工作过程如下。

（1）星形启动时。按下星形启动按钮 SB₂，接通接触器 KM₁、KM₃ 线圈回路电源，KM₁、KM₃ 工作，KM₃ 的常闭触点断开，起互锁作用，KM₁ 的常开触点闭合自锁，KM₁、KM₃ 各自的主触点闭合，将电动机接成星形接法，电动机得电以星形接法启动。

（2）三角形运转。当电动机的转速升高到额定转速时，再按下三角形运转按钮 SB₃（复合按钮），首先 SB₃ 的常闭触点断开，使 KM₃ 线圈断电释放，KM₃ 常闭触点恢复常闭状态，解除互锁，KM₃ 主触点断开，星形接法解除，电动机失电但仍靠惯性继续运转。在按下运转按钮 SB₃ 的同时，其常开触点闭合，KM₂ 线圈得电吸合，KM₂ 常闭触点断开，起互锁作用，KM₂ 常开闭合自锁，KM₂ 三相主触点闭合，将电动机绕组接成三角形接法，电动机得电以三角形接法全压运转。

（3）停止。按下停止按钮 SB₁，切断 KM₁、KM₂ 线圈回路的电源，KM₁、KM₂ 断电释放，KM₁ 常开触点断开，解除自锁，KM₂ 常闭触点闭合，解除互锁。KM₁、KM₂ 各自的三相主触点断开，三角形接法解除，电动机失电停止运转。

2. 自动控制的 Y-△降压启动电路

自动控制的 Y-△降压启动电路原理图如图 12-16 所示。该启动方式通过时间继电器实现由星形接法向三角形接法转换，操作简单。

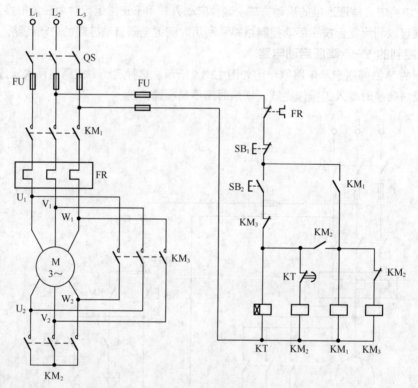

图 12-16　自动控制的 Y-△降压启动电路原理图

（1）电动机启动。

合上电源开关 QS 接通三相电源，按下启动按钮 SB₂，时间继电器 KT、交流接触器 KM₂ 线圈通电。KM₂ 线圈得电，一是主触点闭合，电动机接成星形；二是其常开辅助触点闭合，KM₁ 线圈得电，KM₁ 的常开触点闭合实现自锁，KM₁ 的主触点闭合，电动机得以星形启动；三是其常闭辅助触点断开，实现与 KM₃ 的互锁。

时间继电器 KT 线圈通电，并按已整定好的时间开始计时，当时间达到后，KT 的延时常闭触点断开，KM₂ 线圈失电。

KM₂ 线圈失电，一是使 KM₂ 主触点断开，星形接法解除。二是 KM₂ 的常闭触点闭合，使接触

器 KM_3 线圈通电吸合，KM_3 主触点闭合将电动机绕组接成三角形接法，电动机得电，以三角形接法全压运转。同时 KM_3 的常闭触点断开，实现与 KM_2 的互锁。三是 KM_2 的常开触点断开，保证了在电动机启动任务完成后，使时间继电器 KT 处于断电状态。

（2）电动机停止。

按下停止按钮 SB_1，接触器 KM_1 的线圈失电，其主触点和辅助触点均断开，电动机脱离电源，停止运转。这时，即使停止按钮断开，由于自锁触点断开，接触器 KM_1 线圈不会再通电，电动机不会自行启动。只有再次按下启动按钮 SB_2 时，电动机才能再次启动运转。电动机的过载保护由热继电器 FR 完成。

12.4 电动机的单向运行电路

12.4.1 电动机点动、单向运行双功能控制电路

电动机点动和单向运行双功能控制电路原理图如图 12-17 所示。

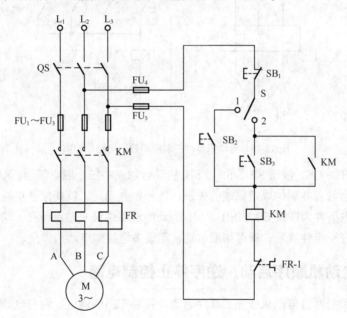

图 12-17 电动机点动和单向运行双功能控制电路原理图

1. 点动

电动机 M 需要点动时，选择开关拨至位置 1，合上电源开关 QS，按下启动按钮 SB_2，接触器 KM 的线圈得电，使衔铁吸合，同时接触器 KM 的三对主触点闭合，电动机 M 接通电源启动运转。当电动机需要停转时，只要启动按钮 SB_2 断开，使接触器 KM 的线圈失电，衔铁在复位弹簧作用下复位，接触器 KM 的三对主触点断开，电动机 M 失电停转。

2. 单向运行

电动机需要单向运行时，选择开关拨至 2 位置，合上电源开关 QS，按下控制回路启动按钮 SB_3，接触器 KM 的吸引线圈得电，三对常开主触点闭合，将电动机 M 接入电源，电动机开始启动。同时，与 SB_3 并联的 KM 的常开辅助触点闭合，这样即使停止按钮 SB_1 断开，吸引线圈 KM 通过其辅助触

点可以继续保持通电，维持吸合状态。需要停止时，按下停止按钮 SB$_1$，接触器 KM 的线圈失电，其主触点和辅助触点均断开，电动机脱离电源，停止运转。

12.4.2　电动机多地控制启动控制电路

在实际生产中，电动机的运转需要多地能够控制启停，电动机多地控制启动控制电路原理图如图 12-18 所示。

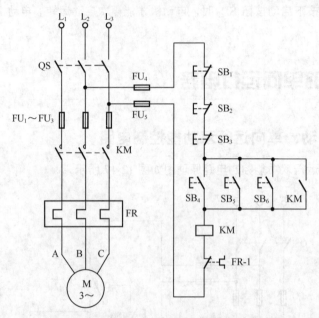

图 12-18　电动机多地控制启动控制电路原理图

合上三相隔离开关 QS，按钮 SB$_4$、SB$_5$、SB$_6$ 的动合触点中任一触点闭合，KM 辅助动合触点构成自锁，这里的动合触点并联构成逻辑或的关系，任一条件满足，就能接通电路，实现多地控制电动机启动。KM 失电条件为按钮 SB$_1$、SB$_2$、SB$_3$ 的动断触点中任一触点断开，动断触点串联构成逻辑与的关系，其中任一条件满足，即可切断电路，实现多地控制电动机停止。

12.4.3　多台电动机顺序启动、逆序停止控制电路

有些生产机械需要两台电动机按先后顺序启动，并且按逆序停止。两台电动机顺序启动、逆序停止控制电路原理图如图 12-19 所示。

启动时，两台电动机按顺序 M1 先启动，M2 才能启动；停止时，电动机按逆序 M2 先停止，M1 才能停止。

工作过程如下：

（1）当合上电源开关 QS，按下启动按钮 SB$_2$ 时，接触器 KM$_1$ 的线圈得电并自锁。电动机 M1 启动运转。同时接触器 KM$_1$ 的其他辅助常开触点闭合，为电动机 M2 启动做好准备，这时再按下启动按钮 SB$_4$，接触器 KM$_2$ 得电并自锁，电动机 M2 启动运转。

（2）当需要停止时，必须先按下停止按钮 SB$_3$，KM$_2$ 断电释放，M2 停止运转。KM$_2$ 断电释放的同时，并联在控制电动机 M1 停止的按钮 SB$_1$ 两端的常开触点断开，这时再按下停止按钮 SB$_1$，KM$_1$ 断电释放，M1 停止转动。这样就实现了电动机 M1 和 M2 顺序启动、逆序停止。

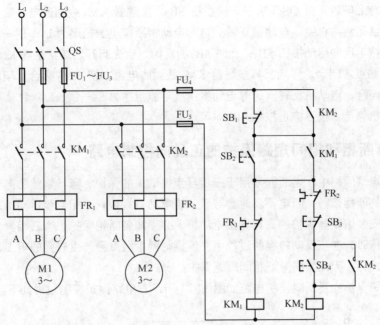

图 12-19　两台电动机顺序启动、逆序停止控制电路原理图

12.5　电动机的正反向运行电路

12.5.1　接触器、按钮互锁正反向运行控制电路

在工业控制电路中，经常应用到电动机的正反向运行电路，如工作台的前进和后退，起重机的上升和下降、各种大型阀门的开闭等。由接触器、按钮互锁控制的电动机正反向运行控制电路原理图如图 12-20 所示。

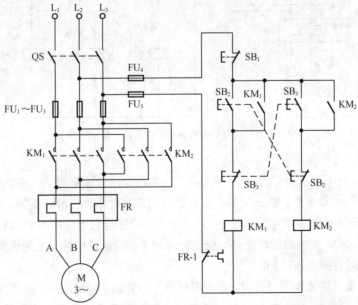

图 12-20　由接触器、按钮互锁控制的电动机正反向运行控制电路原理图

正转控制：合上电源开关 QS，按下正转按钮 SB_2，接触器 KM_1 线圈通电并吸合，其主触点闭合、常开辅助触点闭合并自锁，电动机正转。这时电动机所接电源相序为 L_1—L_2—L_3。

反转控制：按下反向启动按钮 SB_3，此时 SB_3 的常闭触点先断开正转接触器 KM_1 的线圈电源，按钮 SB_3 的常开触点才闭合，接通反转接触器 KM_2 线圈的电源，使 KM_2 吸合，辅助常开触点闭合并自锁，主触点闭合，电动机反转。这时电动机所接电源相序为 L_3—L_2—L_1。

如需要电动机停止，按下停止按钮 SB_1 即可。

12.5.2　具有断相和相间短路保护的正反向控制电路

在电动机的电气回路中，熔断器常用于三相异步电动机的保护。当其熔丝的某一相熔断时就会造成三相电动机的断相运行，断电不及时会导致三相电动机烧毁，三相异步电动机的损坏大多由断相造成的，因此安装熔断器保护的三相异步电动机，必须加装断相保护。当三相异步电动机在重载下进行正反向运行时，在正反向转换的过程中交流接触器主触点会产生较强的电弧，易形成相间短路，使控制器件损坏，因此需要做好相间短路保护。

具有相间短路保护的正反向控制电路如图 12-21 所示，电路保护控制过程如下。

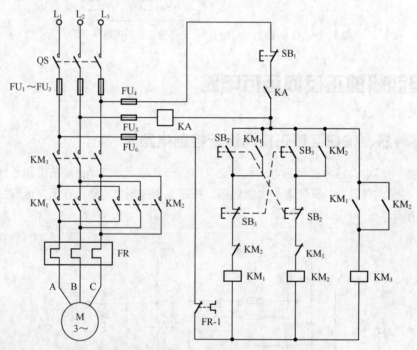

图 12-21　具有相间短路保护的正反向控制电路

（1）短路保护及过载保护。

由熔断器 FU_1~FU_3、FU_4~FU_6 分别实现主电路与控制电路的短路保护，由热继电器 FR 实现三相异步电动机的长期过载保护。当三相异步电动机出现长期过载时，串联接在三相异步电动机定子电路中的 FR 发热元件使双金属片受热弯曲，从而使串联接在控制电路中的 FR 常闭触点断开，切断 KM_1、KM_3（KM_2、KM_3）线圈励磁电路，使三相异步电动机断开电源，达到保护的目的。

（2）欠电压保护和失电压保护。

当电源电压严重下降或电压消失时，接触器电磁吸力急剧下降或消失，衔铁释放，各触点复原，三相异步电动机断开电源，停止转动。当电源电压恢复时，三相异步电动机也不会自行启动，避免